Art Design

高等院校信息化教学新形态精品教材

Photoshop CC
零基础入门到进阶

主　编　李定芳　冯圣媖
副主编　江　汇　布乃峰　胡艳萍
邹先容　何　凤　文　晨

南京大学出版社

内 容 提 要

本书共 8 章，从最基础的Photoshop CC图像应用领域开始讲起，以循序渐进的方式详细解读了Photoshop CC基础、创建选区、图层、绘制与修饰、色彩调整、创建与编辑、蒙版与通道、滤镜等功能，深入剖析了图层、蒙版和通道等软件核心功能与应用技巧，内容基本涵盖了Photoshop CC的全部工具和命令。书中精心安排了具有针对性的实例，不但可以帮助读者轻松掌握软件使用方法，而且能满足数码照片处理、平面设计、特效制作等实际工作需要。

本书既可作为高等院校艺术类相关专业的教材，也可作为设计人员的自学参考书。

图书在版编目（CIP）数据

Photoshop CC零基础入门到进阶 / 李定芳，冯圣媖主编.—南京：南京大学出版社，2019.5（2024.1重印）

ISBN 978-7-305-21657-2

Ⅰ.①P… Ⅱ.①李… ②冯… Ⅲ.①图象处理软件 Ⅳ.①TP391.413

中国版本图书馆CIP数据核字（2019）第026818号

出版发行 南京大学出版社
社　　址 南京市汉口路22号　　　　邮　编 210093

书　　名 Photoshop CC零基础入门到进阶
　　　　 Photoshop CC LINGJICHU RUMEN DAO JINJIE
主　　编 李定芳　冯圣媖
责任编辑 徐　晶　　　　编辑热线（010）82896084

印　　刷 河北鑫彩博图印刷有限公司
开　　本 889 mm×1194 mm　1/16　　印张 11　　字数 338 千
版　　次 2019年5月第1版　　2024年1月第7次印刷
ISBN 978-7-305-21657-2
定　　价 66.00元

网址：http://www.njupco.com
官方微博：http://weibo.com/njupco
官方微信号：njupress
销售咨询热线：（025）83594756

资源使用说明

资源类型说明

图文

设置作品赏析、经典案例、知识拓展等栏目，补充与拓展教学内容

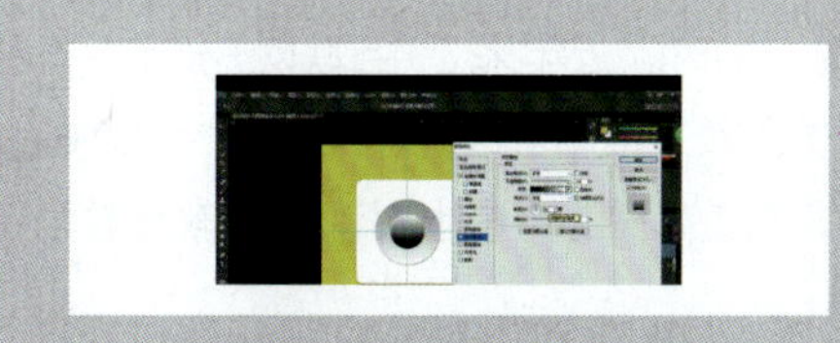

动画

动态展示复杂、抽象的概念和原理

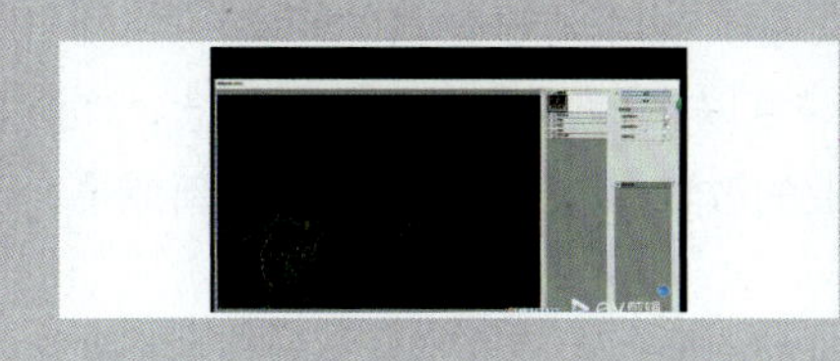

视频

以微课、教学录像、短小视频讲解重难点、考点与易错点

资源使用方法

扫一扫教材中的二维码，即可观看视频、动画、图文。

出版说明

艺术教育为国家培养了大批文化艺术人才，是我国文化艺术事业和精神文明建设不可或缺的部分。《中华人民共和国国民经济和社会发展第十三个五年规划纲要》指出，要加快发展现代文化产业，推进文化业态创新，建设现代传媒体系。这对高校艺术教育提出了更高的要求。同时，近年来“互联网+教育”“移动终端学习”“混合式学习”等新的教学趋势愈演愈烈。《国家中长期教育改革和发展规划纲要（2010—2020年）》提出：“信息技术对教育发展具有革命性影响，必须予以高度重视。”这也对现有的教育教学模式提出了新的挑战。

为了促进普通高等学校艺术教育工作，推动高校艺术教育工作健康、稳步发展，满足艺术专业领域对人才的需求，为国家培养艺术人才提供智力保障，国教广通（北京）教育科技研究院携手南京大学出版社，深入调研艺术类专业的教学情况及相关企业的用人需求，提出“互联网+教育”智慧教材理念，广泛联合专家、学者、一线老师、企事业人员等，结合高等院校艺术类专业的教学标准要求及教学改革新成果，引入信息技术，策划出版了高等院校信息化教学新形态精品教材。

本系列教材符合艺术类专业教育教学改革的要求，注重艺术教育的特点，将纸质教材与移动智能终端有机结合，能激发学生兴趣，实现教学资源信息化、教学终端移动化、教学过程数据化，最终实现“互联网+教育”的深度融合。

本系列教材具有以下特色：

（1）联合艺术行业专业人才，将行业的新理念、新规定融入教材，着力培养创新型、应用型艺术专业人才。

（2）以适应社会实际需要为宗旨，注重理论与实践相结合，力求教材内容实用，重点突出，深入浅出；围绕高等教育的培养目标和教学要求，注重学生基本技能的培养。

（3）配套移动端App，教材中知识点和技能点以“微课”“动画”“作品赏析”等形式展现，可直接扫描二维码进行学习，颠覆了传统课堂讲授模式，提高了学生学习兴趣及学习效率。

（4）版面美观、新颖，采用杂志化编排，四色印刷，符合学生的审美需求。

高等院校信息化教学新形态精品教材是基于移动信息技术开发的智能化教材的一种探索和尝试，希望本系列教材的出版能推动艺术教育的改革和发展，为艺术专业领域人才建设做出贡献。

高等院校信息化教学新形态精品教材

编委会

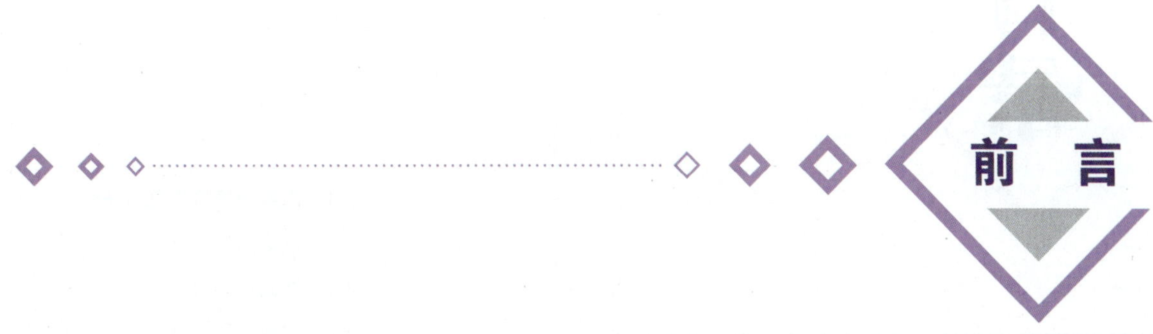

前言

Photoshop CC是Adobe公司旗下著名的图像处理软件之一，在平面设计、图片处理、特效制作等领域应用广泛。编写本书的目的是帮助读者掌握Photoshop CC的核心技术，使读者快速入门。

本书共8章，包括Photoshop CC基础、创建选区、图层、绘制与修饰、色彩调整、创建与编辑、蒙版与通道、滤镜等内容。

本书具有以下特色：

1．零起点，入门快

本书面向图形图像制作的初、中级用户，按照由浅入深、循序渐进的方法进行讲述，结合各种实例，辅以对比图示效果，对常用的工具、命令等做了详细的介绍。同时编者根据多年的从业经验，给出了技巧提示，确保读者能够轻松、快速入门。

2．内容翔实、细致

本书内容涵盖Photoshop CC的常用工具和命令，对于知识点的讲解透彻、深入，使初学者知其然，亦知其所以然。

3．实例有针对性

本书所收录的实例均经过认真挑选，具有针对性，能够有效地提高学生对所学知识的综合应用能力。

为了便于读者练习，本书附赠配套网盘文件，网盘文件包含了所有实例的素材和最终效果文件，请读者联系编辑热线获取。

本书由邵阳学院李定芳、广东南华工商职业学院冯圣媖担任主编，广西建设职业技术学院江汇、广东南华工商职业学院布乃峰、广东生态工程职业学院胡艳萍、武汉职业技术学院邹先容、凯里学院何凤、邵阳学院文晨共同担任副主编，全书由李定芳统稿审定。

在编写过程中，编者力求知识全面、深入，但由于水平有限，难免存在疏漏之处，敬请专家和读者批评指正。

编　者

目录

CONTENTS

第1章
Photoshop CC基础

◆本章知识点

1. Photoshop的相关基本概念（位图与矢量图、分辨率）
2. Photoshop常用的色彩模式
3. Photoshop常用的存储格式
4. Photoshop的工作环境

◆学习目标

1. 熟悉Photoshop CC的工作界面
2. 了解矢量图与位图的概念并知道如何正确地设置分辨率
3. 掌握Photoshop的色彩模式和文件格式

1.1　Photoshop的应用领域

Photoshop是Adobe公司的图像处理软件。作为视觉设计师最常用的工具之一，它的应用领域广泛，包含广告设计、标志设计、品牌形象设计、UI设计、字体设计、摄影艺术、建筑效果图后期修饰、插画、绘制和处理三维贴图、网页设计等，如图1-1、图1-2所示。

图1-1　Photoshop在广告中的应用

图1-2　Photoshop在摄影艺术中的应用（Max Asabin）

1.2　位图与矢量图

1.2.1　位图

位图(Bitmap)也称点阵图，是由多个不同颜色的像素点组成的，位图的每个像素点都含有位置和颜色等数据信息，成千上万的像素点构成了一张位图。

当放大位图图像时，我们会发现位图由一个个的色块构成，这些就是像素点。整个图像变得模糊，图像中的轮廓线变成锯齿状，如图1-3、图1-4所示。

位图图像色彩过渡自然，尤其在细微处层次丰富，接近自然中真实的色彩，因此在照片和数字绘画上应用广泛。目前主流的位图图像处理软件有Photoshop、Painter、SAI。

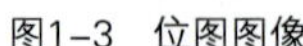
图1-3 位图图像

图1-4 放大的位图图像

1.2.2 矢量图

矢量图（Vectorgraph）使用直线和曲线来描绘图形，是面向对象的图像。对象就是矢量图中的图形元素，每个对象都是独立的个体，具有颜色、形状、轮廓、大小和屏幕位置等属性。由于对象的独立性，移动和改变其属性不影响其他对象。

矢量图无论将其放大多少倍，图像都同样清晰，具有同样平滑的边缘和清晰的视觉效果，因此可以任意缩放，如图1-5、图1-6所示。目前主流的矢量图形处理软件有Illustrator、Coreldraw、Freehand、AutoCAD。

图1-5 矢量图图像

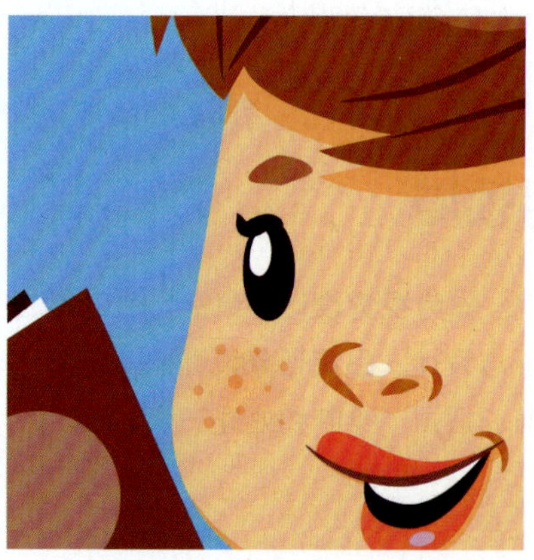
图1-6 放大的矢量图图像

1.3 像素与分辨率

1.3.1 像素

像素是构成位图图像的最小单位，形态为正方形。图像的品质和像素的高低成正比，一个图像中包含的像素越多，其颜色信息就越丰富。Photoshop支持的最大像素大小是300 000像素×300 000像素，这也限制了图像的打印尺寸和分辨率。

1.3.2 分辨率

分辨率是指单位长度内包含的像素数量，通常用“像素/英寸”和“像素/厘米”表示。

位图图像是由像素组成，因此分辨率的大小对位图图像的清晰度有绝对的影响，图像分辨率和图像的尺寸一起决定了文件的大小，且这两个值越大，图形文件所占用的磁盘空间也就越大。分辨率提高1倍，图像文件增大4倍，所以在对图像进行处理前，首先必须确定图像的最终发布媒介，以免因图像文件太大而无法正常发布。

➤ Tips：设计中不同输出领域的分辨率设置如下：

印刷品：300dpi，低于此数值印刷出来不够清晰。

喷绘/打印：72dpi。

网页等屏幕显示图像：72dpi。

1.4 常用文件格式

了解图像应存储为哪种格式相当重要，其一，Photoshop作为图像处理软件，其制作出来的成品最终目的是应用，而不同的应用领域，对于图像的要求也不同，如果选择了不恰当的文件格式，可能会使应用效果大打折扣。例如，网页图片由于强调传输速度，且屏幕分辨率仅有72ppi，因此JPEG、GIF、PNG格式常用于网络，而TIFF格式则不太适合；又如用于印刷领域的图像，BMP格式的文件因无法分为四色，无法得到正确的分色结果，而不适用；其二，如果将Photoshop作为图像处理的中间环节，不是最终输出软件，就需要考虑存储格式的兼容性。因为每种图像软件都有其兼容和不兼容的格式，应根据其使用环境，决定将图像存储为哪种图像格式。

下面介绍几种Photoshop中常用的文件格式。

1.4.1 PSD格式

PSD是Photoshop软件的专用和默认的文件格式，可以支持图层、Alpha通道、蒙版和颜色模式等信息，可以重复修改和编辑，所以是没有制作完成的图像文件的首选保存格式。PSD文件格式的缺点就是占用的存储空间较大，越大的文件运行速度越慢。

➢ Tips：PSD格式是唯一支持全部颜色模式的文件格式。而需要创建2 GB以上的图像文件时，用户可以使用PSB格式，这种文件格式最高支持300 000像素×300 000像素的文件。

1.4.2 JPEG格式

JPEG格式普遍应用于图像显示和网络图像中，是所有图像格式中压缩率最高的一种文件格式。JPEG格式支持RGB、CMYK和灰度色彩模式，同时支持路径的存储和调用，但不支持Alpha通道。

➢ Tips：JPEG格式是有损压缩，每次JPEG格式的转换都会降低图像品质。所以尽可能不要反复进行JPEG格式的转换，一般在设计制作完成需要输出或者发送时再进行文件格式的转换，如图1-7、图1-8所示。在存储为JPEG文件时，可以选择压缩级别，级别越高图像的质量越高，图像损失越小，但相应的图像文件也就越大。

图1-7 原图

图1-8 被多次转存的JPEG图像

1.4.3 TIFF格式

TIFF格式是一种通用的图像文件格式，几乎所有的图像和排版软件都支持该格式。TIFF格式支持有损压缩和无损压缩，可以存储图层、通道、路径和透明度，但只有在Photoshop下打开才能看见并修改其图层，使用其他软件打开含有图层的TIFF文件，只显示图层合并效果。

1.4.4 GIF格式

GIF格式的文件比较小，被广泛应用于网页文档中，它可以保留索引颜色，支持透明背景。此外，GIF格式可以在一个文件中保存多幅图像，可以构建一幅简单的动画图片。

1.4.5 BMP格式

BMP格式不压缩文件，因此占用空间较大，但是对于图像来说，不丢失信息，能够完整保存图像信息。

1.4.6 PNG格式

PNG格式常用于网络图像，支持透明背景并且可以消除锯齿边缘。它采用无损压缩的方法，既能有效减小图像大小，又能毫不失真地保证图像的品质。此外，PNG格式的显示速度快，只需要下载1/64就可以预览图片，因此有利于网络传输。

1.4.7 PDF格式

PDF格式是由Adobe公司推出的支持跨平台的、多媒体集成的信息出版和发布的电子文件格式，可以保存多页信息，同时支持电子链接。其优点是灵活、跨平台、跨应用程序。

在PDF文件中，如果文字没有被栅格化，那么仍可以被改动。

1.4.8 EPS格式

EPS格式用于印刷和打印，可以存储Alpha通道和路径。EPS格式应用广泛，几乎所有的图形软件和排版软件都支持该种文件格式，因为它同时包含矢量图形和位图图形。EPS格式支持Photoshop所有的色彩模式。

1.5 常用色彩模式

在Photoshop中，了解色彩模式十分重要，因为色彩模式对于图像的输出至关重要。它不仅决定了图像中显示的颜色数量，还影响着图像的大小和通道数量。一般而言，色彩模式的选择很大程度上取决于输出的媒介。

1.5.1 位图模式

位图模式只有黑色和白色两种颜色，除了“灰度”和“双色调”模式的图像能够转换为位图模式外，其他模式的图像都不能直接转换。因此如果需要将其他模式的图像转换为位图模式，需要先将图像转换为“灰度”或者“双色调”模式后再进行转换。位图模式的图像只支持一个图层，在转换的过程中所有的图层会被自动合并。同时，因为位图只有“一位”颜色，因此它也只有一个位图通道。在所有的色彩模式中，位图模式的图像尺寸最小，大约是灰度模式的1/7和RGB模式的1/22，如图1-9～图1-11所示。

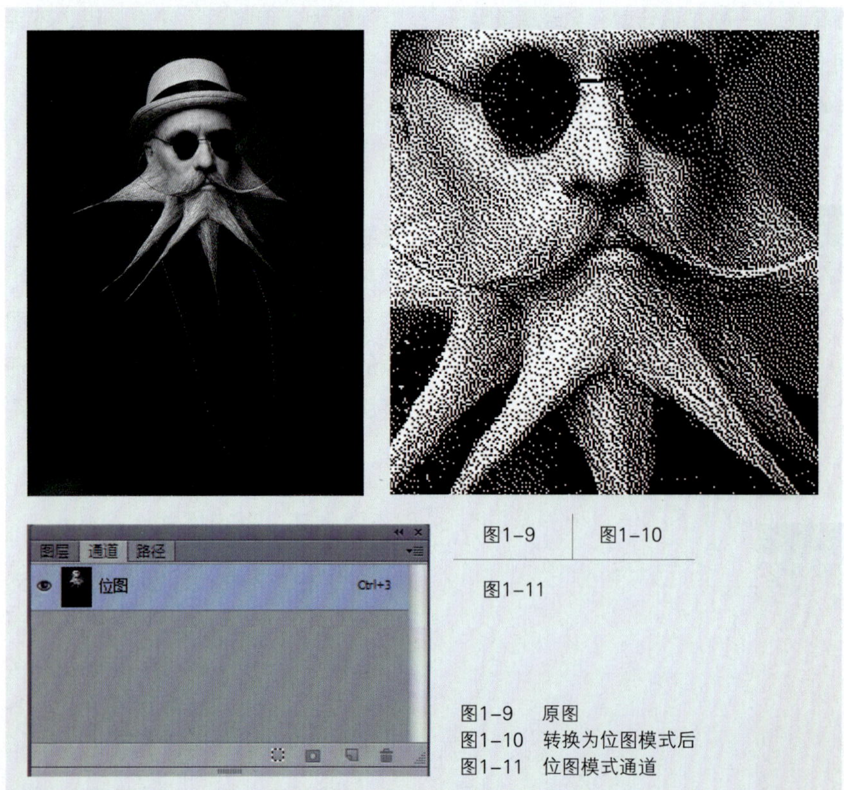

图1-9　图1-10

图1-11

图1-9　原图
图1-10　转换为位图模式后
图1-11　位图模式通道

“位图”对话框中的输入分辨率是原始图像的分辨率，而输出分辨率是转换为位图后的分辨率大小。在输出方法中提供了5种可供选择的图像处理方式，如图1-12所示。

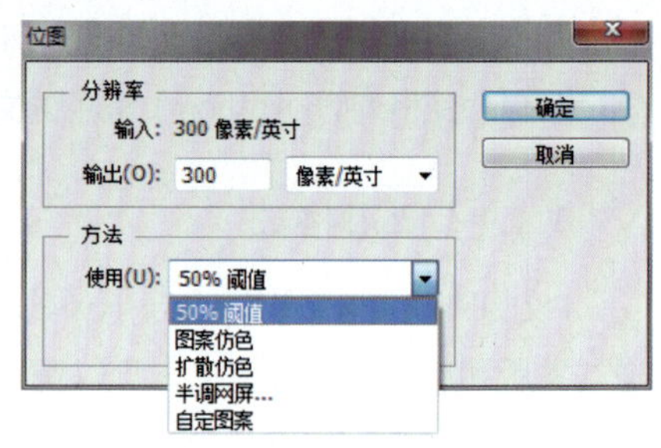

图1-12　“位图”对话框

（1）50%阈值：表示在转换过程中，色彩中大于50%灰度的像素全部变成黑色，小于和等于50%灰度的像素全部变成白色，形成一种强烈的黑白对比效果，如图1-13所示。

（2）图案仿色：使用一些随机的黑白像素点来转换图像。使用这种方法生成的图像效果通常不太理想，而且像素之间几乎没有什么空隙，如图1-14所示。

（3）扩散仿色：它是转换位图过程中保留图像细节最多的一种方式，它由无数的细小黑点组成图像，其转换过程比图案仿色更精确，最终形成的效果具有颗粒感，类似一种金属版效果，如图1-15所示。

（4）半调网屏：半调网屏常用于黑白报纸的印刷，通过调整频率调整点的疏密来构建图像。在“半调网屏”对话框中可以设置网线的频率、角度及形状，类似印刷过程中的加网方式，如图1-16、图1-17所示。有些设计师也使用半调网屏制作一些网点效果。

（5）自定图案：在转换为位图模式的过程中，可以以一个自定的图案进行填充，来模拟图像样式，如图1-18、图1-19所示。

位图模式常用于黑白印刷或黑白显示设备中，如黑白报纸中的图像印刷。此外，设计师也可以用位图模式制作一些特殊的图像效果。

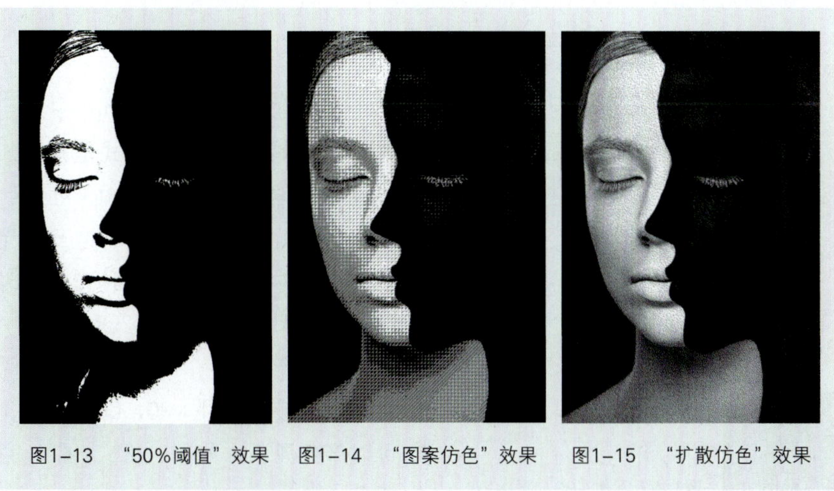

图1-13 “50%阈值”效果　图1-14 “图案仿色”效果　图1-15 “扩散仿色”效果

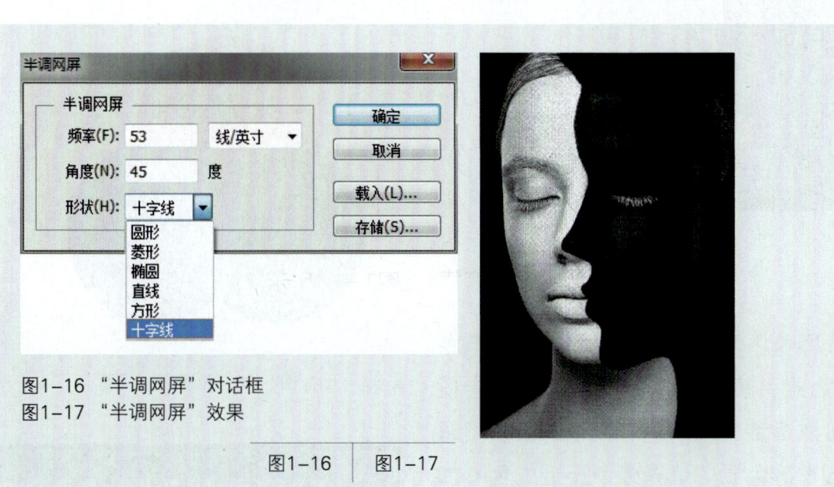

图1-16 “半调网屏”对话框
图1-17 “半调网屏”效果

图1-16　图1-17

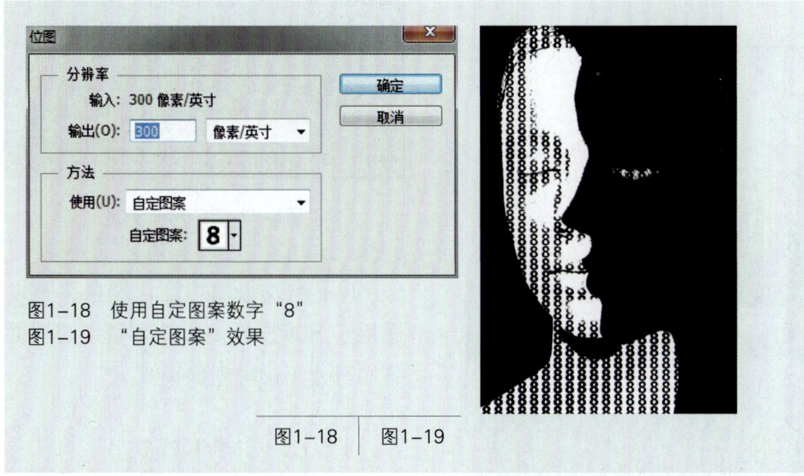

图1-18 使用自定图案数字“8”
图1-19 “自定图案”效果

图1-18　图1-19

1.5.2 灰度模式

灰度模式主要以黑、白、灰来表现图形，当一个彩色的图像被转换为灰度模式时，所有的色彩信息全部丢失，变成一张黑白图像，而灰度模式的256级灰色调使图像的过渡更为细腻，如图1-20、图1-21所示。

图1-20 原图

图1-21 “灰度模式”效果

1.5.3 双色调模式

只有灰度模式能直接转换为双色调模式，将一个彩色图像转换为双色调图形时，必须先转换为灰度模式，然后转换为双色调模式。双色调模式可以将灰度模式中的灰色以1～4种色彩替换，当它用双色、三色、四色来混合图像时，是模拟了印刷中的“套印”，如图1-22～图1-26所示。

双色调模式支持多个图层，但它只有一个通道。

➤Tips：双色调模式是一种专色印刷模式，它可以用尽可能少的色彩表现尽可能多的色彩层次，从而降低印刷成本。因为设计师无论选择单色还是四色，最终只有一个通道，只出一张片子。

图1-22	图1-23	图1-26
图1-24	图1-25	

图1-22 单色调
图1-23 双色调
图1-24 三色调
图1-25 四色调
图1-26 双色调模式通道

1.5.4 索引颜色模式

索引颜色模式是单通道模式，是网页图像中常用的图像模式，色彩范围是0～255，共计256种颜色。当图像转换为索引颜色模式后，Photoshop会根据图像自动生成一张颜色查找表（用户可以指定生成的色彩数量，最多不超过256种颜色），Photoshop对照图像色彩在颜色表中选择最为接近的色彩加以替换，这样就有效地减少了文件的大小。此外，索引颜色表的色彩是可以自定义的，如图1-27～图1-30所示。

索引颜色模式不支持图层和滤镜，只有RGB模式、灰度模式和双色调模式才能转换为索引颜色模式。

图1-27 原图
图1-28 "索引模式"效果（5色）
图1-29 颜色表
图1-30 索引模式通道

图1-27	图1-28	图1-29
		图1-30

1.5.5 RGB模式

RGB模式是在Photoshop中应用非常广泛的模式。RGB模式是基于加光混合原理，通过混合Red（红）、Green（绿）、Blue（蓝）这三种光来产生各种色彩。将这三种光色同时增加到最大值（R255，G255，B255）时，可以产生白色；当这三种光色同时减少到最小值时（R0，G0，B0），可以产生黑色，如图1-31、图1-32所示。

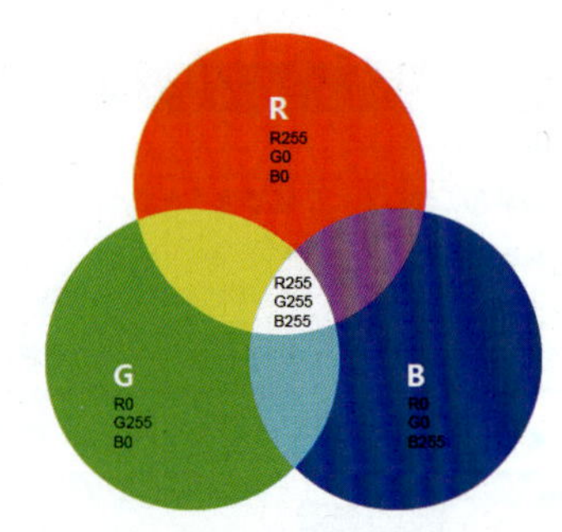

图1-31 RGB色彩模型

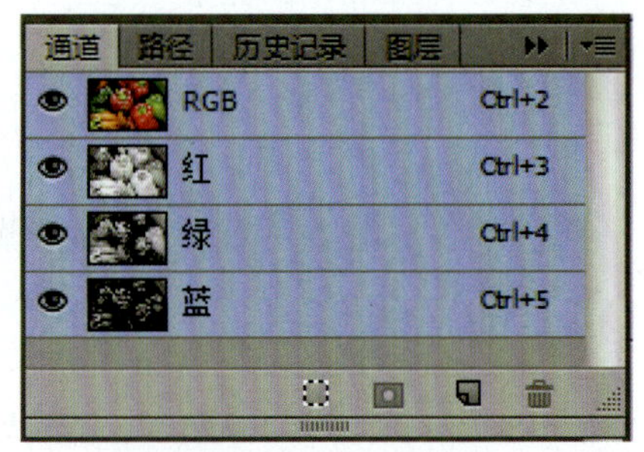

图1-32 RGB模式通道

RGB模式色域广泛，颜色丰富，适用于屏幕显示。因此网页、UI界面等均可使用该种图像模式。

1.5.6 CMYK模式

CMYK模式与RGB模式相反，是一种基于加色混合的色彩模式，主要用于制作印刷品，其也是一种印刷模式，因此色值越高颜色越深。其中C代表青色、M代表品红色、Y代表黄色、K代表黑色，色彩取值是0%～100%（0%为白色，100%为黑色），代表油墨的深浅程度。虽然理论上100%C（青）+100%M（品）+100%Y(黄)这色料三原色混合能得到100%的黑色，但是由于技术原因，无法得到纯粹的黑色，最多不过是褐色而已。因此专门增加了一个黑色通道，这一通道强化了暗部调子，使CMYK图像在纵深感上更加稳定。那是否基于印刷的设计，必须使用CMYK色彩模式来处理呢？答案是否定的。第一，我们的工作环境是计算机屏幕，所以即使在CMYK模式下工作，Photoshop依然要将其转换为计算机能够识别的RGB模式，而且在CMYK模式下，很多滤镜都无法使用；第二，CMYK模式相较于RGB模式，同样的命令需要多处理一个通道，因此在运算时间上没有优势。

由于RGB模式的色域要大于CMYK模式，因此RGB模式下一些较为鲜艳的颜色是无法被印刷出来的，如果在RGB模式下进行设计制作，最后转换为CMYK模式，可能会丢失部分色彩。直观的表现就是画面色彩变暗、变灰。因此，更科学的方式是，在新建用于印刷的文件时，将其设置为RGB模式，然后执行“视图”→“校样设置”→“工作中的CMYK”命令，这时在文档末尾会出现“RGB/8/CMYK”，如图1-33～图1-35所示，这意味着在RGB模式下工作，以CMYK模式预览。

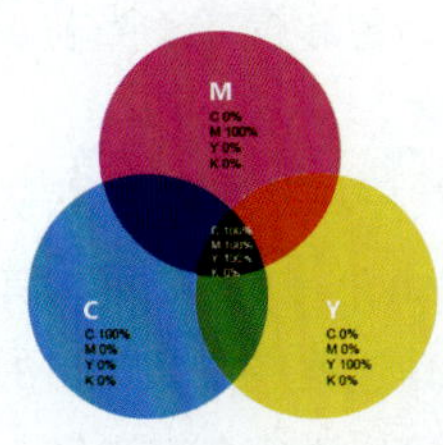

图1-33 CMYK色彩模型

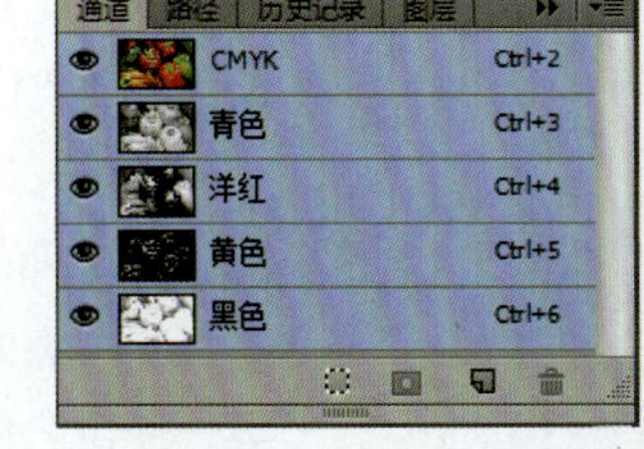

图1-34 CMYK通道

图1-35 工作中的CMYK

➢ Tips1：当拾色器色板颜色显示⚠时，表示溢色，即超出CMYK色域之外，是不能被印刷出来的色彩，这时只需要单击该按钮，则自动替换为相近的安全色彩。

➢ Tips2：由于在常规的四色印刷中，一张白纸进入印刷机后要以C、M、Y、K的顺序被印刷四次，因此对于字号较小的文字、细线等的色彩设置就要避免使用多个颜色，最好使用单色，以减少套印失误对画面带来的影响。

1.5.7 LAB模式

LAB模式由三个通道组成，即L(亮度)和两个色彩通道——A通道和B通道，如图1-36所示。A通道是从绿色到红色；B通道则是从蓝色到黄色。其中L的取值范围是0～100，A和B的颜色值范围都是-120～120，因此，这种色彩混合后将产生明亮的色彩。LAB通道能创造理论上所有的色彩，涵盖了RGB和CMYK中的所有色彩。

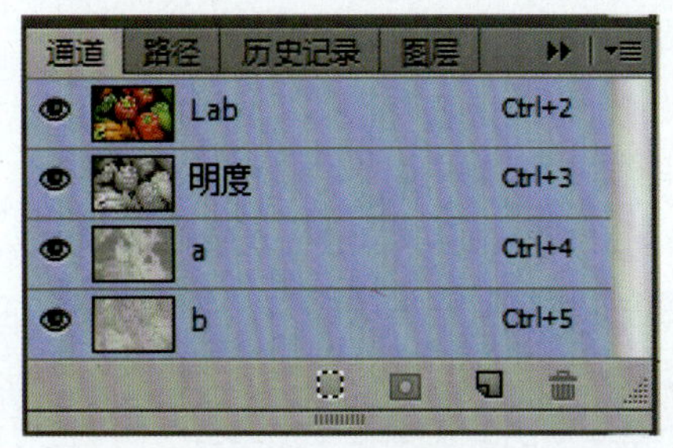

图1-36 LAB通道

➢ Tips：由于LAB模式的色彩和明暗是分开的，因此在调整图像亮度时不影响画面色调，而调整画面色彩时也不会破坏画面整体的明暗关系。所以资深的设计师和摄影师常用它来调色。

1.5.8 多通道模式

将彩色图像转换为多通道模式后，Photoshop CC将根据原图像产生相同数目的新通道，并且各通道会变成灰度256色。

多通道模式常用于印刷的分色，可用于常规印刷和特殊印刷。在常规印刷中，可以将一个CMYK文件最终分成四色，以便于直接出片。当一个图像仅使用了1～3色时，可以在印刷色彩不受影响的前提下使用多通道模式进行印刷，以降低印刷成本。当一个图像需要特殊印刷时，如烫金、印金等，则可以用多通道模式建立专色通道，该模式最多支持24个专色通道。

➢ Tips：将一个CMYK模式图像文件转换为分色文件做法如下：

（1）执行“图像”→“模式”→“多通道”命令，将文件由CMYK模式转换为多通道模式。

（2）执行“文件”→“存储为”命令，将文件存储为“Photoshop DCS2.0(*.EPS)”文件，在弹出对话框中选择“多文件DSC，无复合”命令，最终生成4个分色文件和一个索引文件，可连接输出设备直接出片，如图1-37、图1-38所示。

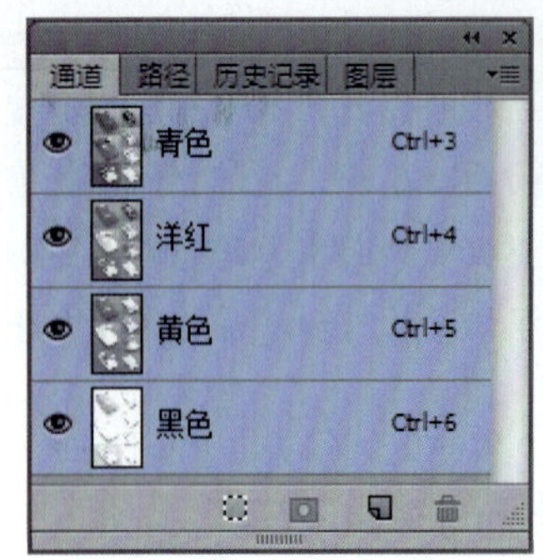

图1-37　多通道模式通道

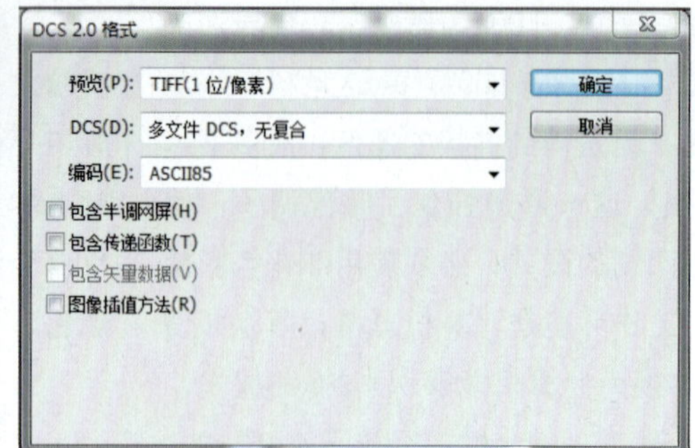

图1-38　多通道模式对话框

1.6　Photoshop CC的工作界面

Photoshop CC 的工作界面如图1-39所示。

图1-39　Photoshop的工作界面

（1）菜单栏。菜单栏中包含可以执行的各种命令，单击菜单名称可以打开相应的菜单。

“文件”菜单：该菜单命令包含多项基础命令，如新建、打开、关闭、存储、置入等命令。

“编辑”菜单：该菜单命令主要用于文件的编辑，如还原、剪切、选择性粘贴、定义画笔预设、定义图案、首选项等命令。

“图像”菜单：该菜单命令均用于图像编辑，如模式、调整、图像大小、应用图像、计算等命令。

“图层”菜单：该菜单命令均用于图像中图层的操作，如新建、复制图层、图层蒙版、智能对象、图层编组、排列、链接图层、合并图层等命令。

“类型”菜单：该菜单命令均用于图像中文字和文本的操作，如文本排列方向、创建3D文字、转换为段落文本等命令。

“选择”菜单：该菜单命令均用于图像选区的选取操作，如全选、反向、色彩范围、扩大选取、变换选区、载入选区等命令。

“滤镜”菜单：该菜单命令均用于Photoshop中滤镜的操作。

“3D”菜单：该菜单命令均用于Photoshop中3D文件的导入及3D对象的系列操作。如从文件新建3D图层、在目标纹理上绘画、从3D图层生成工作路径等命令。

“视图”菜单：该菜单命令均用于查看图像，如色域警告、放大、缩小、对齐、锁定参考线等命令。

“窗口”菜单：该菜单命令均用于帮助用户了解Photoshop CC软件的功能。

（2）工具属性栏。工具属性栏位于菜单栏下方，用户选择工具箱中的任一工具后，工具属性栏都会显示与该工具相关的信息和参数。用户可针对不同设计需求设置相应的参数。

（3）标题栏。标题栏位于图像窗口的顶部，显示当前文件的文件名、缩放比例、色彩模式、当前工作图层及通道位数。

（4）工具栏。工具栏在默认状态下位于Photsop CC的左侧，其中集合了图像处理过程中最为常用的工具，使用它们可以进行创建选区、修饰图像、绘制图形以及辅助操作。通过拖动工具栏顶部可以将其拖放到工作界面的任意位置。

工具栏中标注有黑色的小三角的工具按钮表示该工具位于一个工具组中，其下还有一些隐藏工具，在该工具按钮上长按鼠标左键，可显示该工具组中隐藏的工具，如图1-40、图1-41所示。

（5）状态栏。可以显示文档大小、文档尺寸、当前工具和窗口缩放比例等信息。

（6）工作场所切换器。可以切换工作场所。

（7）控制面板。控制面板位于工作界面右侧，可以用于图像及其应用工具的属性显示与参数设置，而且设置起来相当直观。每个面板可以显示、隐藏和缩小为面板按钮。

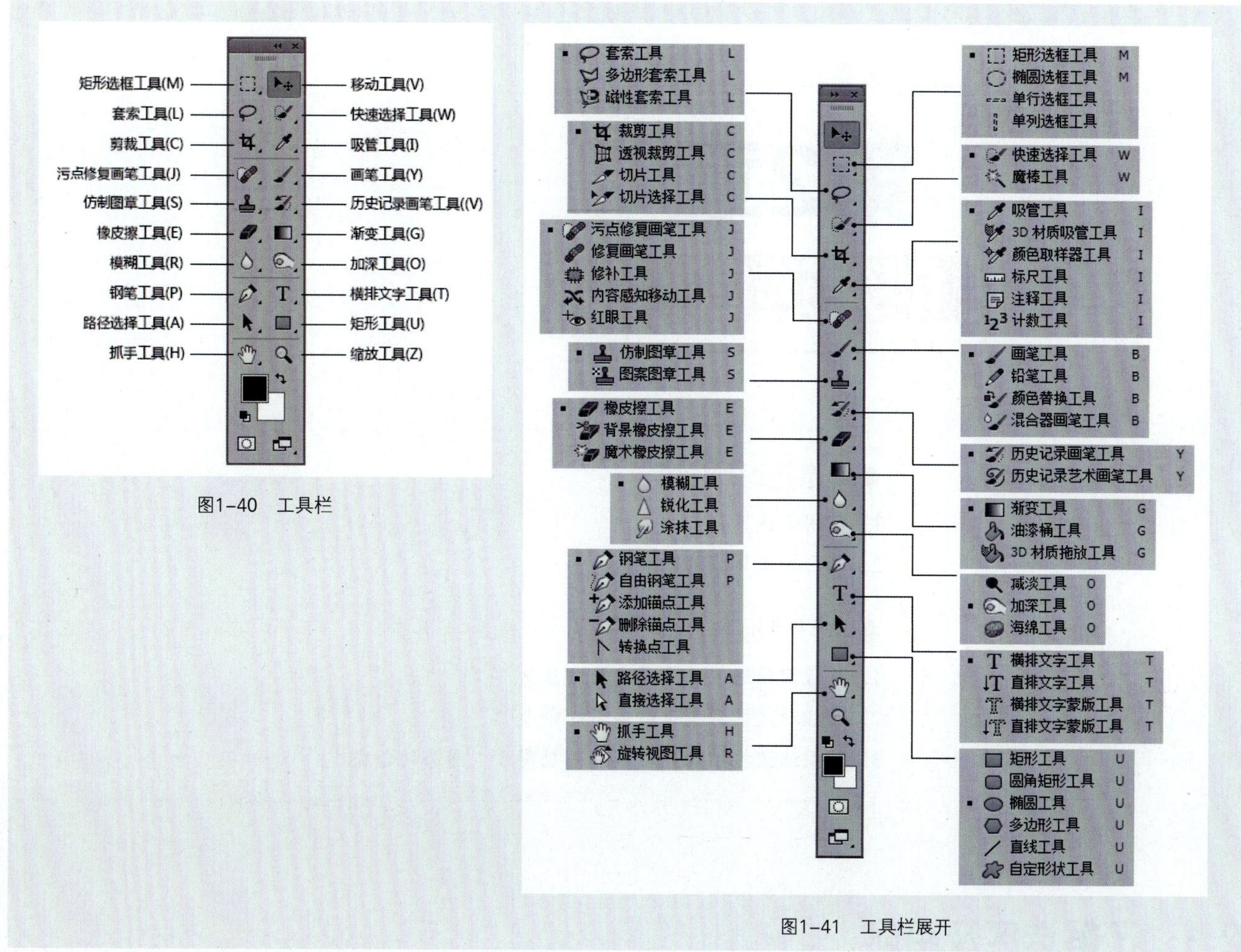

图1-40 工具栏

图1-41 工具栏展开

（8）面板按钮。面板按钮是控制面板的微缩图标，为保持工作界面的有序和整洁，用户可以将不使用的控制面板折叠为面板按钮，使用时单击此按钮即可弹出相对应的控制面板。

（9）图像窗口。图像窗口是编辑和处理图像文件的工作区域。

本章小结

本章重点介绍了Photoshop软件的相关基础知识，使读者能在学习软件技术的开始就明白软件的特点和应用领域。通过本章的学习，读者可熟悉Photoshop的软件界面，掌握Photoshop的色彩模式和文件格式。

思考与练习

1. CMYK模式和RGB模式分别用于哪些输出环境？
2. 哪些文件格式适用于网页图像？
3. 设计一个宣传册，应该设置多大的分辨率？

第2章 创建选区

◆本章知识点

1. 常用选区工具
2. 选区的编辑方法

◆学习目标

1. 掌握常用选区工具的使用方法
2. 掌握对选区形态进行编辑的命令
3. 使用选区控制操作区域，并应用于“图像的合成”

2.1 了解选区及用途

在Photoshop CC中处理局部图像时，首先需要学会如何选取图像，即如何在指定的图像区域内创建选区。选区可以将编辑限定在一定的范围内，这样就可以处理局部图像而不影响其他内容了。创建和编辑选区是图像处理的首要任务，无论是图像修复、色彩调整还是影像合成都与选区有着密切的关系。因此，只有掌握好创建选区的工具，才能真正学好、用好Photoshop。

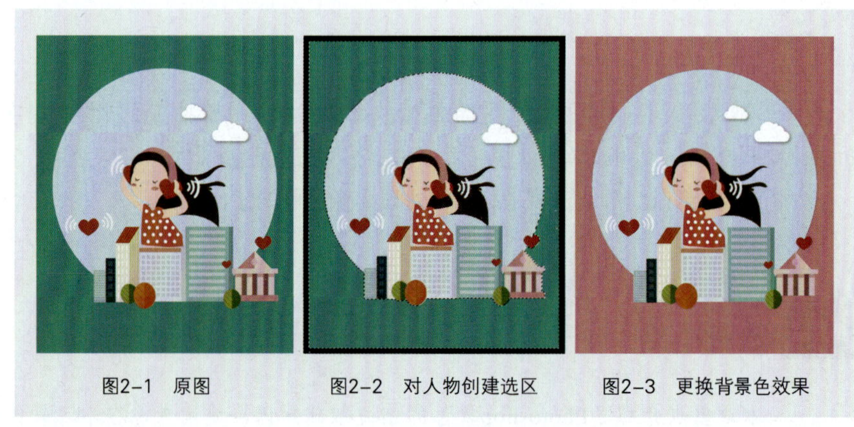
图2-1 原图 图2-2 对人物创建选区 图2-3 更换背景色效果

例如，给一张图片更换背景，首要和关键的一步便是创建选区。打开素材文件“第2章\素材文件\女孩.jpg”，如图2-1所示，我们为图片背景换一个颜色，那么首先要针对背景创建一个选区，如图2-2所示；然后将背景从整个图像中分离出来，填充新的背景色，如图2-3所示。

2.1.1 认识选区

选区是指使用选择工具和命令创建的可以限定操作范围的区域。在Photoshop CC中对图像的选取有多种方法，也有很多用于形态编辑的命令，在本章中我们会做详细的介绍。

2.1.2 选区的分类

Photoshop中可以创建两种类型的选区：普通选区和羽化的选区。普通选区具有明确的边界，使用它选出的图像边界清晰、准确，如图2-4所示；使用羽化的选区选出的图像，其边界会呈现逐渐透明的效果，如图2-5所示。将对象与其他图像合成时，适当设置羽化值可以使合成效果更加自然。

图2-4 普通选区

图2-5 羽化的选区

2.2 使用选择类工具创建选区

在Photoshop CC中对图像选区的创建可以通过多种选区工具，本节主要介绍工具栏中常用选取工具的使用方法。

2.2.1 规则选择工具

在工具栏中，最常用的规则选择工具主要包含以下四个："矩形选框工具""椭圆选框工具""单行选框工具""单列选框工具"。使用这些工具可以创建方形、圆形以及细线的选区。

1. 矩形选框工具

"矩形选框工具"主要用于选择规则的矩形物体或图像。

打开素材文件"第2章\素材文件\巧克力1.jpg"，单击工具栏中的"矩形选框工具"按钮，在画面的左上角单击并拖动鼠标指针至右下角即可创建矩形选区，如图2-6所示；按住Shift键可以创建正方形选区，如图2-7所示。

图2-6 矩形选区

图2-7 正方形选区

"矩形选框工具"选项栏如图2-8所示。

图2-8 "矩形选框工具"选项栏

（1）选区范围设置：设置选区范围有四种方式，包括"新建选区""添加到选区""从选区减去""与选区交叉"，如图2-9所示。"新建选区"按钮，可以创建一个新的选区；"添加到选区"按钮，可以在原有选区的基础上添加新创建的选区；"从选区减去"按钮，可以在原有选区的基础上减去当前绘制的选区，"与选区交叉"按钮，可以设置与原有选区有部分交叉的选区。

图2-9 选区范围设置按钮

打开素材文件"第2章\素材文件\眼镜.jpg"，选择"矩形选框工具"，单击属性栏的"新建选区"按钮，在画面中拖曳创建出一个矩形选区，如图2-10所示。接下来单击属性栏的"添加到选区"按钮，在画面中再拖曳一个矩形选区，此时画面中添加了一个选区，如图2-11所示。单击属性栏的"从选区减去”按钮，在画面已有的部分选区上进行拖曳可减去选区，如图2-12所示。单击属性栏的“与选区交叉”按钮，在画面已有的选区上进行拖曳可创建与原选区交叉的选区，如图2-13所示。

（2）羽化：主要用来设置选区边缘的虚化程度。羽化值越大，虚化范围越宽；羽化值越小，虚化范围越窄。打开素材文件“第2章\素材文件\六边形.jpg”，图2-14、图2-15所示的羽化数值分别为0像素与30像素时的边界效果。

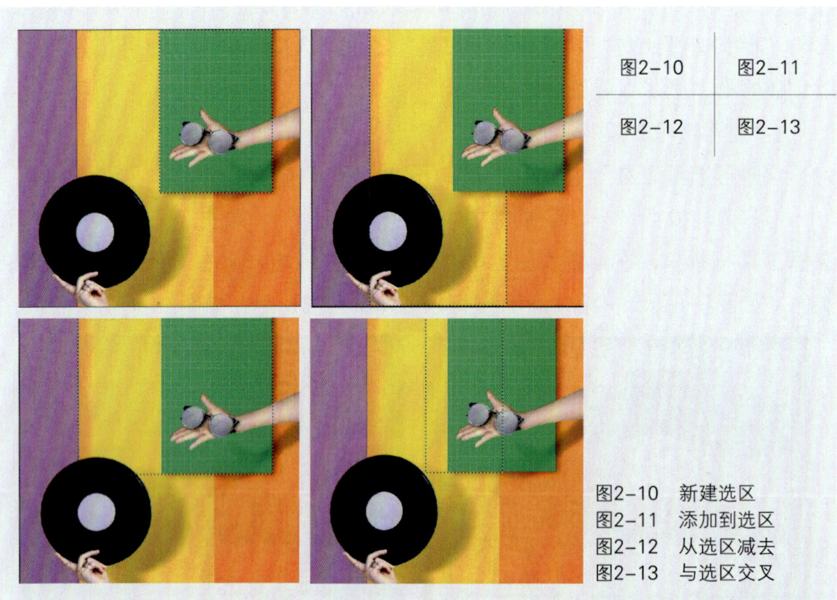

图2-10	图2-11
图2-12	图2-13

图2-10　新建选区
图2-11　添加到选区
图2-12　从选区减去
图2-13　与选区交叉

图2-14　羽化值为0像素

图2-15　羽化值为30像素

（3）消除锯齿：可以消除选区锯齿现象。“矩形选框工具”的“消除锯齿”选项是不可用的，因为矩形选框没有不平滑效果，只有在使用“椭圆选框工具”时，“消除锯齿”选项才可用。

（4）确定样式：用来设置矩形选区的创建方法。当选择“正常”选项时，可创建任意大小的矩形选区；当选择“固定比例”选项时，可在“右侧”的“宽度”和“高度”输入框中输入数值，以创建固定比例的选区。当选择“固定大小”选项时，可以在右侧的“宽度”和“高度”输入框中输入数值，然后单击即可创建一个固定大小的选区。

（5）调整边缘：与执行“选择”→“调整边缘”命令相同，单击该按钮可以打开“调整边缘”对话框，在该对话框中可以对选区进行平滑、羽化等处理。

2. 椭圆选框工具

“椭圆选框工具”主要用来制作椭圆选区和正圆选区，在画面中单击并拖动鼠标指针即可绘制选区，如图2-16所示。按住Shift键可以创建正圆选区，如图2-17所示。

图2-16　椭圆选区

图2-17　正圆选区

“椭圆选框工具”与“矩形选框工具”的参数设置基本一致，这里主要介绍它们的不同之处，如图2-18所示。

图2-18　“椭圆选框工具”选项栏

消除锯齿：用于柔化边缘像素与背景像素之间的颜色过渡效果，由于“消除锯齿”只影响边缘像素，因此不会丢失细节，在剪切、复制和粘贴选区图像时非常有用。在系统默认的状态下，“消除锯齿”复选框自动处于开启状态。

3. 单行/单列选框工具

“单行选框工具”“单列选框工具”主要用来创建高度或宽度为1像素的选区。操作方法如下：单击工具栏中的“单行选框工具”或“单列选框工具”按钮，在画布中单击即可创建高度或者宽度为1像素的选区，如图2-19、图2-20所示。

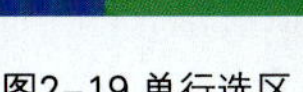

图2-19 单行选区

图2-20 单列选区

2.2.2 不规则选择工具

1. 套索工具

套索工具可以以手绘形式自由地创建出形状不规则的选区。单击“套索工具”按钮，将图像上的任意一点作为起始点，按住鼠标左键绘制出需要选择的区域，鼠标指针到达合适的位置后松开鼠标，选区将自动闭合，如图2-21所示。如果释放鼠标时起点和终点没有重合，系统会在它们之间创建一条直线来连接选区，如图2-22所示。

图2-21 绘制选区

图2-22 直线连接选区

使用“套索工具”创建选区时，按住Alt键后松开鼠标左键可自动切换到“多边形套索工具”，放开Alt键可恢复为“套索工具”。

2. 多边形套索工具

多边形套索工具可绘制直线边框，适合于随意地创建一些棱角分明的多边形选区。单击“多边形套索工具”按钮，以紫色矩形左上角为起点，如图2-23所示，沿着边缘拖动鼠标指针，在转角处单击确定转角，最后回到起始点或者双击就可以自动闭合选区，完成选区的创建，如图2-24所示。

图2-23 确定选区起点

图2-24 完成创建选区

使用“多边形套索工具”创建选区时，按住Shift键可以在水平方向、垂直方向或45°方向上绘制直线。另外，按Delete键可以删除最近绘制的直线。

3. 磁性套索工具

磁性套索工具可以智能地自动选取选区，特别适合快速选择与背景对比强烈且边缘复杂的对象。单击“磁性套索工具”按钮，在选项栏中可以对该工具的参数进行设置，如图2-25所示。

图2-25 “磁性套索工具”选项栏

（1）宽度：宽度值决定了选区的细致与否。如果选取对象的边缘与背景比较清晰，可以设置较大的值；如果边缘比较模糊，可以设置较小的值。

（2）对比度：主要用来设置“磁性套索工具”感应图像边缘的灵敏度。如果对象的边缘比较清晰，可以将该值设置得高一些；如果对象的边缘比较模糊，可以将该值设置得低一些。

（3）频率：在使用“磁性套索工具”创建选区时，Photoshop CC会生成很多锚点，“频率”选项就是用来设置锚点的数量的。数值越高，生成的锚点越多，捕捉到的边缘越准确。

打开一张图，在图像上单击以确定起点，将鼠标指针沿着要选择图像的边缘慢慢移动，选取的点会自动吸附到色彩差异的边缘，如图2-26所示；拖曳鼠标指针使线条移动至起点，单击即可闭合选区，如图2-27所示。

图2-26　确定选区起点

图2-27　完成创建选区

如果想取消使用“磁性套索工具”，可按Esc键。如果要删除刚绘制的线条和锚点，可按Delete键，连续按Delete键可以倒序依次删除锚点。

4. 魔棒工具

魔棒工具是一种基于颜色进行选择的工具，适合选择颜色相近的区域。使用魔棒工具直接在某个颜色区域上单击，即可自动获取附近区域相同的颜色，使它们处于选择状态。

单击“魔棒”按钮，在选项栏中可以对其参数进行设置，如图2-28所示。

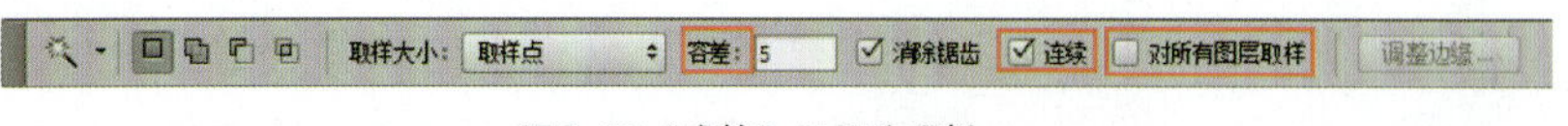

图2-28 “魔棒”工具选项栏

（1）容差：其取值范围为0～255。输入数值越低，对像素的相似程度要求越高，所选的颜色范围就越小；输入数值越高，对像素的相似程度要求越低，所选的颜色范围就越广，如图2-29、图2-30所示。

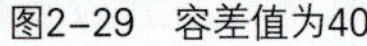
图2-29　容差值为40

图2-30　容差值为10

（2）连续：当勾选该复选框时，只选择颜色连接的区域；当取消该复选框时，可以选择图像中所有与所选像素颜色接近的所有区域，如图2-31、图2-32所示。

图2-31　勾选“连续”

图2-32　不勾选“连续”

（3）对所有图层取样：如果文档中包含多个图层，当勾选该复选框时，可以选择所有可见图层上颜色相近的区域；当取消该复选框时，仅选择当前图层上颜色相近的区域。

5. 快速选择工具

快速选择工具可以通过使用笔尖涂抹的方式迅速地绘制出选区，是一种典型的基于颜色差异选择区域的工具。当拖动笔尖时，选区范围不但会向外扩张，而且还可以自动寻找并沿着图像的边缘来描绘边界，如图2-33所示。

图2-33　“快速选择工具”效果

使用“快速选择工具”进行选择的过程中，每次拖动鼠标指针选择区域的大小都是由选项栏中的参数进行控制的。单击“快速选择工具”按钮，对选项栏参数进行设置，如图2-34所示。

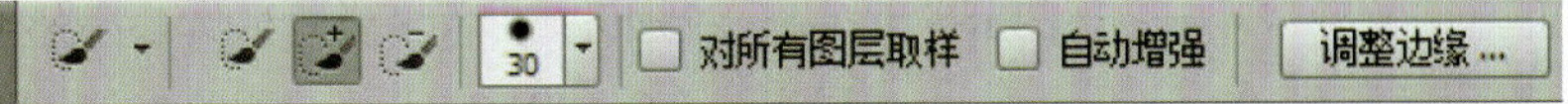

图2-34 “快速选择工具”选项栏

（1）“画笔”选择器：单击倒三角按钮，可以在弹出的“画笔”选择器中设置画笔的大小、硬度、间距、角度以及圆度。在绘制选区的过程中，可以按]键和[键增大或减小画笔的大小。

（2）对所有图层取样：如果勾选该复选框，Photoshop CC会根据所有的图层建立选区范围，而不仅是针对当前图层。其与“魔棒工具”的“对所有图层”取样效果相同。

（3）自动增强：降低选区范围边界的粗糙度。

2.3 使用菜单命令创建选区

2.3.1 使用“选择”命令

在选择菜单中也包含选择对象的命令，包括“全部”“取消选择”“重新选择”和“反向”四个选项。

（1）全部：打开一张图片，执行“选择”→“全部”命令或者按Ctrl＋A组合键，可以选择当前图层中的全部图像，如图2-35所示。

（2）取消选择：执行“选择”→“取消选择”命令或者按Ctrl＋D组合键，可以取消对当前图层中图像的选择，如图2-36所示。

图2-35 全部

图2-36 取消选择

（3）重新选择：执行“选择”→“重新选择”命令或者按Shift+Ctrl＋D组合键，可重新选择已取消的选项。

（4）反向：执行“选择”→“反向”命令或者按Shift+Ctrl＋I组合键，可以选择图像中除选中区域以外的所有区域。例如，打开图2-37，使用“魔棒工具”选中白色背景；之后执行“选择”→“反向”命令，反选选区从而选中画面中的物体，如图2-38所示。

2.3.2 使用“色彩范围”命令

“色彩范围”命令可以根据图像的颜色范围创建选区，某种程度上与“魔棒”工具类似，但其提供了更多的参数选项，创建出的选区会更加细腻精准，如图2-39所示。

图2-37 选中白色背景

图2-38 “反向”效果图

（1）取样颜色：使用吸管工具在图片上选取需要的颜色，选取后色彩范围面板中的图片发生变化：白色部分代表已选择区域，黑色部分代表未选择区域，灰色代表被部分选择的区域，如图2-40所示。

（2）选择范围：在选择下拉菜单中可以选择不同的颜色，通过这些颜色选区范围，我们也可以根据设定颜色的容差对选区内容进行调整。同样，我们也可以在下拉菜单中选择阴影、高光和中间调，如图2-41所示。

（3）颜色容差：用来控制颜色的选择范围，值越大表示选择的颜色范围越广，值越小表示选择的颜色范围越小。

（4）反相：可以勾选反相，作用与“选择→反相”命令相同。

（5）存储/载入：单击“存储”按钮，可以将当前的设置状态保存

图2-39 “色彩范围”对话框
图2-40 “吸管”取样效果图
图2-41 “吸管”取样效果图

为选区预设；单击“载入”按钮，可以载入存储的选区预设文件。

2.4 使用快速蒙版模式创建选区

快速蒙版模式是另外一种快捷、有效的创建选区的方法，它能够将选区转换成一种临时的蒙版图像，这样就可以使用画笔、滤镜、钢笔等工具编辑蒙版，之后将蒙版图像转换为选区，从而实现创建或者编辑选区的目的。

2.4.1 使用快速蒙版

在“工具栏”中单击“以快速蒙版模式编辑”按钮或按Q键可以进入（退出）快速蒙版编辑模式，如图2-42所示。

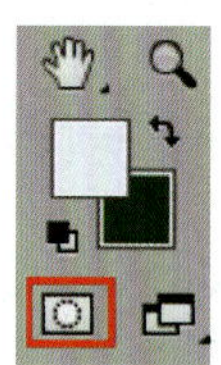

图2-42 “快速蒙版模式”按钮

2.4.2 编辑快速蒙版

当画面没有选区时进入快速蒙版状态，可以使用绘图工具进行绘制，用白色涂抹快速蒙版时，被涂抹的区域不会产生变化；用黑色涂抹的区域会覆盖一层半透明的红色，当退出“快速蒙版模式”时，会转换成选区；用灰色涂抹的区域在退出“快速蒙版模式”时可以得到羽化的选区，如图2-43、图2-44所示。

图2-43 用白色涂抹效果图

图2-44 用黑色涂抹效果图

当画面有选区时进入快速蒙版状态，选区以外的部分会被覆盖上半透明的红色蒙版；如果想修改选区，可以使用绘图工具对图像进行绘制，用白色涂抹快速蒙版时，被涂抹的区域会显示出图像，这样可以扩展选区；用黑色涂抹的区域会覆盖一层半透明的宝石红色，这样可以收缩选区；用灰色涂抹的区域可以得到羽化的选区。

2.5 使用路径创建选区

工具栏中的钢笔工具、自由钢笔工具以及形状工具组中的六个工具都可以创建路径，路径工具主要用于绘制线条、图形以及辅助抠图。路径是由一个或多个直线段或曲线段组成的，它可以闭合并进行填充，也可以转化成选区。在对复杂物体进行抠图选择时，使用路径工具能够比其他选区工具更加精细、准确地完成任务。

2.5.1 路径工具

1. 钢笔工具

"钢笔工具"可以绘制直线或曲线路径。"自由钢笔工具"与"钢笔工具"略有不同，在使用"自由钢笔工具"绘制选区时，需要单击该工具，然后按住鼠标左键并拖动来绘制选区。当选中选项栏中"磁性的"选项时，其效果与磁性套索工具类似，如图2-45、图2-46所示。

图2-45 钢笔工具　　图2-46 自由钢笔工具

2. 形状工具

形状工具包括"矩形工具""圆角矩形工具""椭圆工具""多边形工具""直线工具"和"自定形状工具"。熟练掌握这些工具可以绘制出我们所需要的各种形状，如图2-47所示。

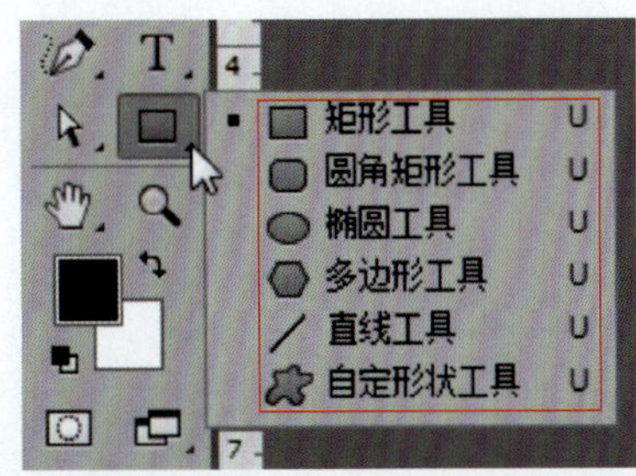

图2-47 形状工具

（1）"矩形工具"可以绘制矩形。在绘制时按住Shift键可绘制正方形；按住Shift+Alt组合键可以以单击点为中心绘制正方形。

（2）"圆角矩形工具"可以创建出带有圆角的矩形效果。

（3）"椭圆工具"既可以创建椭圆也可以创建正圆。使用"椭圆工具"并按住鼠标左键拖动即可绘制椭圆，在拖动的过程中按住Shift键或Shift+Alt组合键可以创建正圆。

（4）"多边形工具"可以创建出正多边形和星形。

（5）"直线工具"可以创建出直线和带有箭头的路径。

（6）"自定形状工具"非常强大，既可以使用Photoshop的很多内置形状，也可以使用外置的形状，如图2-48所示。

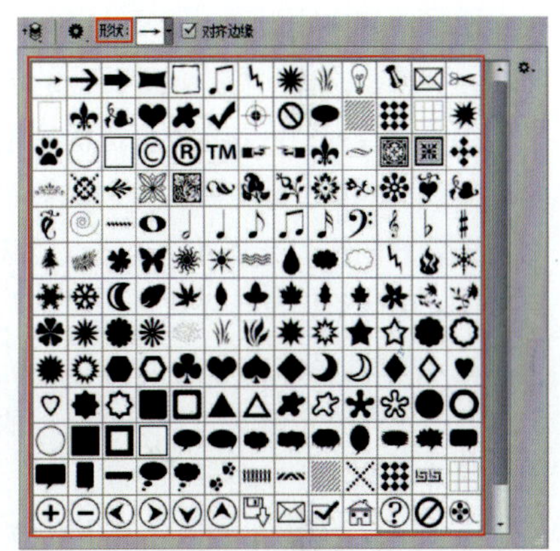

图2-48 自定形状工具

2.5.2 编辑路径

路径绘制完成后，很多时候需要对路径进行编辑，如移动锚点位置、添加锚点、删除锚点等。通过这些调整可以使原本不标准的形状符合要求，也可以使原本简单的形态变得更加丰富。

1. 选择路径

路径选择工具组包括"路径选择工具"和"直接选择工具"两个工具，主要用来选择和调整路径的形状，如图2-49所示。

（1）路径选择工具：可以选择单个路径或多个路径，其选项栏如图2-50所示。

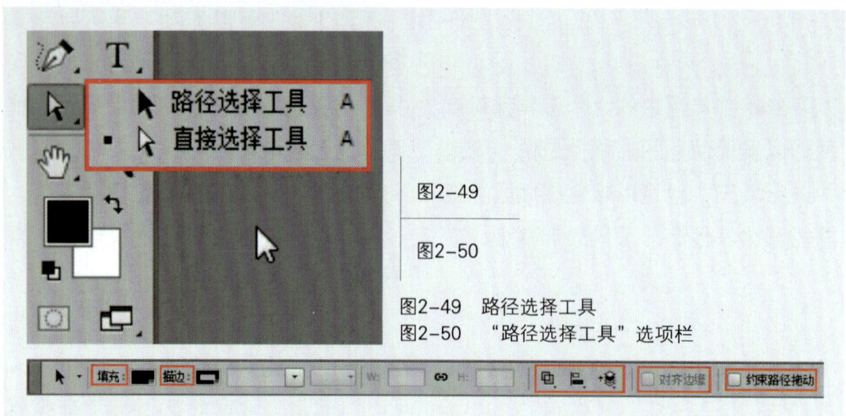

图2-49
图2-50
图2-49 路径选择工具
图2-50 "路径选择工具"选项栏

填充和描边：对当前的路径进行填充颜色和描边颜色及描边厚度。

组合路径方式：可以对两条以上的路径，以不同的方式进行路径组合，如合并形状、减去顶层形状、与形状区域相交、排除重叠形状。

路径对齐方式：可以设置路径对齐与分布的选项。

路径排列方式：可以设置路径的层级排列关系。

约束路径拖动：勾选此复选框只能编辑选中锚点之间的路径线段。

（2）直接选择工具：可以选择路径上的单个或多个锚点，可以移动锚点、调整方向线。选择并拖动锚点或路径线可以调整路径形状。拖动路径时，只有被选中的路径发生变化。

2. 编辑路径锚点

通过编辑路径锚点，可以对路径的形状进行改变，如可以添加路径锚点和减少路径锚点、改变路径的形状。

（1）添加锚点：使用"添加锚点工具"可以直接在路径上添加锚点，或者在使用"钢笔工具"的状态下，将光标放在路径上，在路径上单击即可添加一个锚点，如图2-51所示。

（2）删除锚点：使用"删除锚点工具"，可以删除路径上的锚点，或者在使用"钢笔工具"的状态下，将光标放在锚点上，在路径上单击也可删除一个锚点，如图2-52所示。

图2-51 添加锚点

图2-52 删除锚点

3. 路径与选区的转换

打开一张图片并绘制路径，路径绘制完成后，在路径内单击鼠标右键，在弹出的菜单中执行"建立选区"命令，即可创建选区，如图2-53所示。或在路径面板中单击"将路径作为选区载入"按钮，也可以将路径转换为选区，如图2-54所示。

图2-53 "建立选区"命令

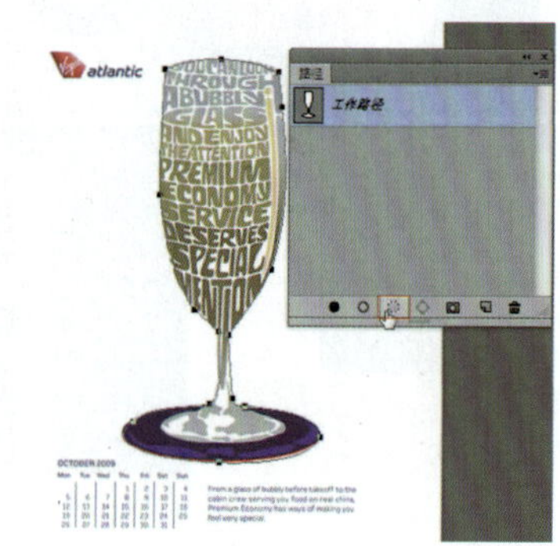
图2-54 "将路径作为选区载入"按钮

"路径"面板可以储存、管理和调用路径。执行菜单"窗口→路径"命令，即可打开"路径"面板，如图2-55所示。

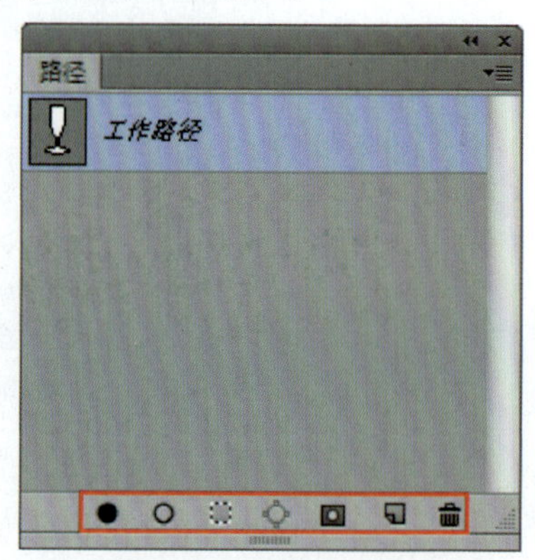

图2-55 "路径"面板

用前景色填充路径：用前景色填充路径区域。

用画笔描边路径：用设置好的“画笔工具”对路径进行描边。

将路径作为选区载入：可以将路径转换为选区。

从选区生成工作路径：若当前文档中存在选区，可将选区转换为工作路径。

添加图层蒙版：可以以当前选区为图层添加图层蒙版。

2.6 选区的编辑与修改

在选区创建之后，往往需要对其进行修改调整才能更加符合要求。“选择”命令中设置了多个可以用于对选区进行修改编辑的命令。

2.6.1 修改选区

1. 修改选区边界

使用“边界”命令可以使当前选区的边缘产生一个边框。在“边界选区”对话框中，“宽度”用于设置选区扩展的像素值，如图2-56、图2-57所示。

图2-56 原图

图2-57 “边界”效果

2. 平滑选区

使用“平滑”命令可以使尖锐的边缘变得平滑。在“平滑选区”对话框中的“取样半径”选项中输入数值，可以让选区边缘变平滑，如图2-58、图2-59所示。

图2-58 原图

图2-59 “平滑”效果

3. 扩展选区

使用“扩展”命令可以对已有选区进行扩展。执行“选择”→“修改”→“扩展”命令，即可弹出“扩展选区”对话框，在“扩展量”文本框中输入数值，可以让图像的边缘得到扩展，如图2-60、图2-61所示。

图2-60 原图

图2-61 “扩展”效果

4. 收缩选区

使用“收缩”命令可以使选区收缩。执行“选择”→“修改”→“收缩”命令，即可弹出“收缩选区”对话框，在“收缩量”文本框中输入数值，可以让图像的边缘得到收缩，如图2-62、图2-63所示。

图2-62 原图

图2-63 “收缩”效果

5. 羽化选区

使用“羽化”命令，可以通过羽化使硬边缘变得平滑，与背景更贴合。执行“选择”→“修改”→“收缩”命令，即可弹出“羽化选区”对话框，在“羽化半径”文本框中输入数值，单击确定，然后对选区填充颜色，即可看到羽化效果，如图2-64、图2-65所示。

图2-64 原图

图2-65 “羽化”效果

6. 扩大选取

使用“扩大选区”命令，可以选择所有和现有选区颜色相同或相近的相邻像素。执行“选择”→“扩大选取”命令，可以看到与选区内颜色相近的相邻像素都被选中了，如图2-66、图2-67所示。

7. 选取相似

使用“选取相似”命令，可以选择整个图像中的与现有选区颜色相邻或相近的所有像素，而不只是相邻的像素。执行“选择”→“选取相似”命令，可以看到整个图像中与当前选区内颜色相近或相邻的像素都被选中了，如图2-68、图2-69所示。

图2-66 原图

图2-67 “扩大选取”效果

图2-68 原图

图2-69 “选取相似”效果

2.6.2 变换选区

Photoshop CC除了能够对图像进行自由变换，也可以对选区进行相同的操作，如此一来，我们可以得到更多特殊形状的选区来加以利用。

执行“选择”→“变换选区”命令或按Alt+S+T组合键，即可对选区进行自由变换，单击鼠标右键，可得到更多调整选项，其使用方法与“自由变换”命令类似，效果如图2-70、图2-71所示。

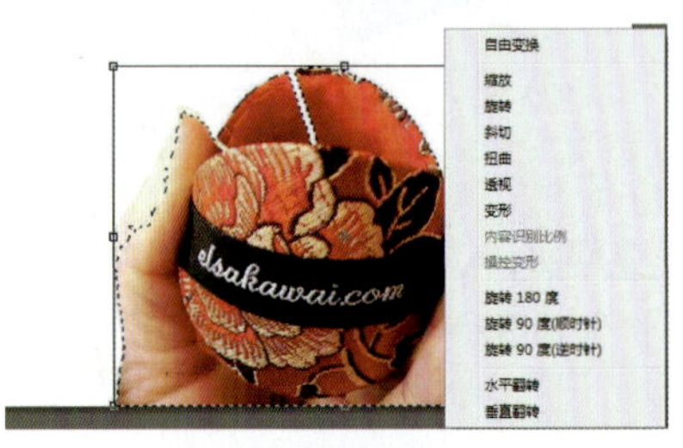

图2-70 原图

图2-71 “变换选取”效果图

2.6.3 增减选区

选区的增加或减少可以通过“选区运算”来实现。我们在使用选取工具时，其工具栏中通常会出现选区运算的相关工具：新建选区、添加到选区、从选取中减去、与选区交叉。选择不同的选项将会绘制出不同的选区，其使用方法我们已在矩形工具的使用方法中进行了讲解，在此不再赘述。

2.6.4 隐藏/显示选区

执行“视图”→“显示”命令，在弹出的的子菜单中，执行“选区边缘”命令，将其左侧的√去掉，即可隐藏选区；重复操作，将√显示，即可显示选区，如图2-72所示。

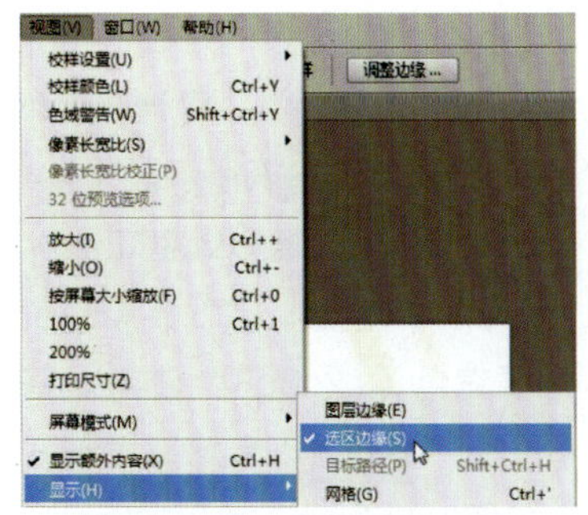

图2-72 “显示”菜单命令

隐藏选区可以使我们更加清楚地看到在对选区进行“滤镜”等命令应用时图像边缘的变化情况；需要注意的是，选区虽然隐藏，但它仍然存在，并限制着命令操作的有效区域。

2.6.5 存储选区

使用“存储选区”命令可以将选区进行存储。执行“选择”→“存储选区”命令，即可弹出“存储选区”对话框，在“名称”文本框中输入选区名称，单击“确定”按钮，即可在“通道”面板中看到新建立的通道，如图2-73、图2-74所示。

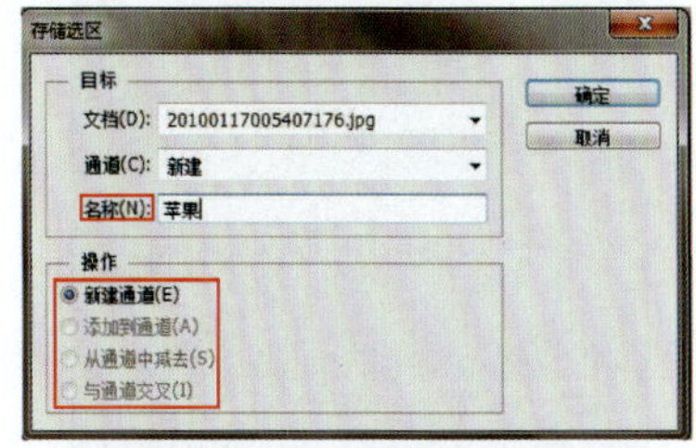

图2-73 “存储选区”对话框

图2-74 通道

2.6.6 载入选区

存储选区后，就可以根据需要随时载入已保存选区。执行“选择”→“载入选区”命令，即可弹出“载入选区”对话框，此时在通道下拉列表中会出现所有存储通道的名称，选择合适的名称并单击“确定”按钮，即可载入选区，如图2-75所示。

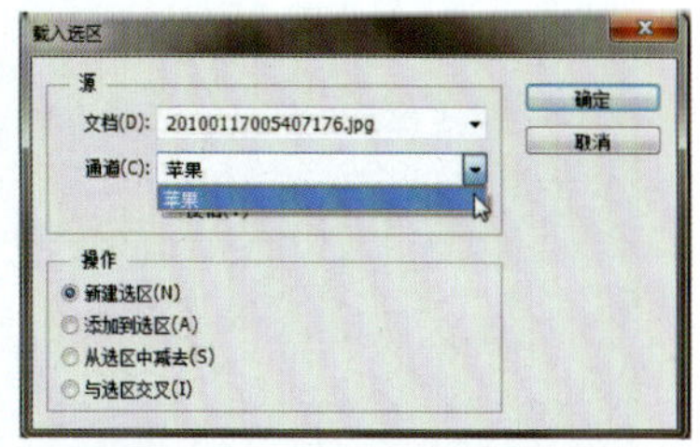

图2-75 “载入选区”对话框

2.7 实战演练

2.7.1 制作扁平风格铅笔图标

（1）新建一个500像素×500像素的文件，命名为“铅笔图标”，填充为01dbcd，如图2-76、图2-77所示。

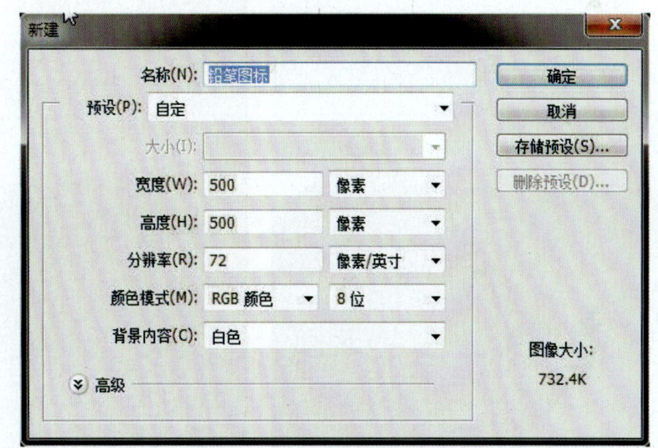

图2-76 新建文件

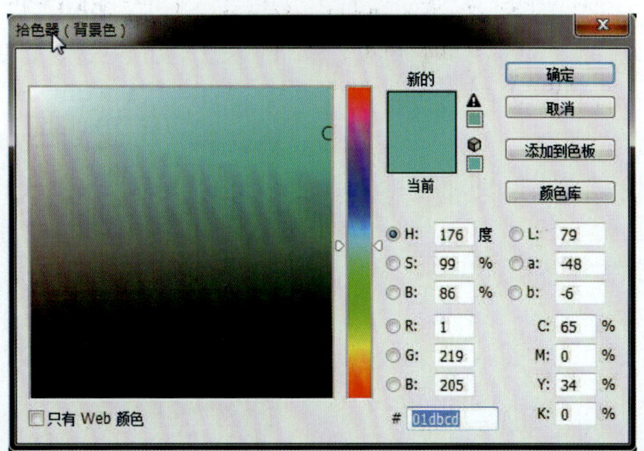

图2-77 填充颜色

（2）使用“椭圆工具”绘制一个362像素×362像素的正圆，在属性栏中将“填充色”设置为01dbcd，“描边”设置为1像素，白色；将图层名称命名为“圆”，如图2-78、图2-79所示。

图2-78　设置数据

图2-79　修改图层名称

（3）使用“矩形工具”绘制一个362像素×362像素的正方形，填充为黑色，按Ctrl+T组合键旋转45°，如图2-80所示；将图层命名为“阴影”，如图2-81所示。

图2-80　旋转45°

图2-81　命名图层

（4）将图层“阴影”移到图层“圆”的下边，图层不透明度设置为8%，效果如图2-82、图2-83所示。

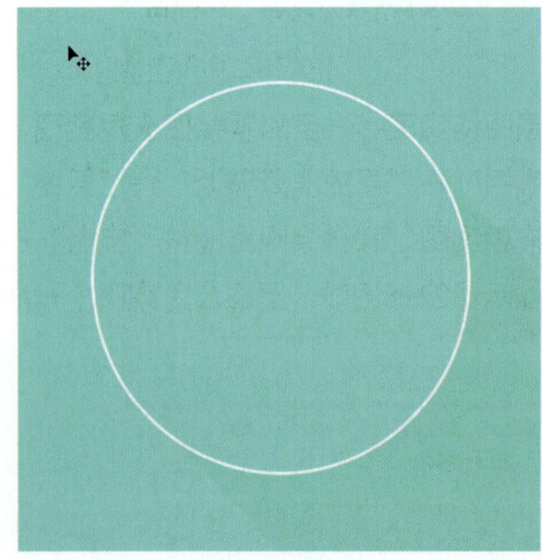

图2-82　设置阴影透明度

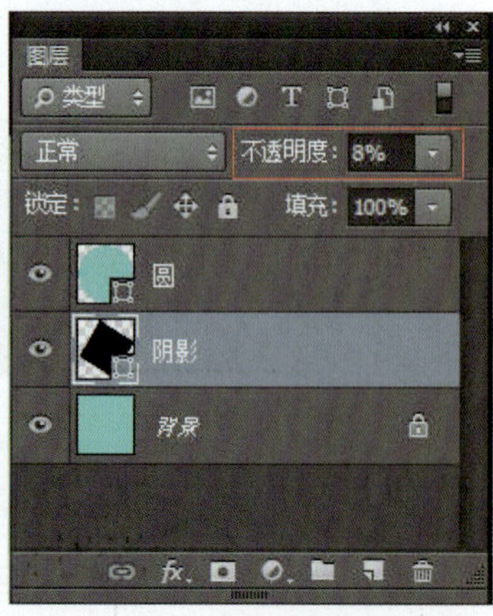

图2-83　设置阴影透明度

（5）使用“椭圆工具”绘制一个252像素×252像素的正圆，填充为白色，如图2-84所示；将该图层命名为“圆2”，如图2-85所示。

（6）使用“矩形选框工具”绘制一个宽300像素，高6像素的长方形，填充色为c2c8c8，使用“路径选择工具”将其移动至合适位置，如图2-86所示；然后按Ctrl+J组合键将长方形复制5个，并等距离摆放，效果如图2-87所示。

图2-84　画正圆

图2-85　命名图层

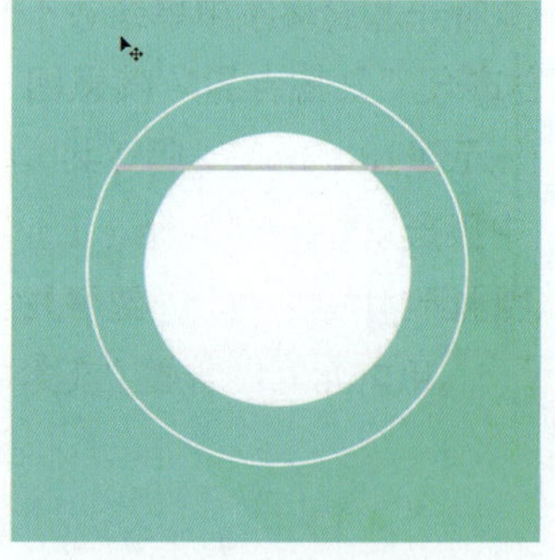

图2-86　画长方形

图2-87 复制长方形

（7）选中所有长条图层，按Ctrl+E组合键合并图层，将图层命名为“线条”；在“线条”图层单击鼠标右键执行“栅格化图层”命令，将图层栅格化。

（8）选中“线条”图层，按Ctrl键的同时，用鼠标左键单击“圆2”图层缩览图位置，将“圆2”置入选区，如图2-88所示；按Ctrl+Shift+I组合键反选，按Delete键删除圆外多出的线条，如图2-89所示。

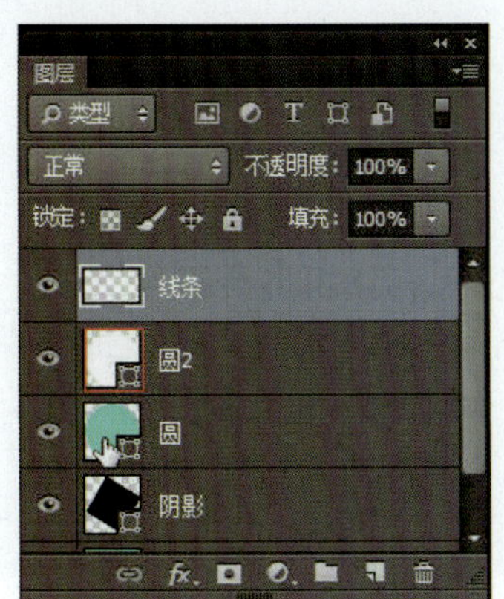

图2-88 单击图层2置入选区

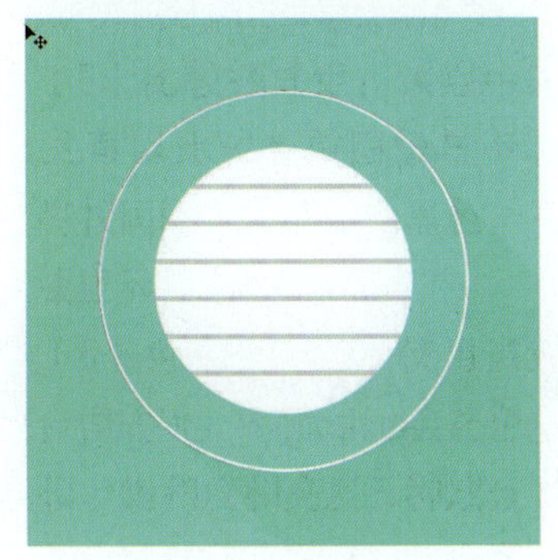

图2-89 删除后效果

（9）使用“圆角矩形”工具，绘制一个圆角为5像素，宽100像素，高260像素的长方形，将图层命名为“铅笔1”，如图2-90所示。双击“铅笔1”图层进行“渐变叠加”参数设置，左边填充为d4463d，右边填充为d13d3b，如图2-91、图2-92所示；设置后效果如图2-93所示。

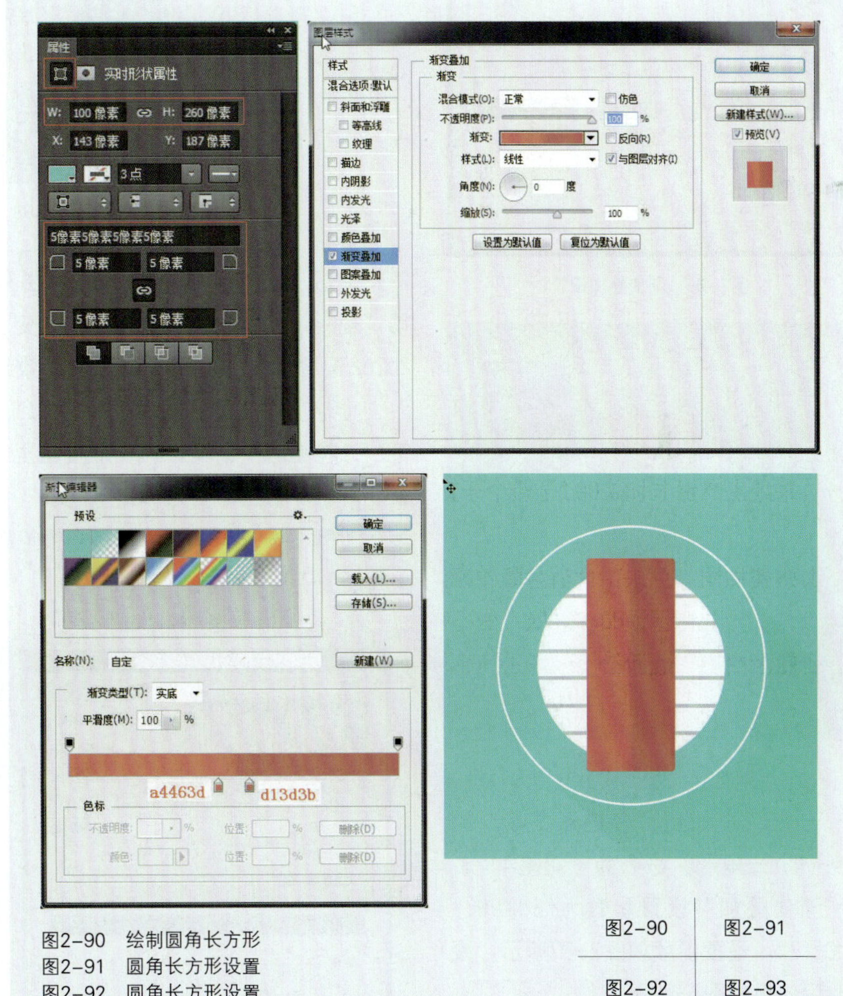

图2-90 绘制圆角长方形
图2-91 圆角长方形设置
图2-92 圆角长方形设置
图2-93 红色圆角长方形效果

图2-90	图2-91
图2-92	图2-93

（10）复制“铅笔1”图层，并修改图层名称为“铅笔2”。按住Alt键拖动“矩形工具”减去红色顶端的一部分，并改变剩余铅笔杆部分“渐变叠加”颜色，左边填充为e7f2e4、右边填充为d2d3d5，效果如图2-94所示。

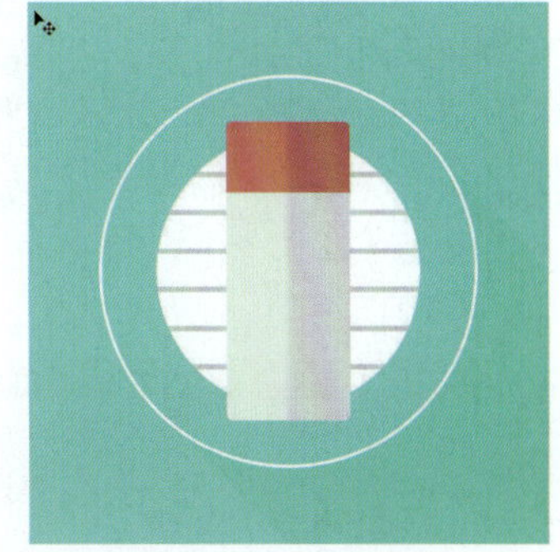

图2-94 绘制灰色铅笔图形

（11）复制“铅笔2”图层，并修改图层名称为“铅笔3”。按住Alt键拖动“矩形工具”减去一部分，并改变“渐变叠加”颜色，色值从左至右分别为a0ce23、89bc2f、8dbe26、82af1e、81ae20、749b28。设置参数如图2-95所示，效果如图2-96所示。

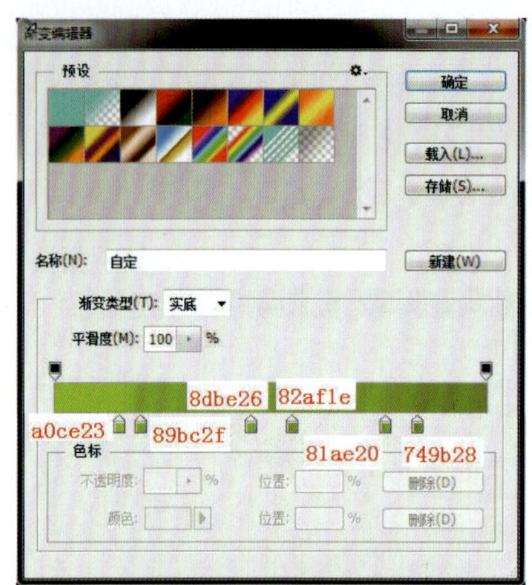

图2-95　渐变叠加设置

图2-96　绘制绿色铅笔图形

（12）使用“多边形工具”绘制一个三角形，命名为“铅笔4”，“渐变叠加”设置参数为f6da90、e0cf73。设置参数如图2-97所示，设置后效果如图2-98所示。

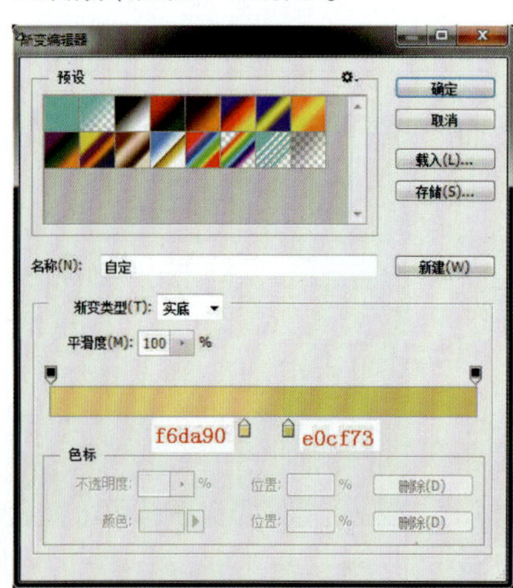

图2-97　设置三角形

图2-98　绘制铅笔尖

（13）复制“铅笔4”图层，并修改图层名称为“铅笔5”。按住Alt键拖动“矩形工具”减去一部分，并改变“渐变叠加”颜色，设置参数为695e4c、2b2e25。参数设置如图2-99所示，效果如图2-100所示。

（14）单击图层面板下方的“创建新组”按钮，新建一个组并命名为“铅笔”；将图层“铅笔1～5”放进组里，然后将“铅笔”组复制一份，并转换为智能对象，将组命名为“铅笔副本”；关闭图层面板中“铅笔”组前面的“眼睛”图标，按Ctrl+T组合键将“铅笔副本”组旋转45°，并合理调整大小，效果如图2-101所示。

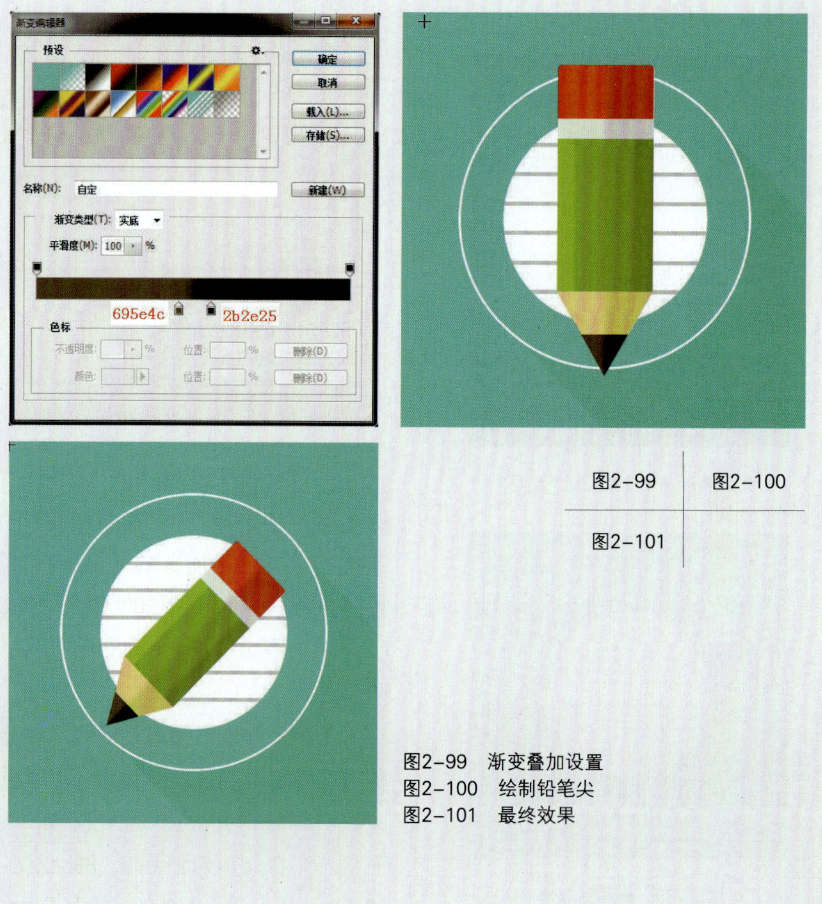

图2-99　渐变叠加设置
图2-100　绘制铅笔尖
图2-101　最终效果

2.7.2 制作天气图标

（1）执行“文件”→“新建”命令，新建一个300像素×300像素的文件，命名为天气图标，如图2-102所示。

（2）使用“圆角矩形工具”创建一个200像素×200像素的圆角矩形，填充灰色，半径为30像素，如图2-103所示。

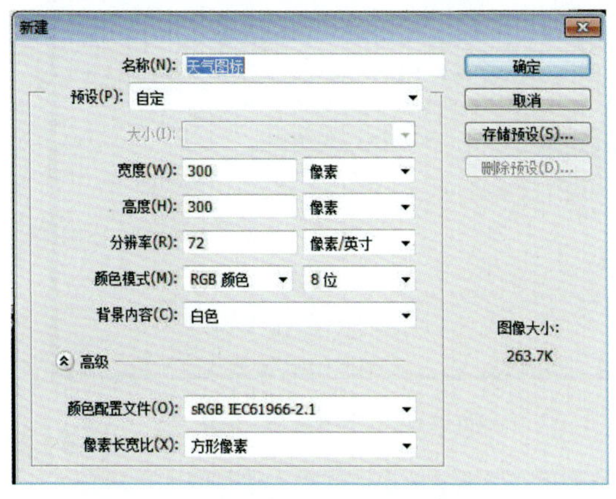

图2-102 “新建”对话框

图2-103 属性栏设置

（3）选中“圆角矩形1”图层，执行“图层”→“图层样式”→“渐变叠加”命令，在弹出的对话框中进行渐变叠加设置，参考数值为1182ea、aec9fb，如图2-104、图2-105所示。

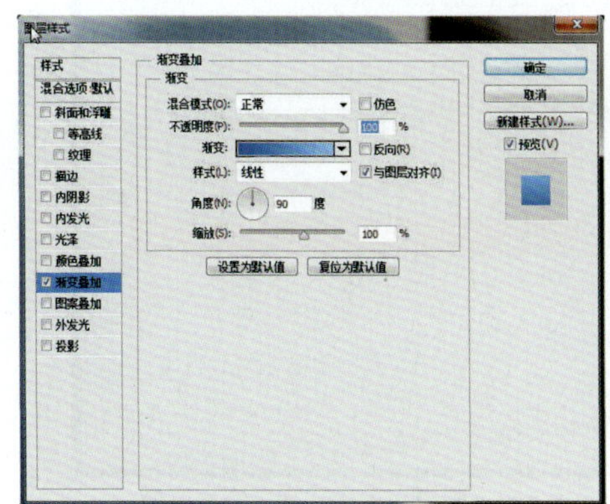

图2-104 “渐变叠加”设置

图2-105 颜色设置

（4）双击“圆角矩形1”图层，继续进行“投影”设置，参数如图2-106所示，效果如图2-107所示。

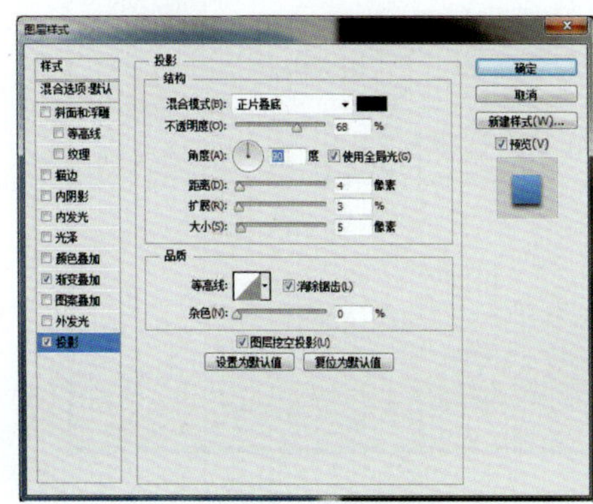

图2-106 “投影”设置

图2-107 “投影”效果

（5）按Ctrl+J组合键复制“圆角矩形”图层，如图2-108所示。

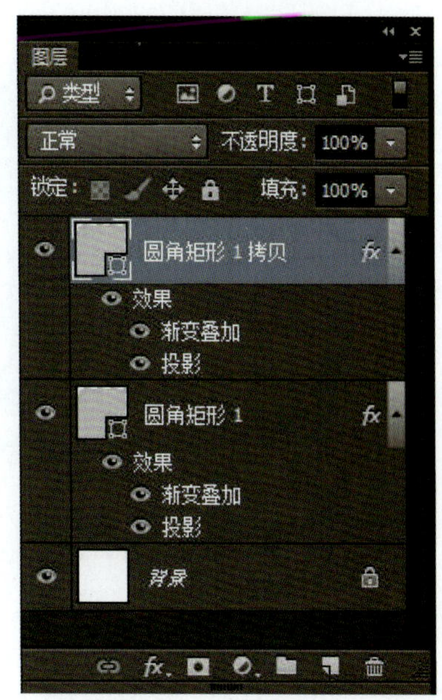

图2-108 复制图层

（6）执行“滤镜”→“杂色”→“添加杂色”命令，在弹出的对话框中进行如下设置，如图2-109、图2-110所示。

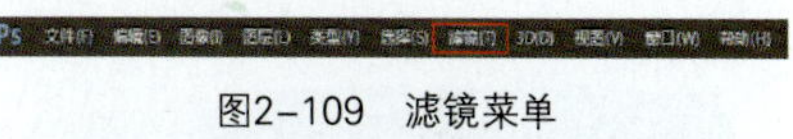

图2-109 滤镜菜单

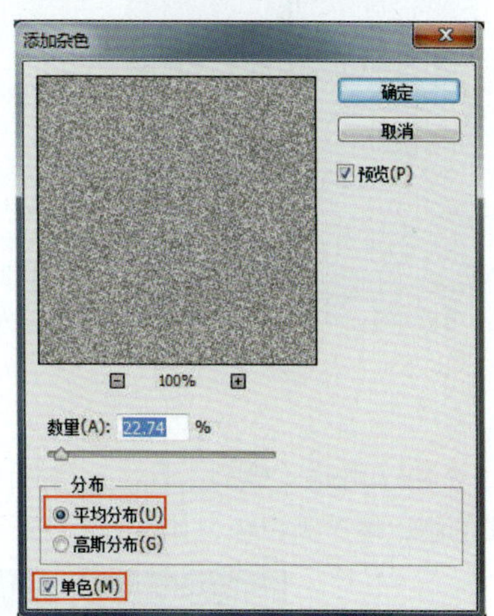

图2-110 添加杂色

（7）执行“滤镜”→“模糊”→“动感模糊”命令，在弹出的的对话框中进行如图2-111设置，效果如图2-112所示。

（8）执行“图层”→“图层样式”→“混合选项”命令，在弹出的对话框中进行如图2-113所示设置，效果如图2-114所示。

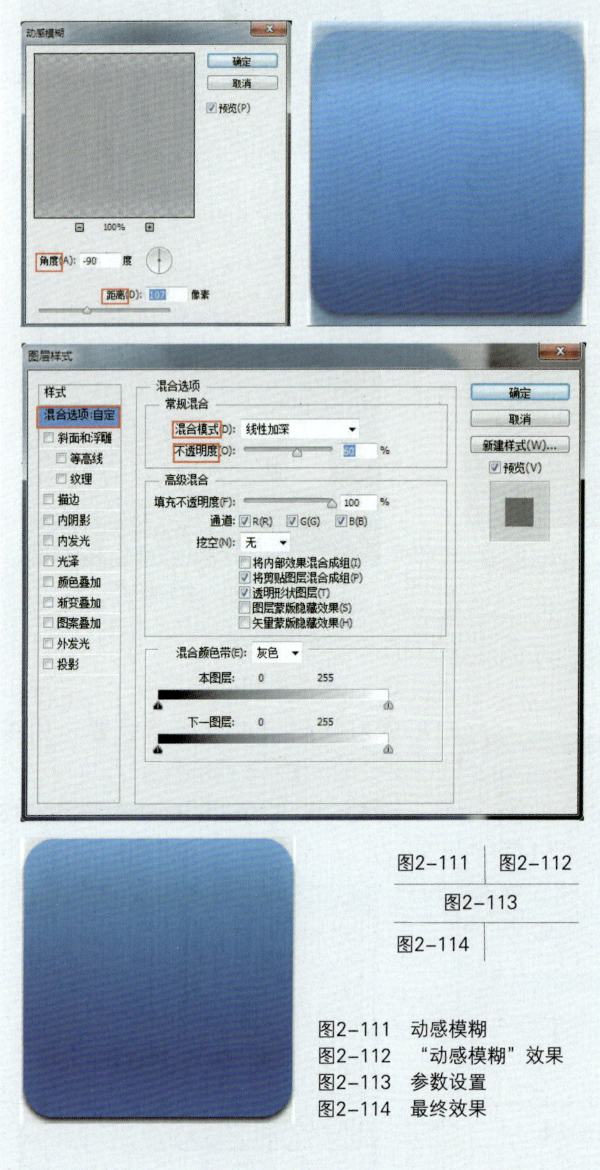

图2-111 图2-112
图2-113
图2-114

图2-111 动感模糊
图2-112 “动感模糊”效果
图2-113 参数设置
图2-114 最终效果

（9）选择“椭圆工具”，绘制一个150像素×150像素的圆，填充为白色，如图2-115所示。

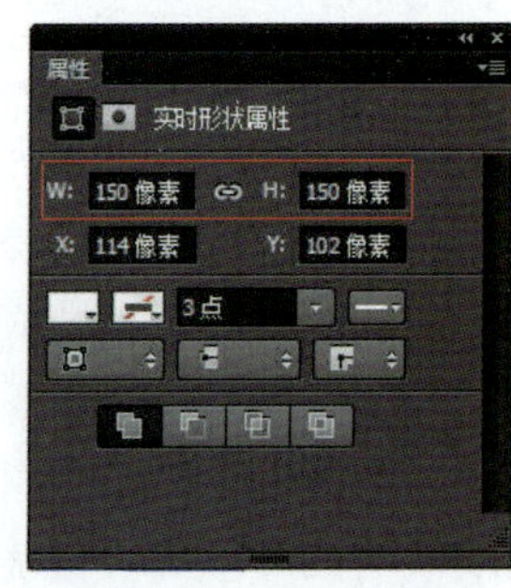

图2-115 椭圆工具栏

（10）执行“图层”→“图层样式”→“渐变叠加”命令，在弹出的对话框中进行如下设置，左：ffcc00、中：ff8400、右：ffb400，如图2-116～图2-118所示。

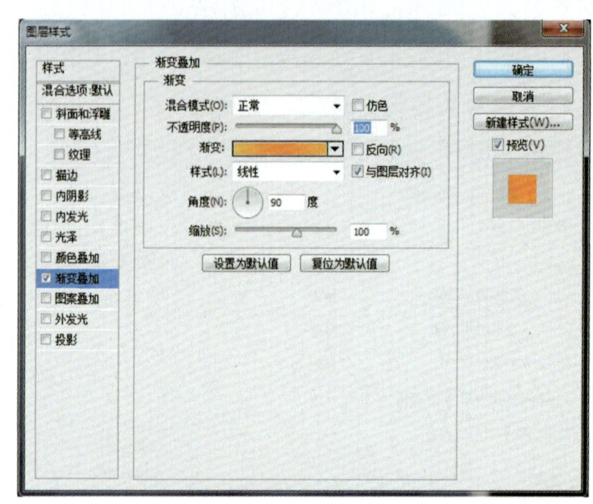

图2-116 “渐变叠加”设置

图2-117 颜色设置

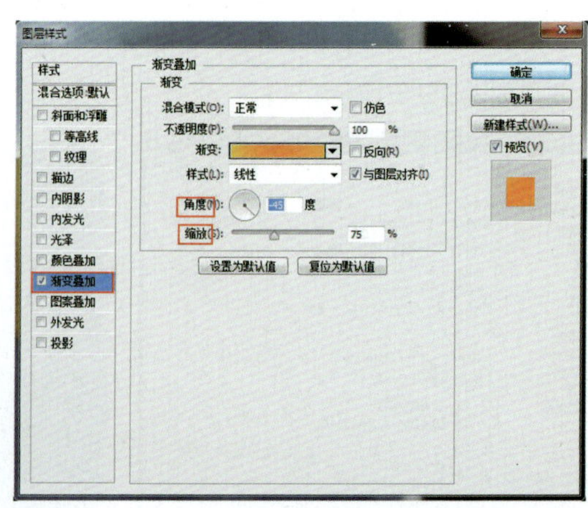

图2-118 “渐变叠加”设置

（11）按Ctrl+J组合键复制“椭圆1”图层，如图2-119所示。执行“图层”→“图层样式”→“渐变叠加”命令，在弹出的对话框中进行如下设置，从左至右：fcfce8，ff8a00，ff8a00，fdf2c6，如图2-120所示。

图2-119 复制图层

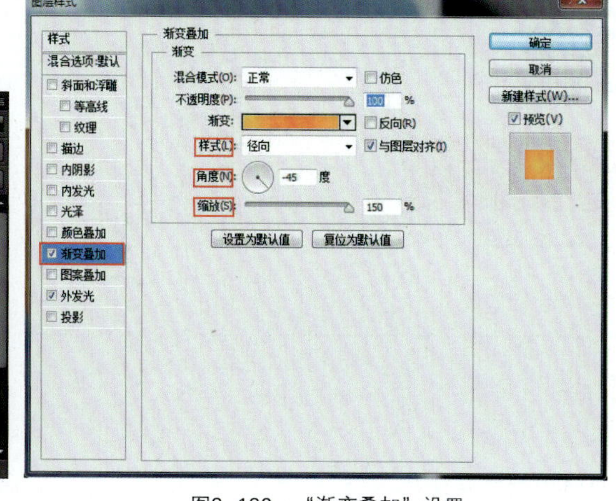

图2-120 “渐变叠加”设置

（12）添加“外发光”效果，参数及效果如图2-121、图2-122所示。

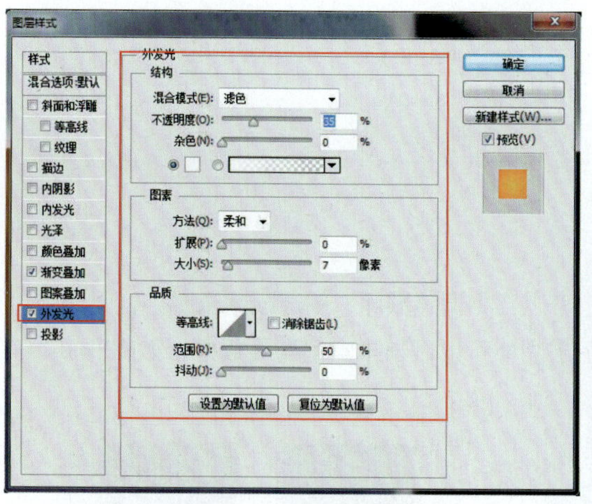

图2-121 “外发光”效果

图2-122 “外发光”效果样式

（13）选择“画笔工具”，对属性栏进行设置，如图2-123所示。新建“云彩前”“云彩后”两个图层进行云朵制作。选择“云朵笔刷”工具，在图中“太阳”前面、后面绘制云彩（注意两个图层的前后排序），如图2-124所示。

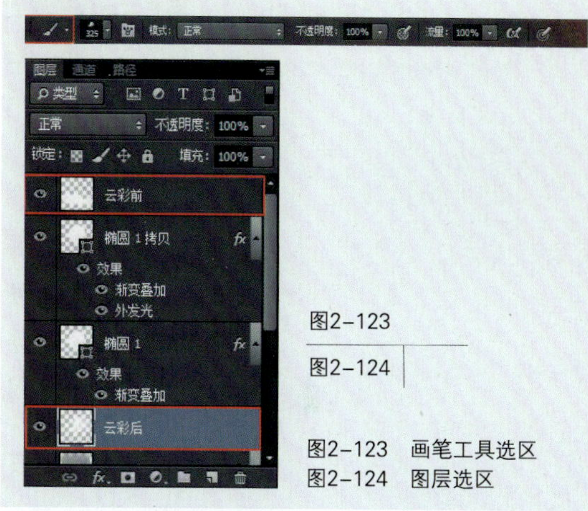

图2-123 画笔工具选区
图2-124 图层选区

（14）选择“文字工具”添加文字：13℃，如图2-125所示；最终效果如图2-126所示。

图2-125 文字工具选区
图2-126 最终效果

本章小结

本章重点介绍了在Photoshop CC中创建选区的相关应用知识，使读者能够熟练地掌握常用选取工具的使用方法及选区的编辑方法，为日后的抠图、图像处理、图像合成等设计制作任务打下坚实的基础。

思考与练习

1. 常用的选取工具有哪些？各有什么特点？
2. 选区的编辑与修改方法有哪些？
3. 找一张图片，为画面中的物体更换背景。

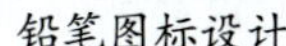

铅笔图标设计

天气图标设计

第3章 图层

◆本章知识点

1. 图层面板
2. 图层及图层组的创建及使用
3. 图层编辑基础操作

◆学习目标

1. 了解图层的类型
2. 掌握图层混合模式的设置方法
3. 学会图层样式的设置及使用方法

3.1 认识图层

图层在Photoshop中非常重要，如果不能掌握图层的应用方法，也基本无法在Photoshop中制作、修改以及合成任何图形、图像。作为初学者，对图层的认识及了解尤为重要。

通俗地讲，图层就像是含有文字或图形等元素的透明“玻璃”，每一块“玻璃”上都有不同的内容。将一块块透明的“玻璃”通过上下叠加的方式放在一起从上往下俯瞰——我们便看到了整个图像的内容。如果“玻璃”上什么都没有，那就是个透明的空白图层。在Photoshop中，每个图层都具有独立性，各图层中的对象都可以进行单独编辑而不影响其他图层中的内容；另外，各个图层之间也可以互相调整顺序，图层顺序调整了，图像的内容也会随之发生变化。利用图层功能可以做出丰富的画面效果，如图3-1、图3-2所示。

图3-1 效果图

图3-2 效果图

3.1.1 图层面板

图层面板包含了多个对图层进行编辑设置的命令，功能极其强大。它不但集中展示了当前文档中图层的缩览图，而且还可以对图层进行创建、编辑、管理以及添加图层样式等。

打开Photoshop CC，默认情况下，“图层”面板是开启的，如果当前界面中没有该面板，可执行“窗口”→“图层”命令，即可弹出“图层”面板，如图3-3所示。

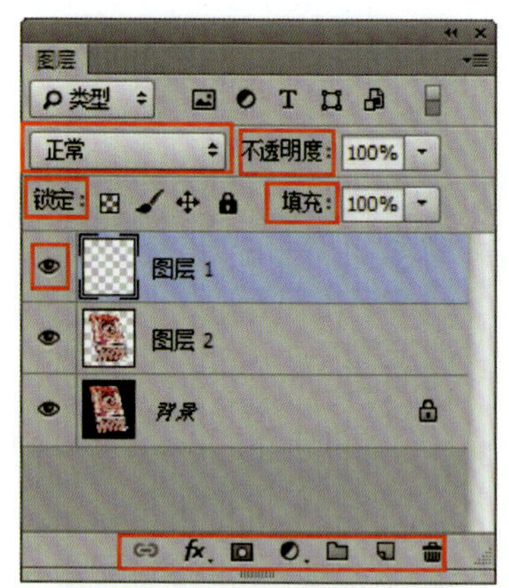

图3-3 图层面板

➢ Tips：想要显示或隐藏“图层”面板，可按F7键；

对画面中的图像进行调整时，必须先选中图像所在的相应图层，才可进行编辑操作。

（1）锁定透明像素：将图层中的透明区域锁定，只能对画面中的图像进行编辑更改。

（2）锁定图像像素：与“锁定透明像素”有异曲同工之意，就是为了锁定图层中有像素的地方，防止被修改。

（3）锁定位置：防止图层像素被移动。

（4）锁定图层：用来锁定图层的属性，使图层不能做任何编辑，包括对透明像素、图像像素和位置的编辑。

（5）设置图层混合模式：用来设置当前图层的混合模式，使之与下面图像产生混合。

（6）设置图层不透明度：用来设置当前图层的不透明度，不透明度值的大小，决定了图层中图像内容显示的清晰与否。

（7）显示/隐藏图层：显示眼睛图标的图层为可见图层，隐藏眼睛图标的图层为不可见图层。单击眼睛图标可以使图层在显示与隐藏之间切换。

➢ Tips：隐藏图层不能够进行编辑操作，若想操作被隐藏图层上的内容，应先将该图层显示。

（8）链接图层：用来链接当前选择的多个图层。

（9）添加图层样式：单击该按钮，可以在下拉菜单中为当前图层添加一个图层样式。

（10）添加图层蒙版：单击该按钮，可以为当前图层添加图层蒙版。蒙版用于遮盖图像，不会将画面破坏。

（11）创建新的填充或调整图层：单击该按钮，在打开的下拉菜单中可以选择创建新的填充图层或调整图层，如图3-4所示。

（12）创建新组：单击该按钮可以创建一个图层组，可以将很多图层放置在一个图层组内。

（13）创建新图层：单击该按钮可以创建一个图层。

（14）删除图层：单击该按钮可将选择的图层或图层组删除。

（15）当前图层：当前选择和正在编辑的图层。

（16）图层缩览图：图层名称左侧的图像是该图层的缩览图，它显示了图层中包含的图像内容，缩览图中的棋盘格代表了图层中的透明区域。在图层缩览图上单击鼠标右键，可在打开的快捷菜单中调整缩览图的大小，如图3-5所示。

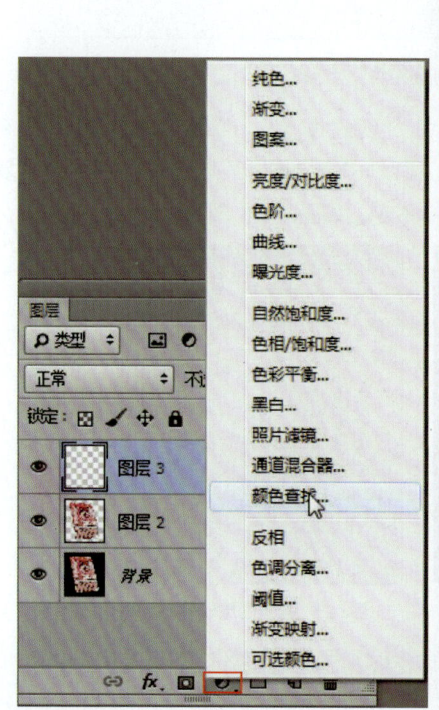

图3-4 创建新的填充图层或调整图层

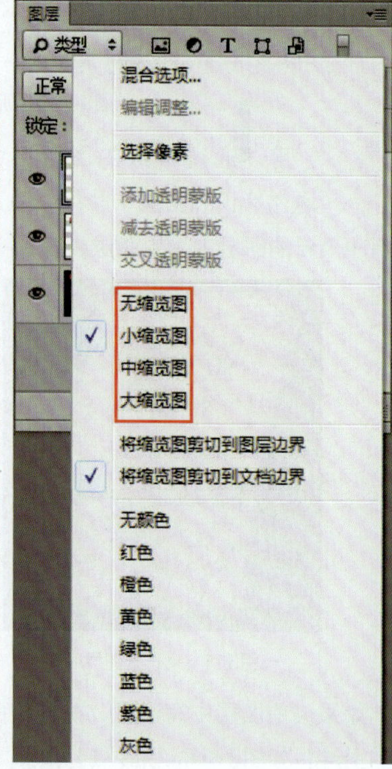

图3-5 调整“缩览图大小”选项

3.1.2 新建、复制与删除图层

在Photoshop中，图层的编辑方法有很多种，如新建、复制、删除、移动

等，下面介绍具体操作方法。

1. 新建图层

（1）在图层面板中创建图层。

单击“图层”面板中的“创建新图层”按钮，即可在当前图层上面新建一个图层，新建的图层会自动成为当前图层。如果要在当前图层的下面新建图层，可以按住Ctrl键单击“创建新图层”按钮。

➢ Tips：“背景”图层下面不能创建图层。

（2）用“新建”命令创建图层。执行“图层”→“新建”→“图层”命令或按Shift+Ctrl+N组合键，可打开“新建图层”对话框，在该对话框中可以对图层的属性，如名称、颜色和模式等进行设置，如图3-6、图3-7所示。

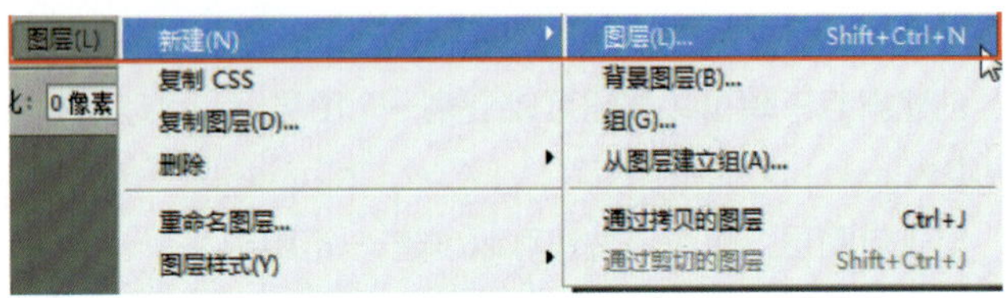

图3-6 “新建图层”命令

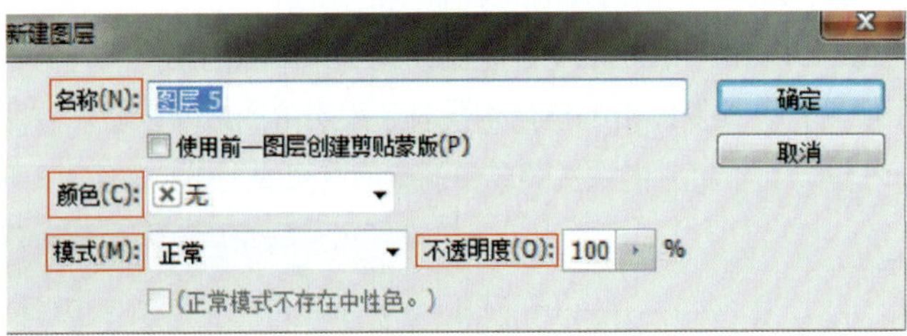

图3-7 “新建图层”对话框

（3）用“通过拷贝的图层”命令创建图层。执行“图层”→“新建”→“通过拷贝的图层”命令或按下Ctrl+J组合键，可以将当前图层内容复制到一个新的图层中，原图层内容保持不变，如图3-8、图3-9所示。

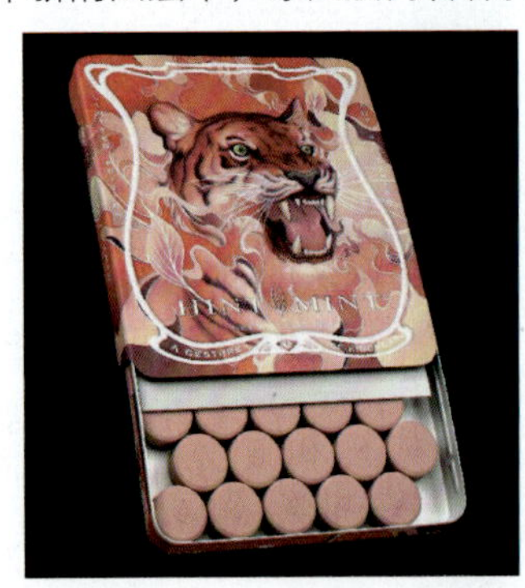

图3-8 无选区图层

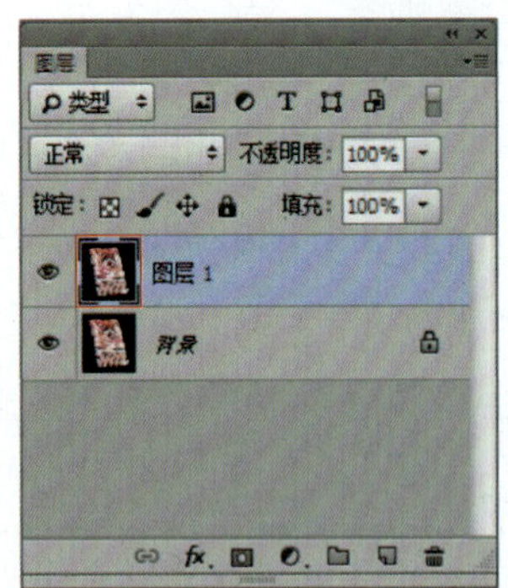

图3-9 拷贝图层效果

如果当前图层中有选区，执行该命令时则可以将选区内的图像复制为一个新的图层，如图3-10、图3-11所示。

（4）用“通过剪切的图层”命令创建图层。在图像中创建选区以后，执行“图层”→“新建”→“通过剪切的图层”命令或按Shift+Ctrl+J组合键，可将选区内的图像从原图层中剪切到一个新的图层中，原图层内容将发生改变，如图3-12、图3-13所示。

图3-10 有选区图层

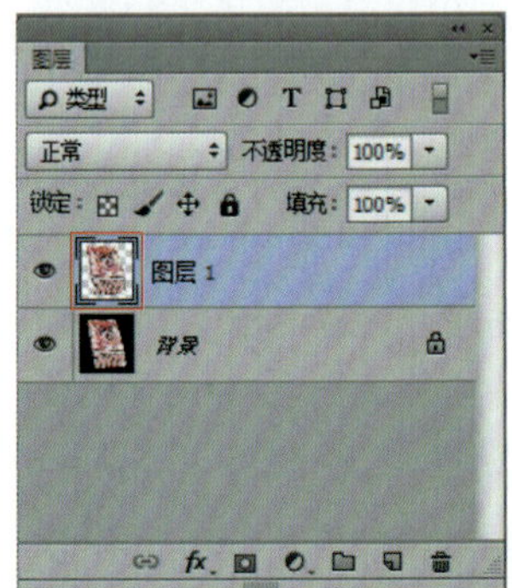

图3-11 拷贝图层效果

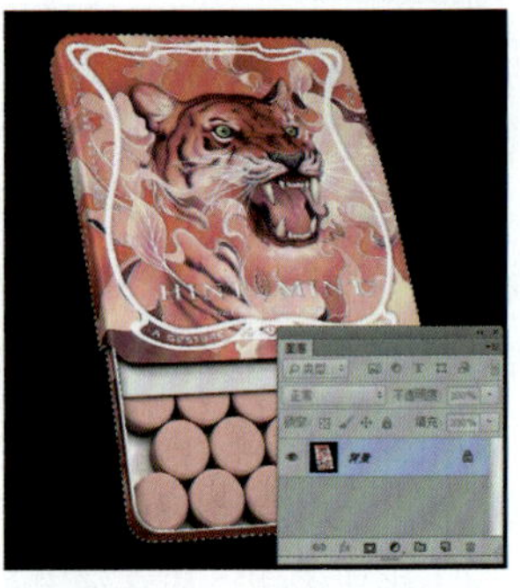

图3-12 原图

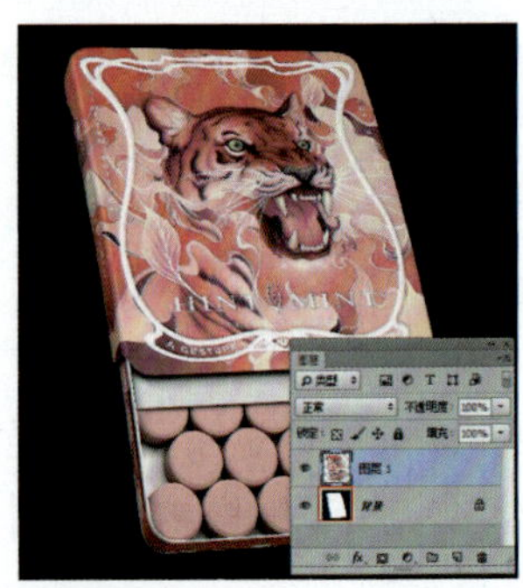

图3-13 剪切图层效果

（5）利用快捷键创建图层。在图像中创建一个选区，按Ctrl+C组合键复制选中图像，之后按Ctrl+V组合键粘贴，可在图层面板中创建一个新的图层。

（6）多个文件间的图层移动与新建。打开多个文件后，选择一个图层并使用移动工具将其拖至另外的图像文件中，可将该图层复制到目标文件，同时在目标文件的图层面板中创建一个新的图层。

➢ Tips：在文件间复制图层时，如果两个文件的打印尺寸和分辨率不同，则图像在两个文件间的视觉大小会有变化。

（7）创建背景图层。默认情况下，在使用白色或背景色作为背景内容新建文档时，“图层”面板的最下方会出现一个自动命名为“背景”的锁定图层，这便是背景图层，如图3-14所示。

➢ Tips1：使用“透明”作为背景内容时，则没有“背景”图层。

➢ Tips2：执行“图层”→“新建”→“背景图层”命令，可以将普通图层转换为背景图层，如图3-15所示。

图3-14 默认背景图层

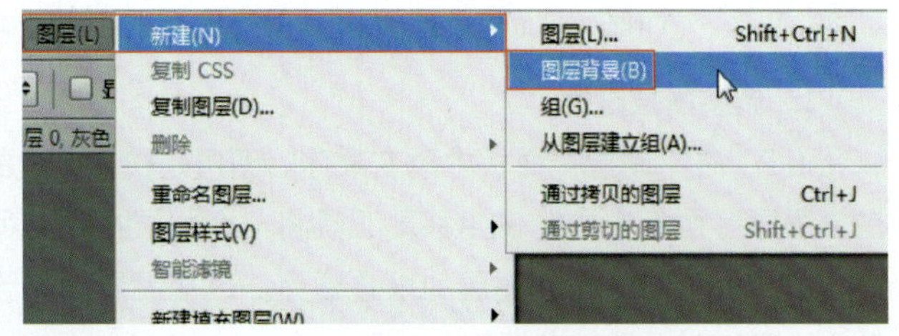

图3-15 创建“图层背景”命令

（8）将背景图层转换为普通图层。“背景”图层是比较特殊的图层，它永远在“图层”的最底层，不能调整堆叠顺序，不能设置不透明度、混合模式，也不能添加效果。要进行这些操作，需要先将“背景”图层转换为普通图层。

双击“背景”图层，在打开的“新建图层”对话框中输入一个名称（也可以使用默认名称），然后单击“确定”按钮，即可将其转换为普通图层，如图3-16所示。

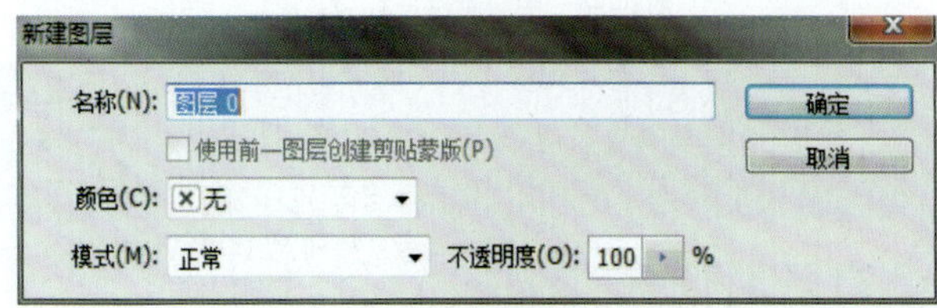

图3-16 “新建图层”对话框

➢ Tips：按住Alt键双击“背景”图层，可以不必打开对话框而直接将其转换为普通图层。

（9）修改图层名称及颜色。执行“图层”→“重命名图层”命令或者直接双击该图层的名称，然后在显示的文本框中输入新名称即可。如果要修改图层的颜色，可以选择该图层，然后单击鼠标右键，在打开的快捷菜单中选择颜色。

2. 复制图层

（1）在“图层”面板中复制图层。打开“图层”面板，将需要复制的图层选中并拖曳到“创建新图层”按钮上，即可复制该图层，如图3-17所示；或按Ctrl+J组合键也可复制当前图层。

图3-17 拖曳复制图层

（2）通过菜单命令复制图层。选择一个图层，执行“图层”→“复制图层”命令，打开“复制图层”对话框，输入图层名称并设置选项，单击“确定”按钮即可复制该图层，如图3-18所示。

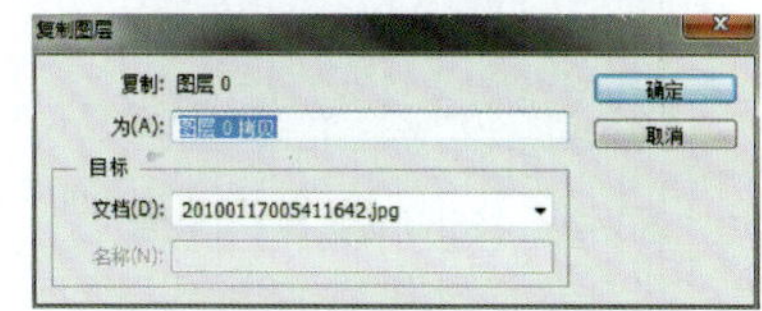

图3-18 “复制图层”命令

3. 删除图层

选中需要删除的图层，将其拖曳到“图层”面板中的“删除图层”按钮上，即可删除该图层。此外，执行“图层”→“删除”子菜单中的命令，也可以删除当前图层或面板中所有的隐藏图层。

3.1.3 选择与链接图层

1. 选择图层

（1）选择一个图层：单击“图层”面板中的某一个图层即可选择该图层，被选中的图层会显示淡蓝色，如图3-19所示。

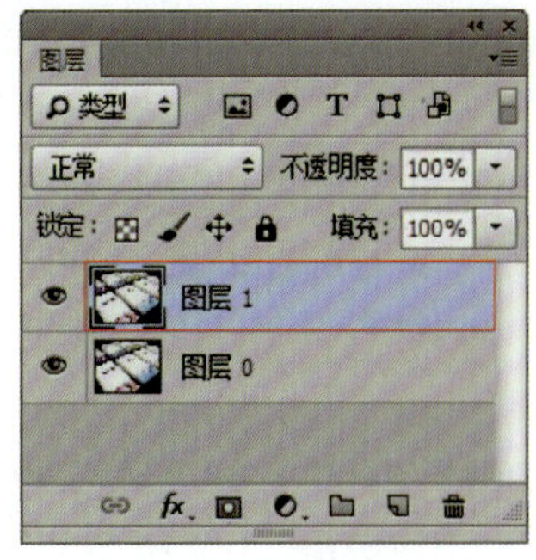

图3-19　选中图层

（2）选择多个图层：如果选择多个相邻的图层，可以单击第一个图层，然后按住Shift键单击最后一个图层，如图3-20所示。如果要选择多个不相邻的图层，可按住Ctrl键单击需要选择的图层，如图3-21所示。

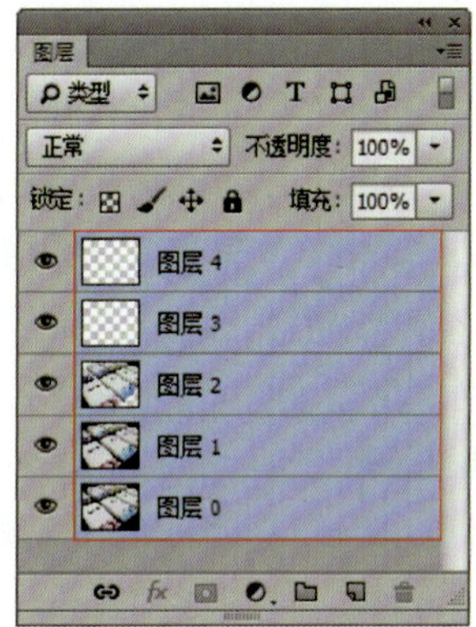

图3-20　按Shift键选择多个图层

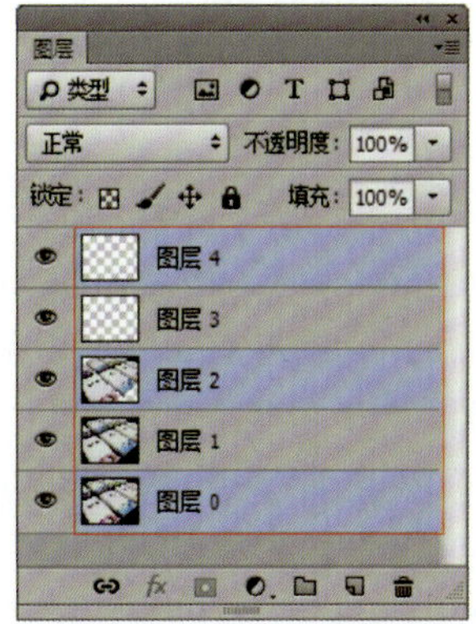

图3-21　按Ctrl键选择多个图层

（3）选择所有图层：执行“选择”→“所有图层”命令，可以选择“图层”面板中所有的图层。

（4）选择链接图层：选择一个链接的图层，执行“图层”→“选择链接图层”命令，可以选择与之链接的所有图层。

（5）取消选择图层：如果不想选择任何图层，可在“图层”面板最下方的空白处单击，如图3-22所示，或执行“选择”→“取消选择图层”命令来取消选择，如图3-23所示。

图3-22　取消选择图层

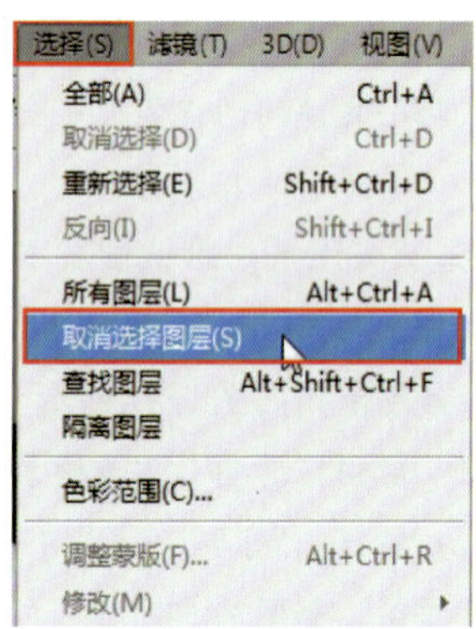

图3-23　取消选择图层

2. 调整图层顺序

（1）在“图层”面板中改变顺序。图层是按照创建的先后顺序堆叠排列在“图层”面板中的。使用移动工具将一个图层拖曳到另外一个图层的上面（或下面），即可调整图层的堆叠顺序。改变图层顺序会影响图像的显示效果，如图3-24、图3-25所示。

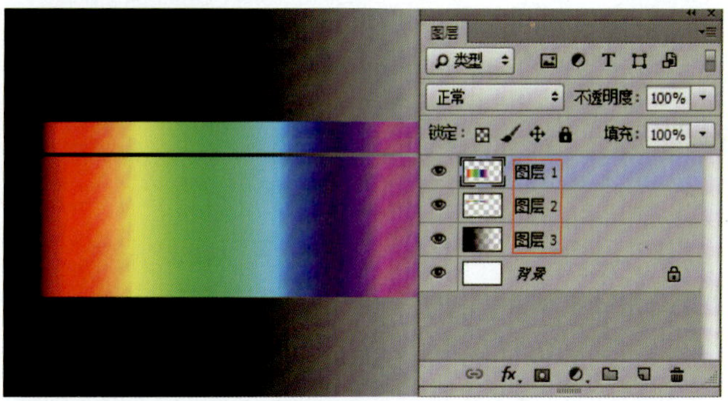

图3-24　图层顺序：1、2、3

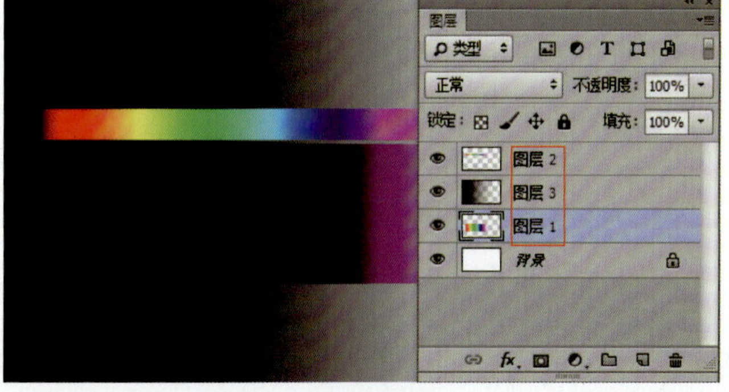

图3-25　图层顺序:2、3、1

（2）通过命令改变顺序。执行“图层”→“排列”子菜单中的命令，也可以调整图层的堆叠顺序，如图3-26所示。

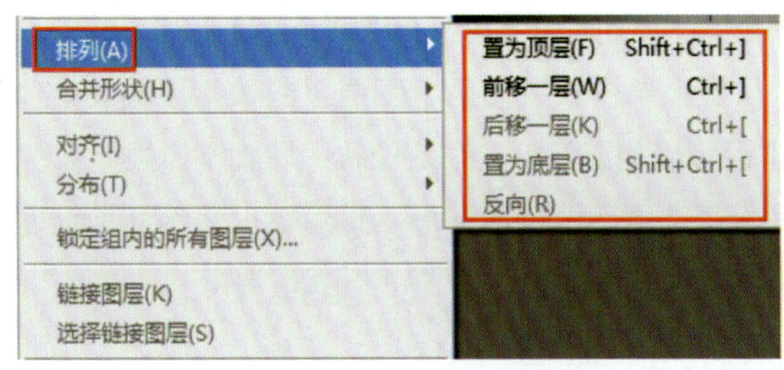

图3-26 “排列”菜单命令

置为顶层：将所选图层调整到最顶层。

前移一层/后移一层:可以将所选的图层向上或向下移动一个堆叠顺序。

置为底层:将所选图层调整到最底层。

反向：执行该命令可以反转多个选中图层的堆叠顺序。

3. 图层的对齐与分布

通过菜单命令选中多个图层，执行“图层”→“对齐”子菜单中的命令，如图3-27所示，可使多个图层内的物体对齐。

在画面中创建一个选区，然后在“图层面板”中选择一个图层，执行“图层→将图层与选区对齐”子菜单中的命令，可基于选区对齐所选图层，如图3-28所示。

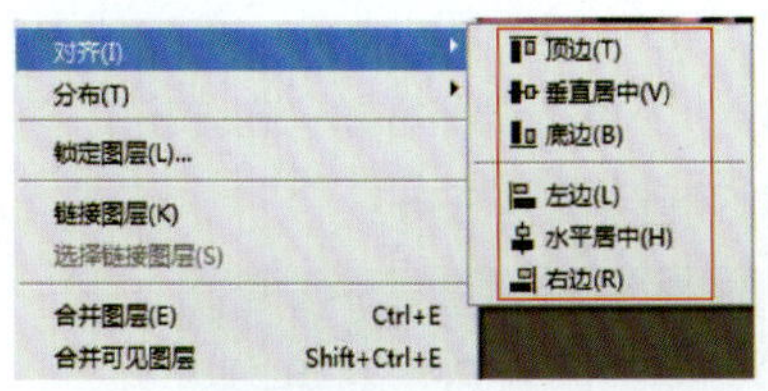
图3-27 “对齐”命令　　图3-28 “将图层与选区对齐”命令

➢ Tips：选择“移动工具”时，其属性栏也会显示“对齐/分布”命令按钮，其功能与作用同菜单命令相同。

4. 链接图层

选中两个或多个图层，执行“图层”→“链接图层”命令或单击“图层面板”底部的“链接图层”按钮，即可使被选中的图层完成链接，如图3-29、图3-30所示。图层的链接可以使多个图层内的物体同时进行移动、应用变换等操作，以节省编辑操作的时间，提高作图效率。

图3-29 “图层面板”命令

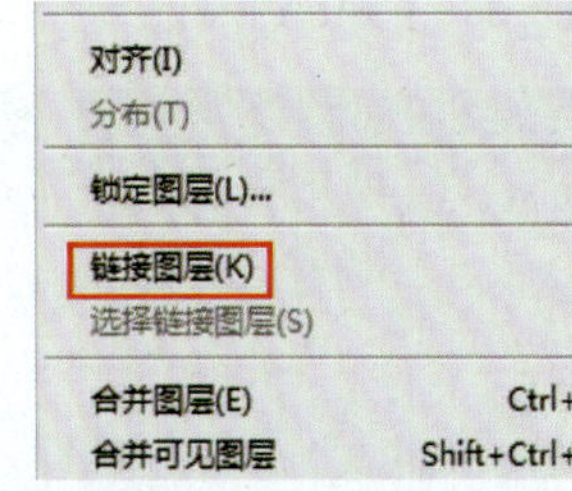

图3-30 “链接图层”命令

3.1.4 显示、隐藏与锁定图层

1. 显示与隐藏图层

在“图层面板”的介绍中我们曾提到显示与隐藏图层的眼睛图标，这个图标位于图层缩略图的前面，用来控制图层的可见性。当该图标显示时，图层上的图像可以在画布中显示；当单击眼睛图标时，该图层上的图像内容会隐藏。

执行“图层”→“显示图层/隐藏图层”命令，可以显示/隐藏当前选择的一个或多个图层，如图3-31所示。当需要显示或隐藏的图层较多时，最快捷的方法是按住Alt键，然后在某一图层的眼睛图标上进行单击，便可隐藏/显示多个图层的内容。也可以在某一图层的眼睛图标上单击并拖动鼠标左键向上或向下移动来快速隐藏或显示图层内容，如图3-32所示。

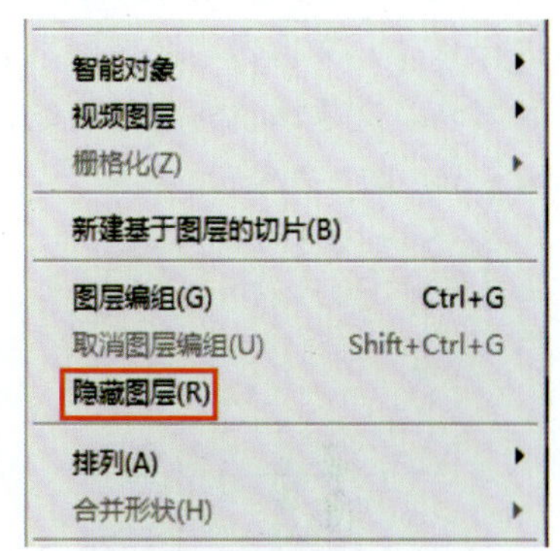

图3-31 “隐藏图层”命令

图3-32 拖动鼠标隐藏

2. 锁定图层

“图层面板”中提供了用于保护图层透明区域、图像像素和位置等属性的锁定功能，我们在前面的内容中也有所介绍，如图3-33所示。

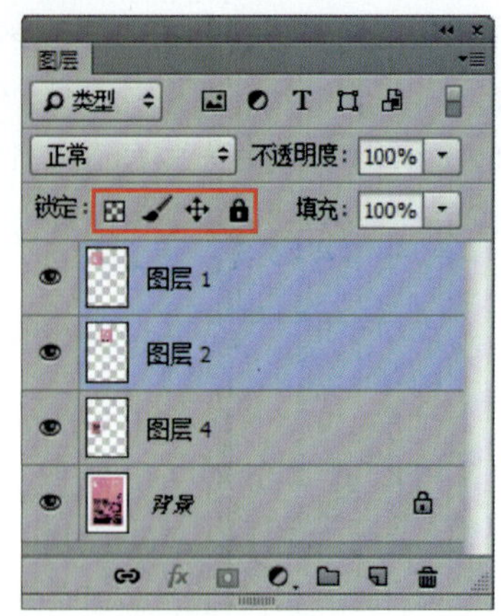

图3-33　图层面板

（1）锁定透明像素：单击该按钮后，可以将图层中的透明区域锁定。例如在绘画或修图时，将透明区域锁定，就只会对有像素的不透明区域进行更改，其他透明区域则不会受到影响，这是非常方便的功能，如图3-34、图3-35所示。

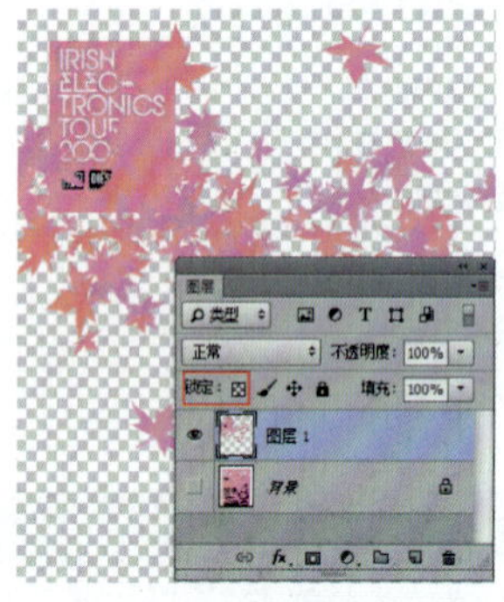

图3-34　未锁定透明区域效果

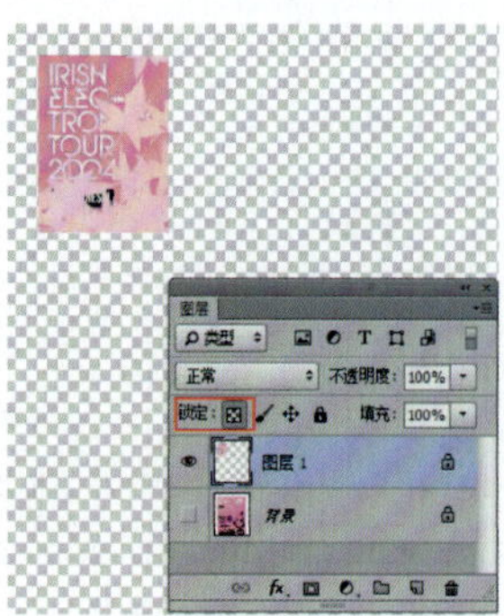

图3-35　锁定透明区域效果

（2）锁定图像像素：这个功能与“锁定透明像素”有异曲同工之意，就是为了锁定图层中有像素的地方，防止被修改。

➢ Tips：“锁定图像像素”后的图层，不能够绘画、擦除或应用滤镜，但可以对其进行移动和变换操作。

（3）锁定位置：单击该按钮后，图层上的像素便被固定住了，不能被随意移动。对于设置精确的图像，“锁定位置”后就不必担心被意外移动了。

（4）锁定图层：单击该按钮，可以锁定以上全部选项，即不能对图层做任何编辑修改，包括透明像素、图像像素和位置等。

3.1.5　合并与盖印图层

在使用Photoshop进行设计制作的过程中，为了制作效果及设计程序等的需要，我们通常对多个图层进行合并或盖印处理。

1. 合并图层

首先在“图层面板”中选中需要合并的两个或多个图层，然后执行“图层”→“合并图层”命令，即可合并图层。合并后的图层名称会使用合并前的最上面的图层名称来命名；合并后，参与合并的所有图层都会消失，如图3-36、图3-37所示。

2. 向下合并图层

若将一个图层与它下面的图层合并，可以先选择该图层，然后执行“图层”→“向下合并”命令或按Ctrl+E组合键即可向下合并图层，合并后的图层使用下面图层的名称来命名，如图3-38、图3-39所示。此外，单击“图层面板”右上角的三角形按钮或直接在“图层”上单击鼠标右键，在弹出的下拉菜单中选择“向下合并”命令，也可完成向下合并图层任务。

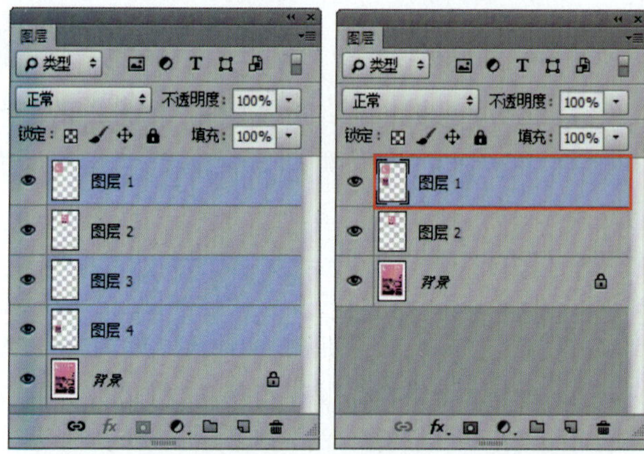

图3-36　合并图层前效果　　图3-37　合并图层后效果

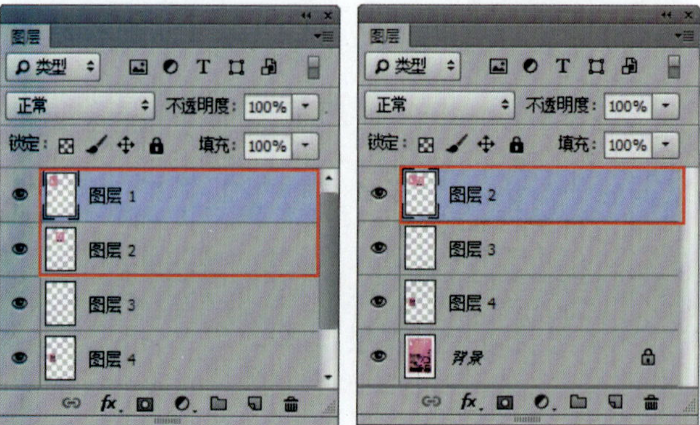

图3-38　向下合并图层前效果　　图3-39　向下合并图层后效果

3. 合并可见图层

执行“图层”→“合并可见图层”命令或按Shift+Ctrl+E组合键，可以将“图层面板”中的所有可见图层进行合并，隐藏图层不会被合并，如图3-40、图3-41所示。此外，单击“图层面板”右上角的三角形按钮，在弹出的下拉菜单中选择“合并可见图层”命令，也可完成该任务。

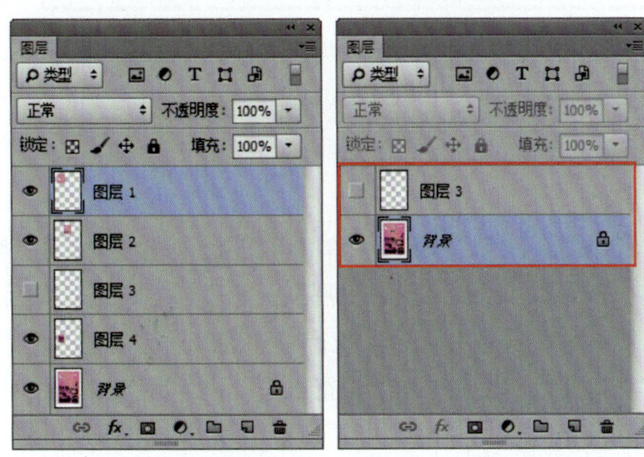

图3-40 合并可见图层前效果　　图3-41 合并可见图层后效果

4. 拼合图像

执行“图层”→“拼合图像”命令，可以将所有图层都拼合到“背景”图层中，如果有隐藏的图层，那么会弹出一个提示框，询问是否扔掉隐藏的图层，如图3-42所示。此任务也可以通过单击“图层面板”右上角的三角形按钮，在弹出的下拉菜单中选择“拼合图像”命令来完成，如图3-43所示。

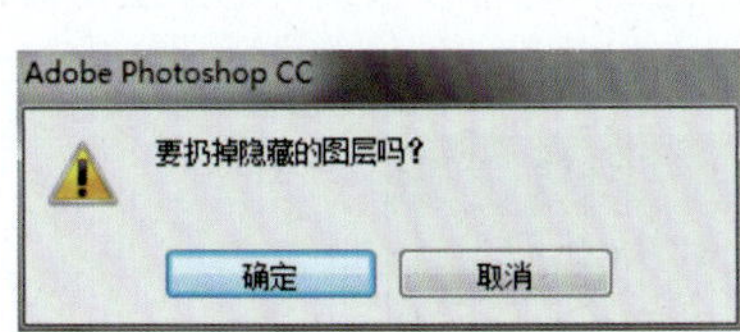

图3-42 提示框

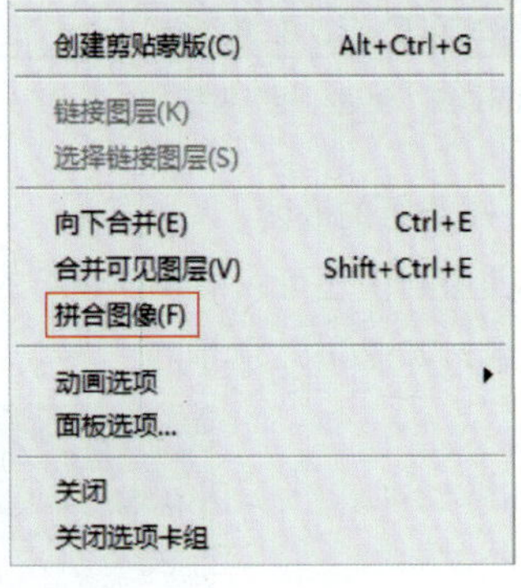

图3-43 “拼合图像”命令

5. 盖印图层

“盖印”是一种比较特殊的图层合并方法，多用于合成图像，它可以在不更改其他图层内容的基础上，将多个图层中的图像内容合并到一个新的图层。如果想要得到某些图层的合并效果，而又要保持原图层完整时，那么盖印是最佳的解决办法。

（1）向下盖印：选择一个图层，按Ctrl+Alt+E组合键，可以将该图层中的图像盖印到下面的图层，原图层内容保持不变。

（2）盖印可见图层：按Shift+Ctrl+E组合键，可以将所有可见图层中的图像盖印到一个新的图层，原有图层内容保持不变。

3.1.6 图层的不透明度

除了改变位置和顺序以外，图层还有一个很重要的特性就是可以设置不透明度，“不透明度”选项控制着图层的全部透明度，包括图层的本身以及图层样式，如图3-44、图3-45所示；其值的大小，决定了图层中像素的清晰与否。通过该命令的设置及使用，可以制作出丰富的画面效果。

在图层面板中，还有一个“填充”选项，其只针对图层本身内容的透明度起作用，对图层所添加的样式没有影响力，如图3-46所示。

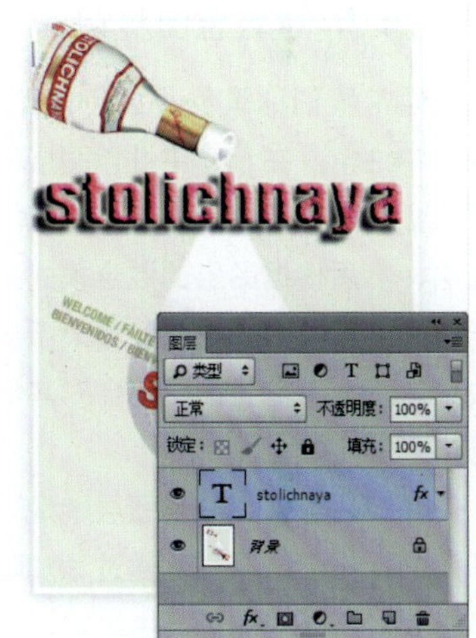

图3-44 原图

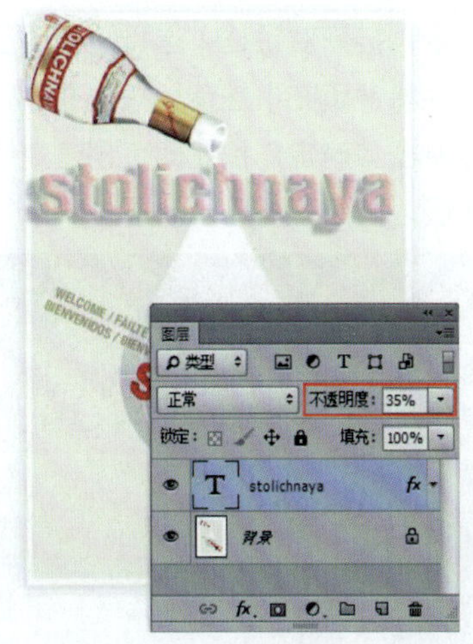

图3-45 降低“不透明度”值

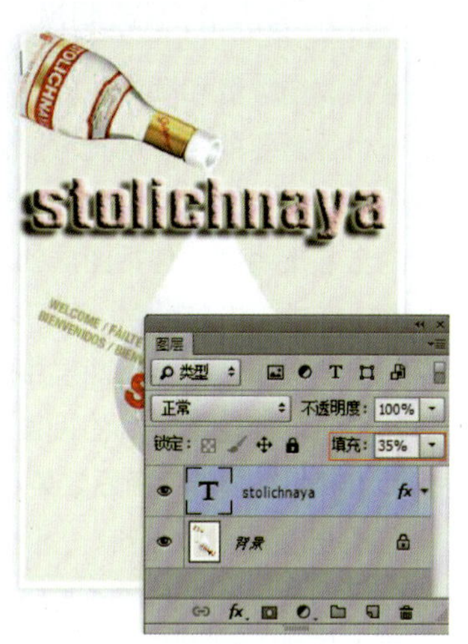

图3-46　中性色图层

3.1.7　中性色图层

通常我们称黑色、白色和50%灰色是中性色。在创建中性色图层时，系统会首先使用预设的中性色来填充图层，然后根据图层的混合模式来分配这种不可见的中性色。如果不应用效果，那么中性色图层不会对其他图层产生任何影响。

换句话说，中性色图层就是一个辅助的操作图层，它可通过添加滤镜等方式对下面的图像产生影响，但不会破坏其他图层上的图像，如图3-47所示。执行“图层”→“新建图层”命令，打开对话框，选择一种图层模式并将“填充中性色”按钮选中，然后单击“确定”按钮即可创建中性色图层，如图3-48所示。

图3-47　中性色图层不影响其他图像

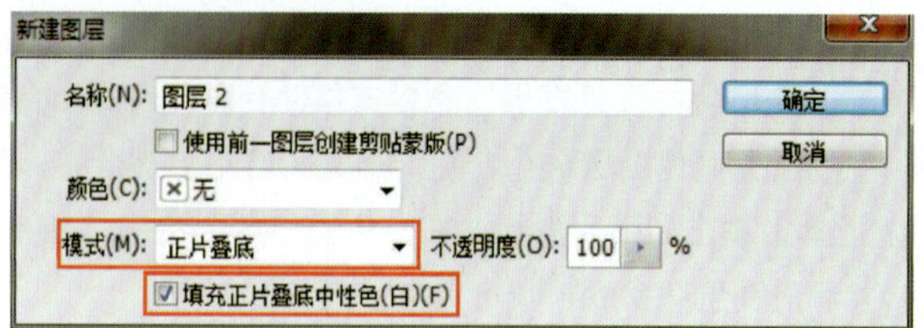

图3-48　“新建图层”对话框

3.1.8　图层组

1. 创建图层组

（1）在“图层面板”中创建图层组。单击“图层面板”中的创建新组按钮，可以创建一个空的图层组，此后所创建的图层位于该组中，如图3-49所示。

（2）通过菜单命令创建图层组。执行“图层”→“新建”→“组”命令，在打开的“新建组”对话框中可以设置组的名称、颜色、模式、不透明度等属性，如图3-50所示。

图3-49　创建“组”按钮

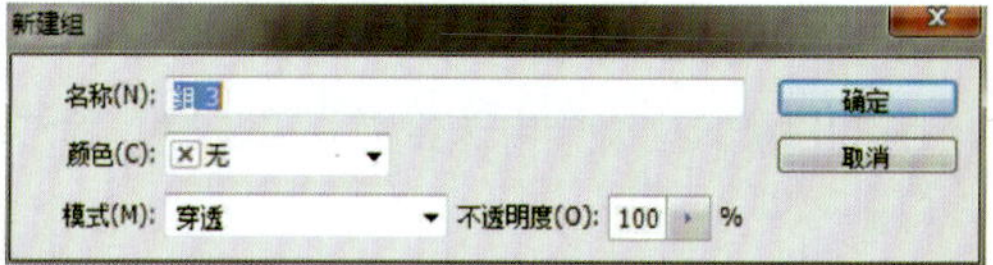

图3-50　“新建组”对话框

2. 图层组的嵌套

在图层组内还可以继续创建新的图层组，这种多级结构的图层组被称为嵌套图层组，如图3-51所示。

图3-51　嵌套图层组

3. 图层组内图层的移入或移出

选中图层，用鼠标拖曳至相应的图层组内，可将其添加到该图层组中；同理，若要将图层组中的图层移出，则可选中图层用鼠标拖曳到图层组外即可。

4. 取消图层编组

若要将图层组取消并保留图层，则可执行“图层”→“取消图层编组”命令或按Shift+Ctrl+G组合键；如果要删除图层组及组中的图层，那么将图层组拖曳到“图层”面板中的删除图层按钮上即可。

3.2 图层的类型

Photoshop CC中的图层类型有很多，常用的图层类型大致包括普通图层、背景图层、文字图层、形状图层、填充图层、调整图层等几种。各类图层最基本的操作大致类似，例如，可以进行复制、移动、设置混合模式、添加图层样式等操作，但也有各自不同的属性。

3.2.1 普通图层

普通图层是Photoshop中最基本的图层类型，单击“图层面板”下方的“新建图层”按钮即可创建出普通图层。它在图像中的作用相当于一张透明的纸，在“图层面板”上其缩略图显示为灰白相间的方格。在没有选择锁定选项的情况下，我们可对图层中的像素内容进行任意编辑。

3.2.2 背景图层

背景图层相当于绘画时最下层的不透明纸，可以当作图像的背景，首次在Photoshop中打开一张图片，该图片所在的图层会被自动设置为背景图层。一幅图像中只有一个背景图层，其无法与其他图层交换堆叠次序，永远在图层面板的最后一层；也无法调节其不透明度、图层样式以及图层混合模式等，但可以使用画笔、渐变、图章和修饰工具等进行操作。

3.2.3 文字图层

使用“文字工具”在图像中单击或键入文字，系统将会自动新建一个文字图层，如图3-52所示。文字图层可以转换为普通图层或者形状图层，但转换之后将不再具有文字图层的属性，也无法对文字进行编辑修改操作。

如果想要将文字图层转换为普通图层，那么可以选择文字图层，然后单击鼠标右键，在弹出的快捷菜单中选择“栅格化文字”命令，即可将文字图层转换为普通图层；如果想要将文字图层转换为形状图层，那么可以选择文字图层，然后单击鼠标右键，在弹出的快捷菜单中选择“转换为形状”命令，即可将文字图层转换为带有矢量蒙版的形状图层，如图3-53所示。

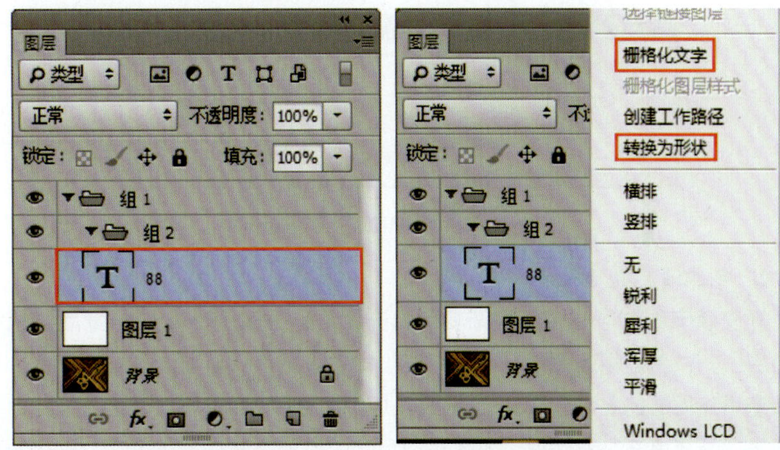

图3-52　文字图层　　图3-53　右键快捷菜单

3.2.4 形状图层

使用工具栏中的“形状工具”或“钢笔工具”绘制图形，会在“图层面板”中自动生成形状图层，并以形状的绘制顺序命名，如图3-54所示。要想对形状图层进行颜色调整等编辑，首先需要将其转换为普通图层才可以。选中形状图层，然后单击鼠标右键，在弹出的快捷菜单里选择“栅格化图层”命令即可转换为普通图层，如图3-55所示。

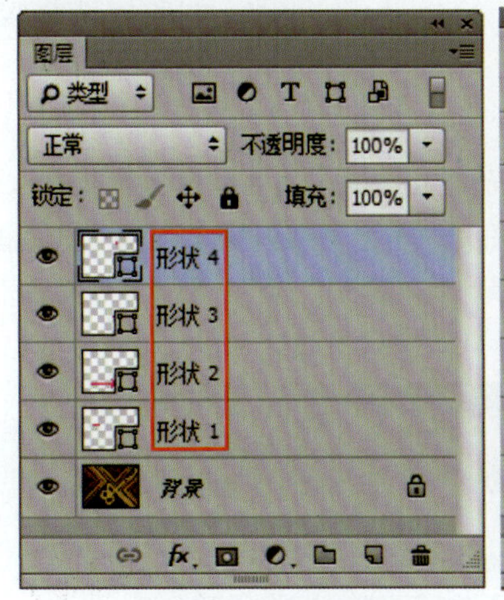

图3-54　形状图层

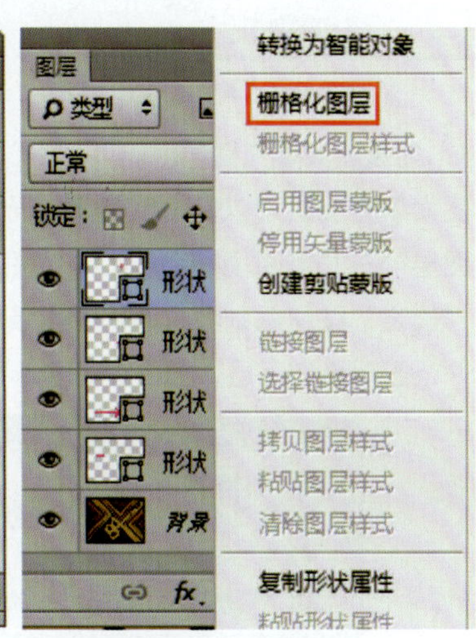

图3-55　右键快捷菜单

3.2.5　填充图层

填充图层是一种带蒙版的图层，一般使用纯色、渐变色或图案进行填充。与普通图层相同，填充图层也可以设置模式、不透明度、图层样式以及编辑蒙版等操作。

1．创建纯色填充图层

纯色填充图层可以使用一种颜色来填充图层，并带有一个图层蒙版。执行“图层”→“新建填充图层”→“纯色”命令，打开“新建图层”对话框设置好相关选项后单击“确定”按钮，在弹出的“拾色器”对话框中拾取一种颜色，即可创建纯色填充图层，如图3-56所示。

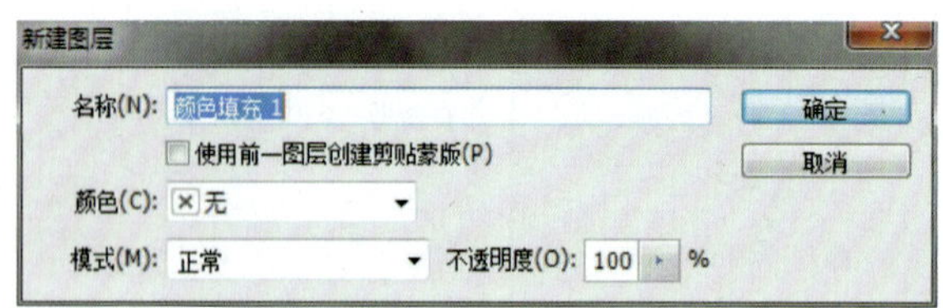

图3-56　“新建图层”对话框

2．创建渐变填充图层

渐变填充图层可以用一种渐变色填充图层，并带有一个图层蒙版。执行“图层”→“新建填充图层”→“渐变”命令。打开“新建图层”对话框，设置渐变填充图层的名称、颜色、混合模式和不透明度后单击“确定”按钮，即可弹出“渐变填充”对话框，如图3-57所示，设置完渐变的类型后，一个渐变填充图形便创建完成，如图3-58所示。

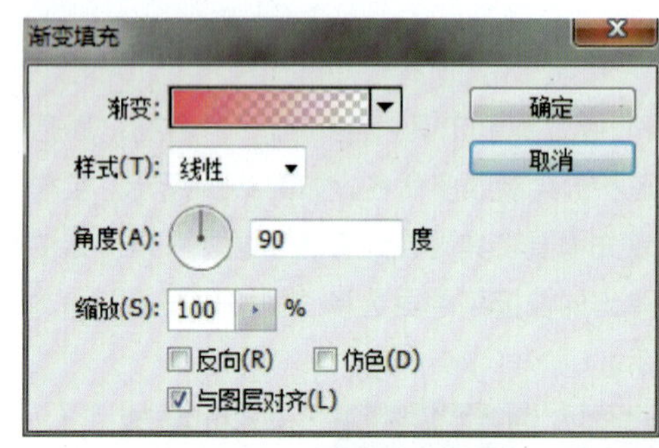

图3-57　“渐变填充”对话框

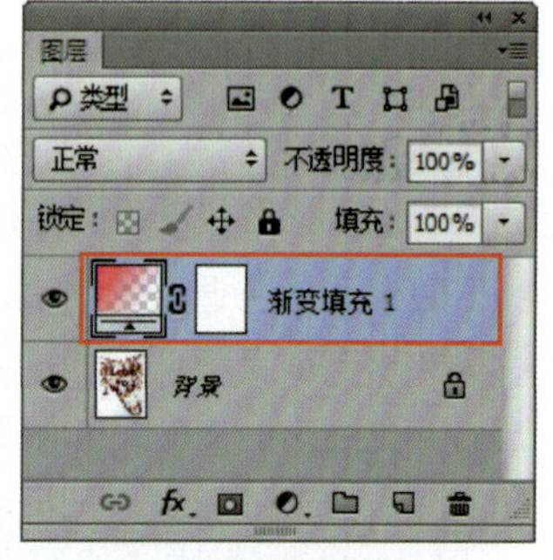

图3-58　渐变填充图层

3．创建图案填充图层

图案填充图层可以用一种图案对图层进行填充，并带有一个图层蒙版。执行“图层”→“新建填充图层”→“图案”命令，打开“新建图层”对话框，单击“确定”按钮后则会打开“图案填充”对话框，选择一种填充图案后即可创建一个图案填充图层，如图3-59所示。

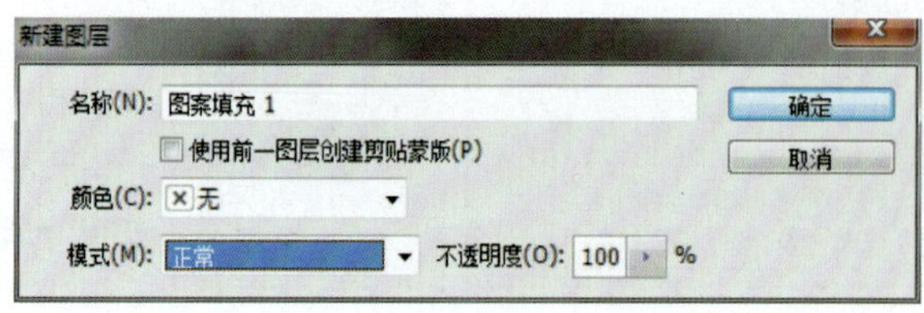

图3-59　“新建图层”对话框

3.2.6　调整图层

调整图层是比较特殊的图层，可以在不破坏原图的情况下，对图像进行色相、色阶及曲线等操作。执行“图层”→“新建调整图层”命令，在打开的子菜单中选择需要的命令即可创建一个调整图层，如图3-60所示。

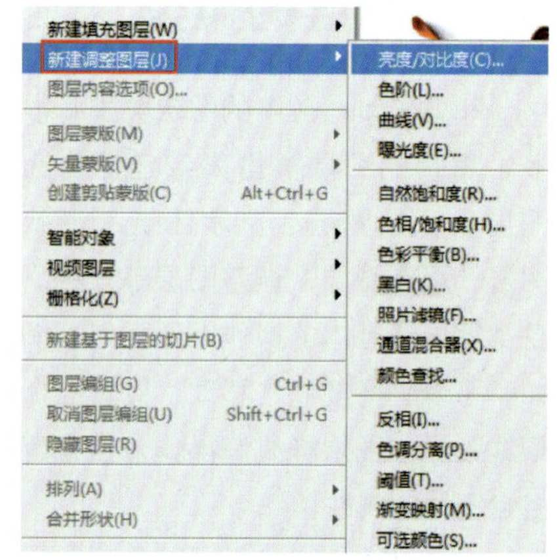

图3-60　“新建调整图层”命令

3.3　图层混合模式

图层混合模式用于控制当前图层中的像素与它下面图层中的像素如何混合，也可用于合成图像、制作选区和特殊效果，但不会对图像造成实质性的破坏。

3.3.1　设置“图层混合模式”

在“图层”面板中选择一个图层，单击面板顶部的下拉按钮，就可以在下拉菜单中选择任意一种混合模式。图层的“混合模式”分布在6个组中，共27种，如图3-61所示。

（1）组合模式组：该组中的混合模式需要降低图层的“不透明度”或“填充”数值才能起作用。

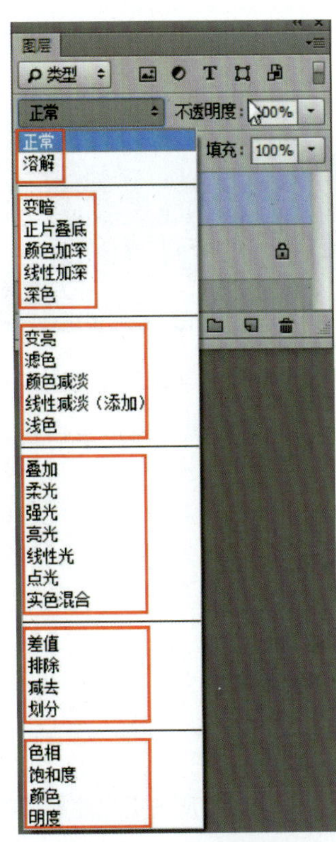

图3-61　图层混合模式

（2）加深模式组：该组中的混合模式可以使图像变暗。在混合过程中，当前图层的白色像素会被下层较暗的像素替代。

（3）减淡模式组：该组与加深模式组产生的混合效果相反，可以使图像变亮。

（4）对比模式组：该组中的混合模式可以加强图像的差异。在混合时，50％的灰色会完全消失，任何亮度值高于50％灰色的像素都可能提亮下层的图像，亮度值低于50％灰色的像素则可能使下层图像变暗。

（5）比较模式组：该组中的混合模式可以比较当前图像与下层图像，将相同的区域显示为黑色，不同的区域显示为灰色或色彩。

（6）色彩模式组：使用该组中的混合模式时，Photoshop会将色彩分为色相、饱和度和亮度三种成分，然后将其中的一种或两种应用在混合后的图像中。

3.3.2　详解各种混合模式

（1）正常：使用该模式时，上层图像将完全遮盖住下层图像，只有降低“不透明度”数值以后才能与下层图像相混合，如图3-62、图3-63所示。

图3-62　原图

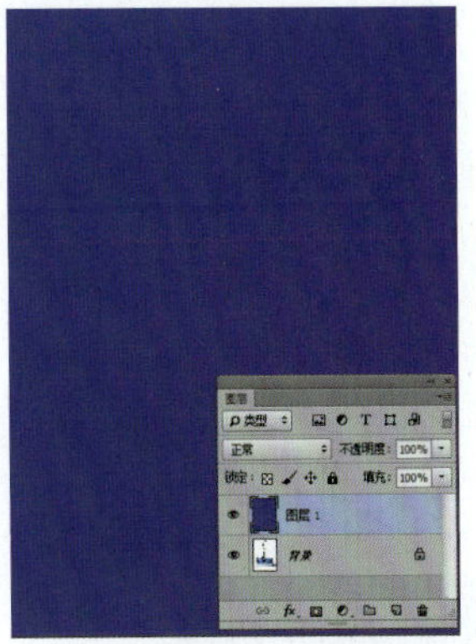

图3-63　“正常”模式

（2）溶解：在“不透明度”和“填充”数值为100％时，该模式不会与下层图像相混合，只有这两个数值中的任何一个低于100％时才能产生效果，如图3-64、图3-65所示。

（3）变暗：选择基色和混合色中较暗的颜色作为结果色，同时替换比混合色亮的像素，而比混合色暗的像素保持不变，如图3-66所示。

（4）正片叠底：任何颜色与黑色混合产生黑色，任何颜色与白色混合保持不变，如图3-67所示。

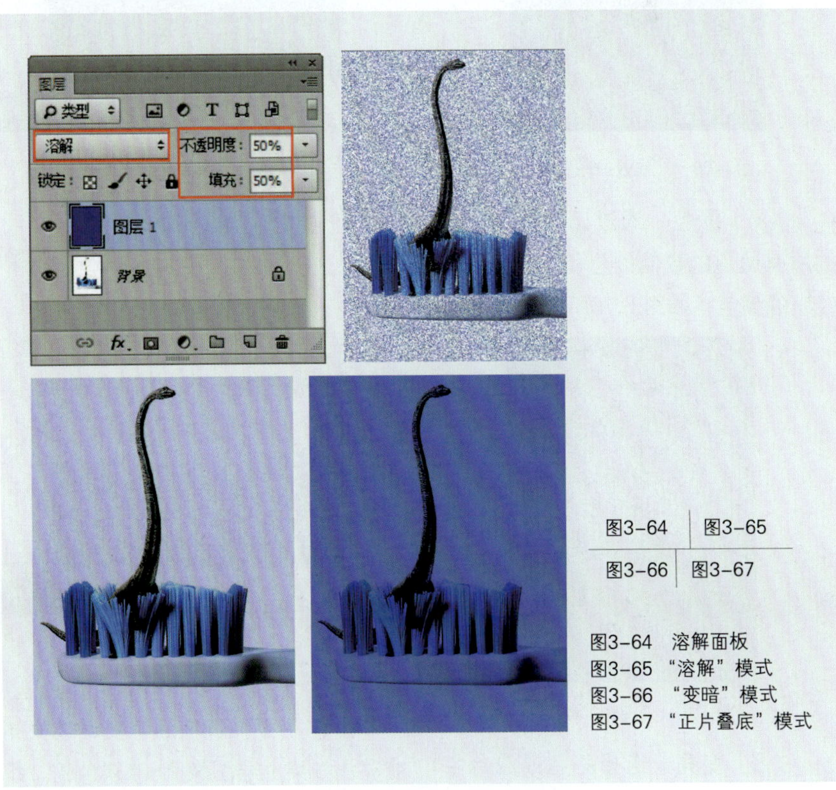

图3-64	图3-65
图3-66	图3-67

图3-64　溶解面板
图3-65　“溶解”模式
图3-66　“变暗”模式
图3-67　“正片叠底”模式

（5）颜色加深：通过增加上、下层图像之间的对比度将其变暗，与白色混合不产生变化，如图3-68所示。

（6）线性加深：通过减小亮度使像素变暗，与白色混合不产生变化，如图3-69所示。

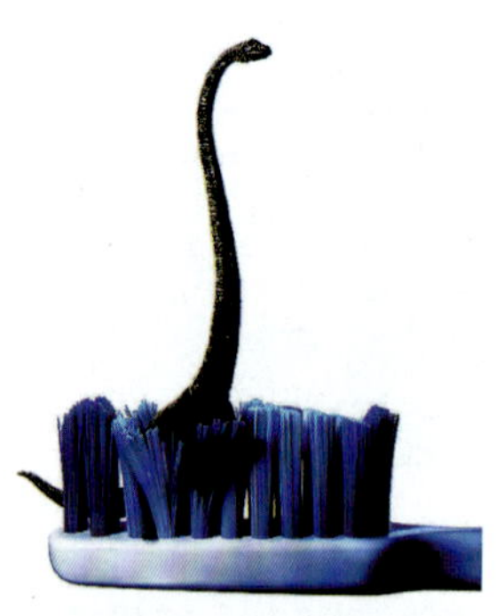

图3-68 “颜色加深”模式

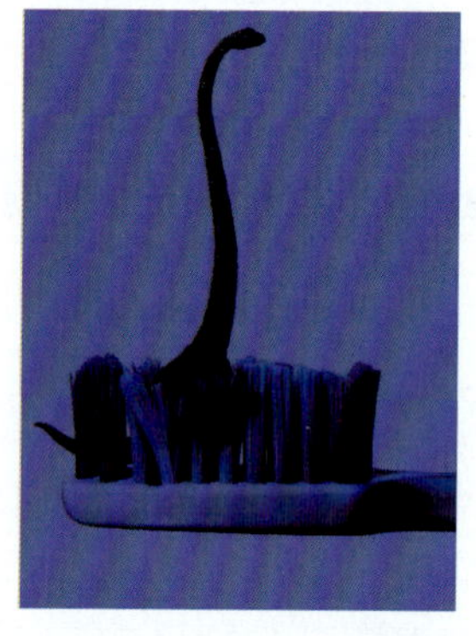

图3-69 “线性加深”模式

（7）深色：通过比较两个图像的所有通道的数值的总和，显示数值较小的颜色，如图3-70所示。

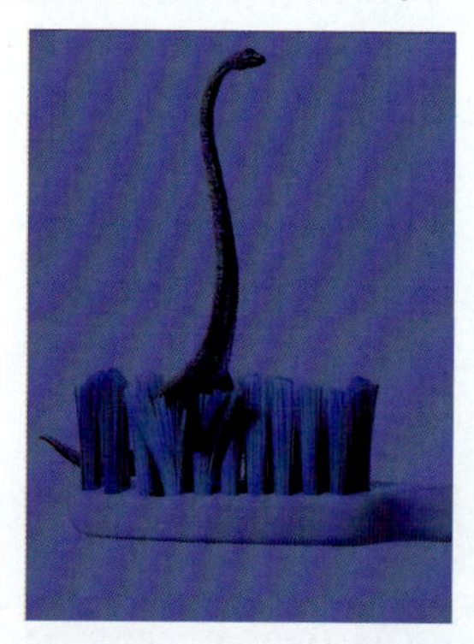

图3-70 “深色”模式

（8）变亮：选择基色或混合色中较亮的颜色作为结果色，同时替代比混合色暗的像素，而比混合色亮的像素保持不变，如图3-71、图3-72所示。

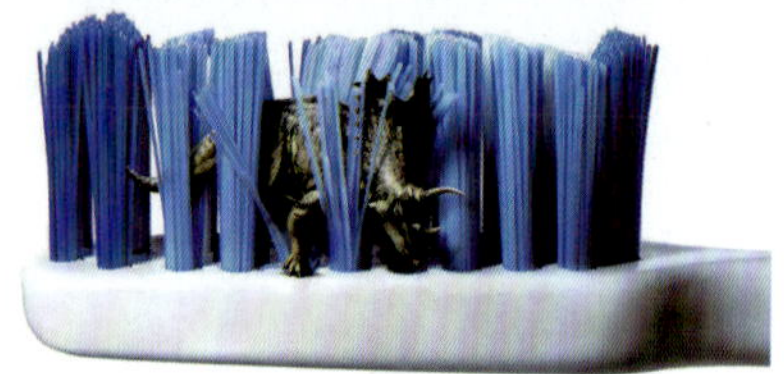

图3-71 原图

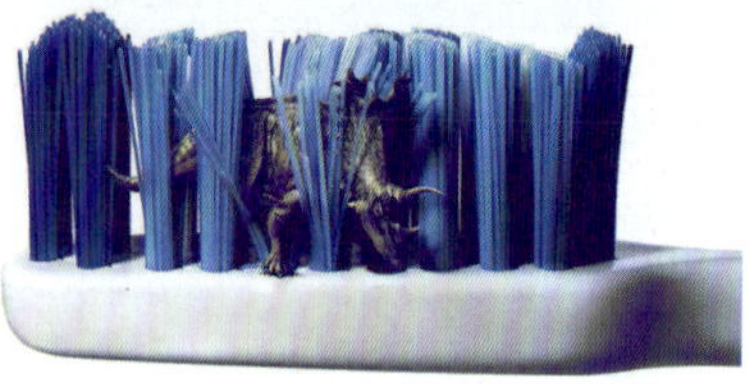

图3-72 “变亮”模式

（9）滤色：与黑色混合时颜色保持不变，与白色混合时产生白色，如图3-73所示。

图3-73 “滤色”模式

（10）颜色减淡：通过减小上、下层图像之间的对比度来提亮底层图像的像素，如图3-74所示。

（11）线性减淡（添加）：与“线性加深”模式相反，可通过提高亮度来减淡颜色，如图3-75所示。

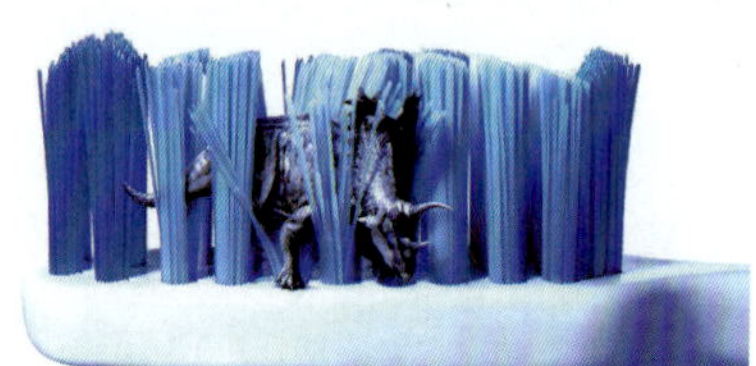

图3-74 “颜色减淡”模式

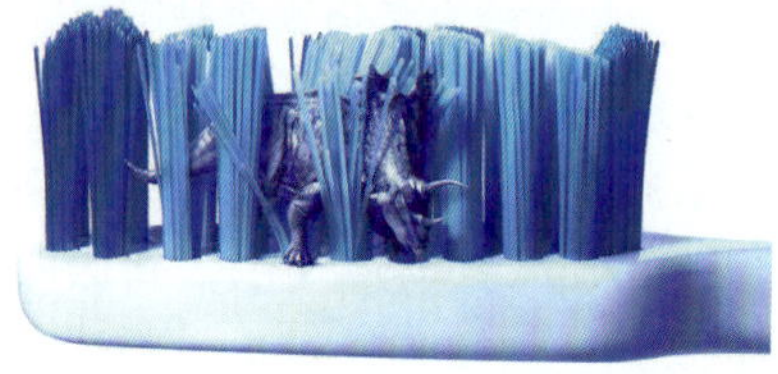

图3-75 “线性减淡”模式

（12）浅色：通过比较两个图像的所有通道的数值的总和，显示数值较大的颜色，如图3-76所示。

（13）叠加：对颜色进行滤镜并加亮上层图像，保留底层图像的明暗对比，如图3-77所示。

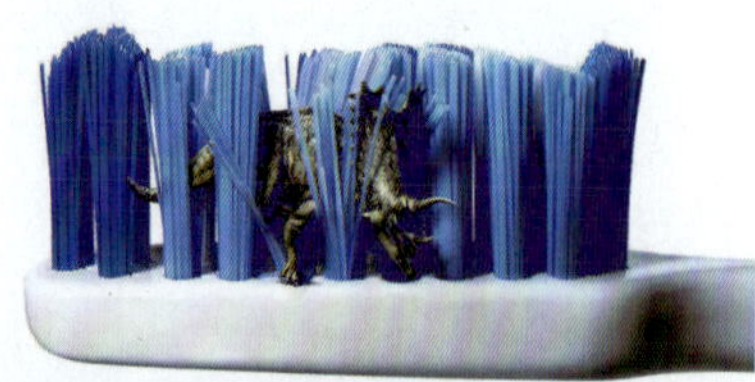

图3-76 “浅色”模式

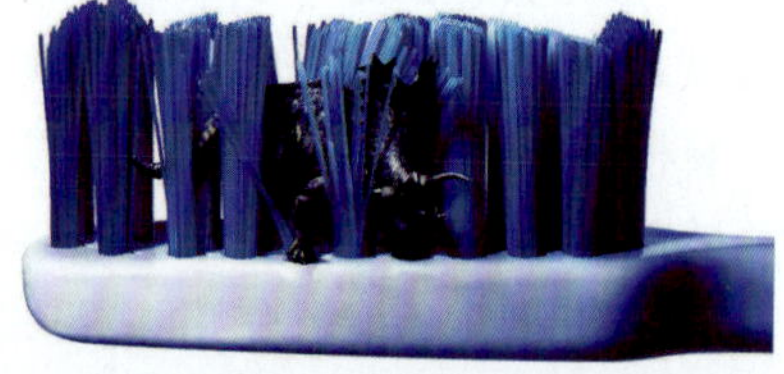

图3-77 “叠加”模式

（14）柔光：使颜色变暗或变亮。如果上层图像比50%灰色亮，那么图像变亮；如果上层图像比50%灰色暗，那么图像变暗，如图3-78、图3-79所示。

图3-78 原图

图3-79 “柔光”模式

（15）强光：对颜色进行滤镜。如果上层图像比50%灰色亮，那么图像变亮；如果上层图像比50%灰色暗，那么图像变暗，如图3-80所示。

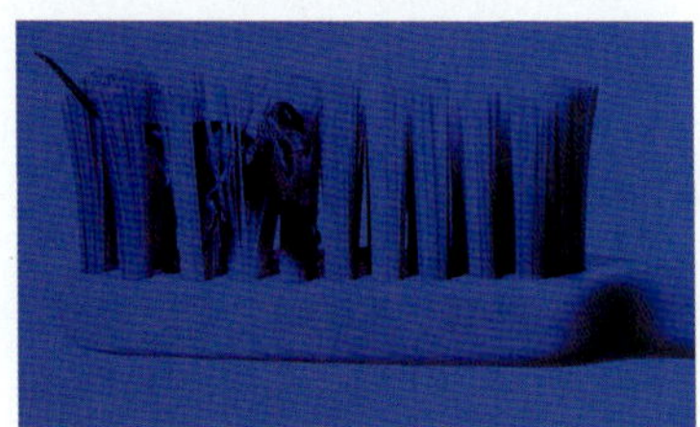

图3-80 “强光”模式

（16）亮光：通过增加或减小对比度来加深或减淡颜色。如果上层图像比50%灰色亮，那么图像变亮；如果上层图像比50%灰色暗，那么图像变暗，如图3-81所示。

（17）线性光：通过减小或增加亮度来加深或减淡颜色。如果上层图像比50％灰色亮，那么图像变亮；如果上层图像比50％灰色暗，那么图像变暗，如图3-82所示。

图3-81 “亮光”模式

图3-82 “线性光”模式

（18）点光：根据上层图像的颜色来替换颜色。如果上层图像比50％灰色亮，那么替换比较暗的像素；如果上层图像比50％灰色暗，那么替换较亮的像素，如图3-83所示。

（19）实色混合：将上层图像的RGB通道值添加到底层图像的RGB值。如果上层图像比50％灰色亮，那么使底层图像变亮；如果上层图像比50％灰色暗，那么使底层图像变暗，如图3-84所示。

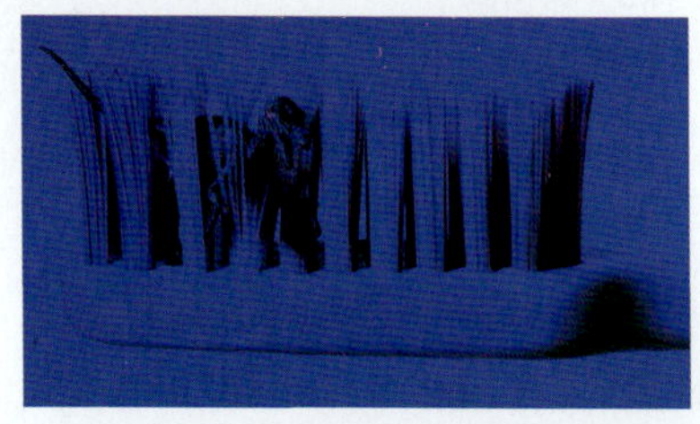

图3-83 “点光”模式

图3-84 “实色混合”模式

（20）差值：上层与白色混合将反转底层图像的颜色，与黑色混合不产生变化，如图3-85、图3-86所示。

图3-85 原图

图3-86 “差值”模式

（21）排除：与“差值”模式相似，但对比度更低，如图3-87所示。

图3-87 “排除”模式

（22）减去：从目标通道中相应的像素上减去源通道中的像素值，如图3-88所示。

（23）划分：底层图像根据上层图像颜色的纯度及亮度相应调整画面的显示效果。简言之，上层图像颜色越亮，整体画面效果变化就会越小；上层图像越暗，被减区域图像就会越亮，所有纯度不高的颜色都会被减去，只保留最纯的光的三原色及其混合色、青品黄与白色，如图3-89所示。

（24）色相：用底层图像的明亮度和饱和度以及上层图像的色相来创建结果色，如图3-90、图3-91所示。

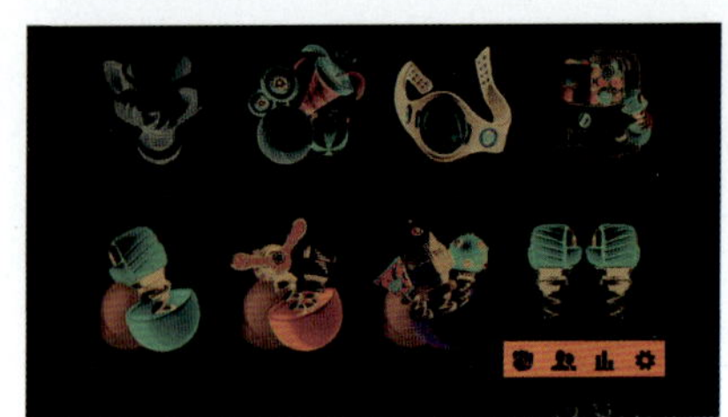

图3-88　“减去”模式

图3-89　“划分”模式

图3-90　原图

图3-91　“色相”模式

（25）饱和度：用底层图像的明亮度和色相以及上层图像的饱和度来创建结果色，如图3-92所示。

图3-92　“饱和度”模式

（26）颜色：用底层图像的明亮度以及上层图像的色相和饱和度来创建结果色，这样可以保留图像中的灰阶，对于为单色图像上色或给彩色图像着色非常有用，如图3-93所示。

（27）明度：用底层图像的色相和饱和度以及上层图像的明亮度来创建结果色，如图3-94所示。

图3-93　“颜色”模式　　图3-94　“明度”模式

3.4　图层样式

图层样式也叫图层效果，它可以为图层中的图像添加阴影、浮雕、描边等效果，也可以创建具有真实感的金属、玻璃等纹理特效。图层样式可以随时修改、隐藏或删除。

3.4.1　图层样式对话框

“图层样式”对话框的左侧列出了10种效果，效果名称前的复选框内有“√”标记的，表示在图层中添加了该效果；单击一个效果前面的“√”标记，可以停用该效果，但保留效果参数，如图3-95所示。

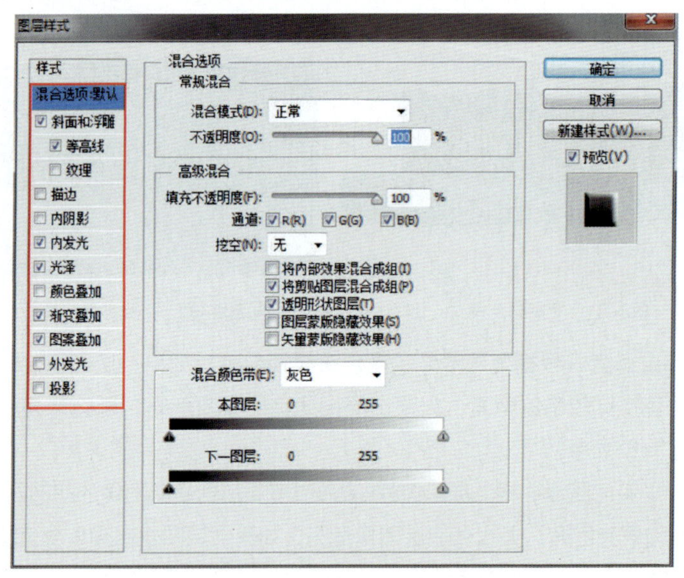

图3-95　“图层样式”对话框

3.4.2　图层样式的编辑

1．创建图层样式

在“样式”面板中单击“添加图层样式”按钮，选择一个效果命令后，会弹出“图层样式”对话框并进入相应的设置面板，如图3-96、图3-97所示。此外，还可以双击需要添加效果的图层来打开“图层样式”对话框。

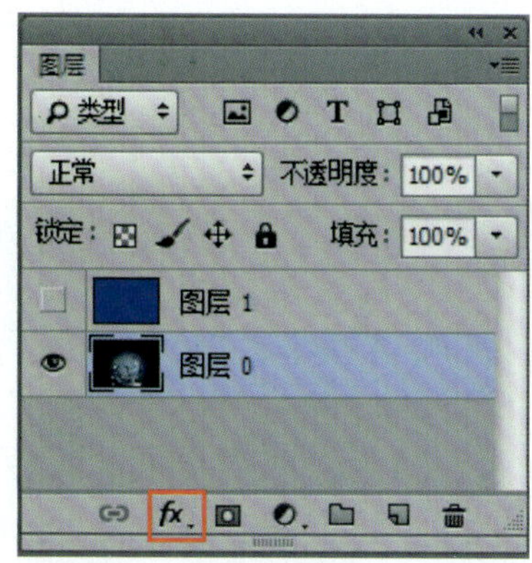

图3-96 “图层样式”按钮

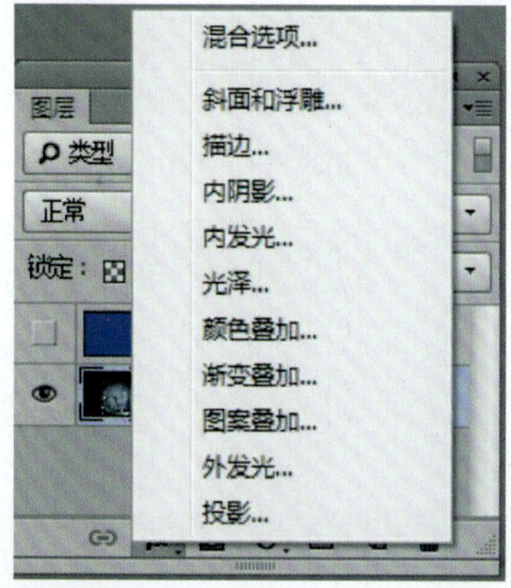

图3-97 “图层样式”下拉菜单

2. 复制与粘贴图层样式

图层样式是可以进行复制和粘贴的，如此一来，我们可以将同一个图层样式应用到不同的图层中。选择一个具有图层样式的图层，在图层名称上单击鼠标右键，选择“拷贝图层样式”命令，接着选择目标图层，在目标图层的名称上单击右键，选择“粘贴图层样式”命令，此时该文字图层具有了和上一文字图层一样的图层样式，如图3-98所示。

3. 缩放与删除图层样式

使用“缩放图层效果”命令可以得到缩放图层样式的效果。执行“图层”→“图层样式”→“缩放效果”命令，在打开的“缩放图层效果”对话框中设置缩放的数值如图3-98所示，单击“确定”按钮即可完成缩放。

将某一样式拖动到“删除图层”按钮上，可以删除某个图层样式。如果要删除某个图层中的所有样式，那么可以选择该图层，然后执行“图层”→“图层样式”→“清除图层样式”命令。

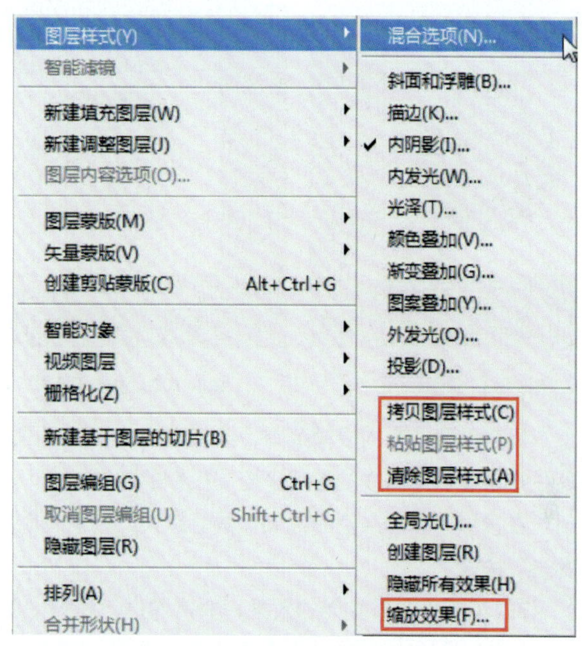

图3-98 “图层样式”菜单命令

4. 图层样式转换为图层

将图层样式转换为图层的方法有两种：一是选中图层样式图层，在选中的图层上单击鼠标右键，在弹出的快捷菜单中执行“栅格化图层样式”命令，即可将当前图层样式栅格化。另外一种方法是选中图层样式图层，执行“图层”→“图层样式”→“创建图层”命令，这样图层样式就可以跟图层分离并转换为普通图层。

3.4.3 图层样式的应用

图层样式是Photoshop中的一个非常强大的用于制作各种效果的功能，该功能可以简单快捷地做出各种立体投影、质感以及光影效果的图像特效。图层样式应用范围较广，无论是普通图层、文本图层还是形状图层都可以使用。

1. “投影”样式

执行“图层”→“图层样式”→“投影”命令，或者单击图层面板下方的“添加图层样式”按钮，执行“投影”命令，然后在弹出的“图层样式对话框”中设置好数值，单击“确认”按钮，对象就具有了投影的图层样式，如图3-99、图3-100所示，该样式可以使图层产生投影效果。

（1）混合模式：用来设置投影与图层的混合方式，右侧颜色块为投影的颜色。

（2）不透明度：用来设置投影的不透明度。数值越低，投影越淡。

（3）角度：用来设置光照的角度，指针方向为光源方向，当勾选“使用全局光”复框时，可以保持所有光照的角度一致。

（4）距离：用来设置投影偏移图层的距离。

（5）扩展：用来设置投影的扩展范围，该值会受到“大小”选项的影响。

图3-99　原图

图3-100　添加“投影”效果

（6）大小：用来设置投影的模糊范围，该值越高，模糊范围越广。

（7）等高线：通过调整曲线的形状来控制投影的形状。

（8）杂色：在投影中添加杂色的效果，数值越大，杂色越明显。

2. “外发光”样式

“外发光”样式可制作向外发光的效果，非常漂亮。执行“图层”→“图层样式”→“外发光”命令，或者单击图层面板下方的“添加图层样式”按钮，在弹出的子菜单中选择“外发光”命令，设置相应参数，单击“确定”按钮，画面效果如图3-101、图3-102所示。

图3-101　原图

图3-102　添加“外发光”效果

（1）混合模式/不透明度：“混合模式”选项用来设置发光效果与下面图层的混合方式；“不透明度”选项用来设置发光效果的不透明度。

（2）杂色：在发光效果中添加随机的杂色效果，使光晕产生颗粒感。

（3）发光颜色：单击“杂色”选项下面的颜色块，可设置发光颜色；单击颜色块后面的渐变条，可在“渐变编辑器”对话框中选择或编辑渐变色。

（4）方法：用来设置发光的方式。

（5）扩展/大小：“扩展”选项用来设置发光范围的大小；“大小”选项用来设置光晕范围的大小。

3. “内发光”样式

“内发光”样式可以制作内发光的效果，执行“图层”→“图层样式”→“内发光”命令，设置“内发光”参数，如图3-103、图3-104所示。

图3-103　原图

图3-104　添加“内发光”效果

4. “斜面和浮雕”样式

“斜面和浮雕”样式可以制作类似浮雕的三维质感，如图3-105所示。

（1）样式：该下拉菜单中包括“内斜面”“外斜面”“浮雕效果”“枕状浮雕”“描边浮雕”五部分。

（2）方法：用来选择创建浮雕的方法，包括“平滑”“雕刻清晰”和“雕刻柔和”三个选项。

（3）深度：用来设置浮雕斜面的应用深度，该值越高，浮雕的立体感越强。

（4）方向：用来设置高光和阴影的位置，该选项与光源的角度有关。

（5）大小：用来控制斜面和浮雕的阴影面积的大小。

（6）软化：用来设置斜面和浮雕的平滑程度。

（7）角度/高度：“角度”用来设置光源的发光角度，“高度”用来设置光源的高度。

（8）高光模式/不透明度：用来设置高光的混合模式和不透明度。

（9）阴影模式/不透明度：用来设置阴影的混合模式和不透明度。

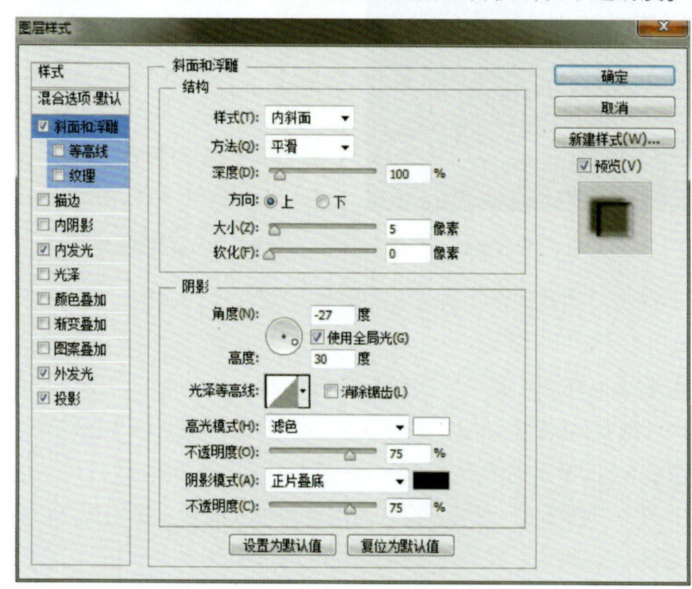

图3-105 “斜面和浮雕”参数面板

5. “内阴影”样式

“内阴影”样式可以在图层的边缘向内添加阴影。执行“图层”→“图层样式”→“内阴影”命令，在图层面板中设置合适的参数，单击“确定”按钮，画面效果如图3-106所示。

图3-106 添加“内阴影”效果

6. “光泽”样式

“光泽”样式可以为图像添加光滑的具有光泽的内部阴影，通常用来制作具有光泽质感的按钮和金属。

7. “颜色叠加”样式

“颜色叠加”样式可以在图像上叠加颜色，通过模式的修改调整图像与颜色的混合效果。

8. “渐变叠加”样式

“渐变叠加”样式可以在图层上叠加出渐变颜色的效果，其面板如图3-107所示。

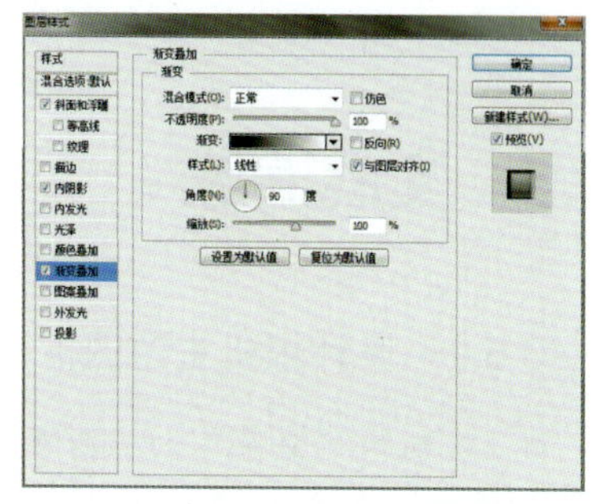

图3-107 “渐变叠加”参数面板

（1）渐变：在这里单击颜色条可以设置渐变的颜色。

（2）样式：渐变的填充样式，在下拉菜单中包括五种填充样式。

（3）角度：可以设置渐变填充的角度。

（4）缩放：可以设置渐变的缩放比例。

9. “图案叠加”样式

“图案叠加”样式可以通过混合模式的设置使叠加的“图案”与原图像进行混合。

10. “描边”样式

“描边”样式可以使用颜色、渐变以及图案来描绘图像的轮廓边缘。执行“图层”→“图层样式”→“描边”命令，在“描边”对话框中设置合适的参数，单击“确定“按钮，可得到如图3-108所示的效果。

图3-108 “描边”效果

（1）位置：描边的位置。在下拉菜单里有“外部”“内部”和“居中”三个选项。

（2）填充类型：包括“颜色”“图案”和“渐变”三个选项。

3.5 实战演练

3.5.1 设计相机主题图标

（1）执行“文件”→“新建”命令，新建一个500像素×500像素的画布，如图3-109所示。

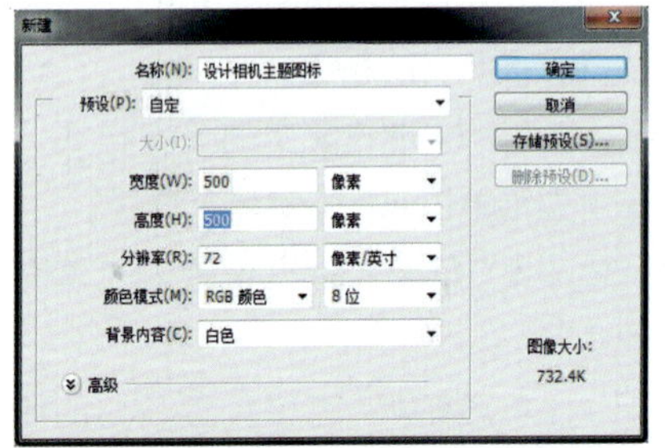

图3-109 “新建”对话框

（2）按Ctrl+R组合键显示标尺，将横排及竖排辅助线拖至画布中心形成一个交点，背景色填充为米黄色，如图3-110所示。

图3-110 设置中心交点

（3）选择“圆角矩形”工具，绘制一个300像素×300像素的圆角矩形，参数如图3-111所示，将绘制好的鼠标放置于画布中心辅助线交点处，如图3-112所示。

图3-111 设置参数

图3-112 绘制圆角矩形

（4）双击“圆角矩形”图层，打开图层混合模式面板，进行如下设置，如图3-113、图3-114所示。

（5）选择“椭圆工具”，将鼠标指针放置于画布中心辅助线交点处，同时按住Shift键及Alt键盘，按住鼠标左键向外拖动，绘制一个以画布中心为圆心的200像素×200像素的圆形，填充为白色，如图3-115所示。

（6）选中“椭圆1”图层，打开图层混合模式面板，进行如下设置，如图3-116～图3-118所示；设置后效果如图3-119所示。

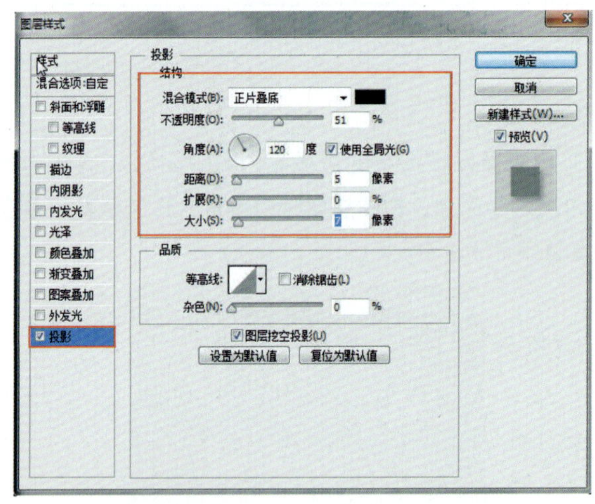

图3-113 设置参数

图3-114 设置后效果　　图3-115 绘制椭圆

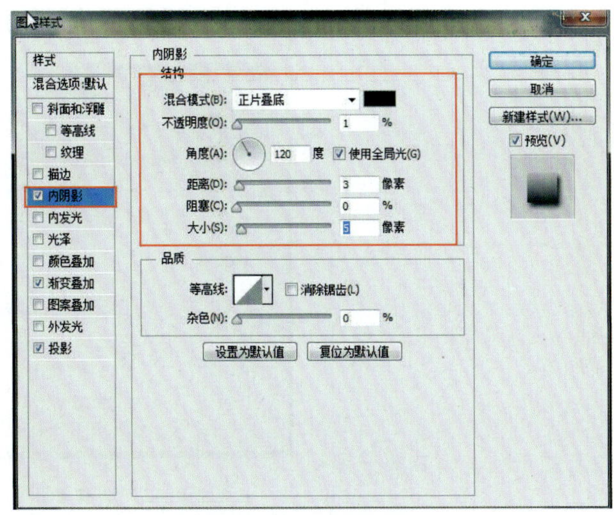

图3-116 设置“内阴影”

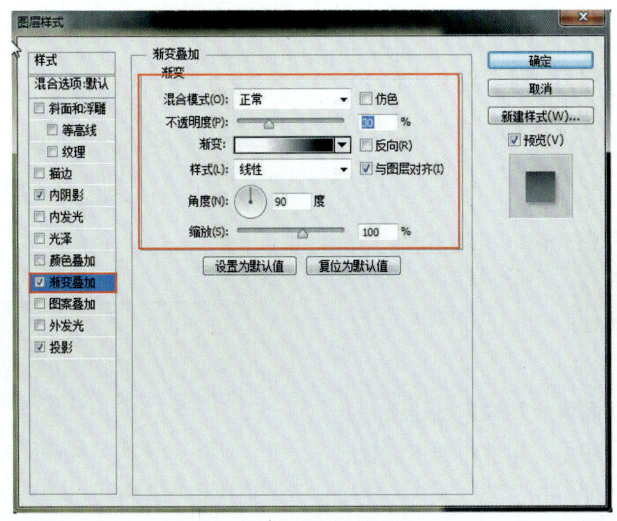

图3-117 设置“渐变叠加”

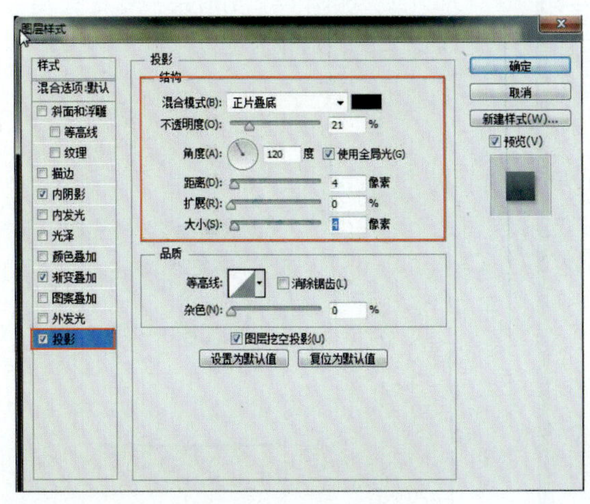

图3-118 设置“投影”

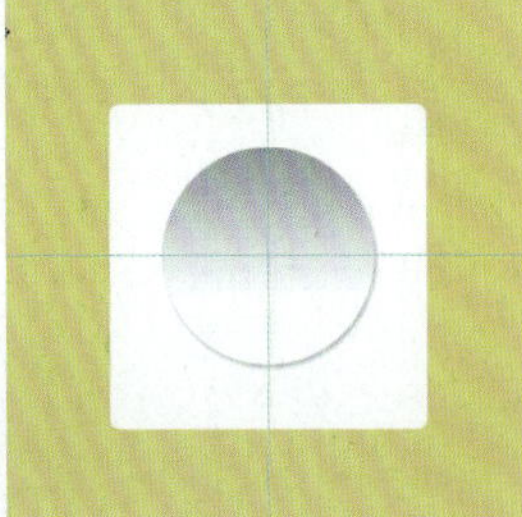

图3-119 设置后效果

（7）使用同样的方法绘制一个100像素×100像素的正圆，并进行如下设置，如图3-120～图3-122所示。

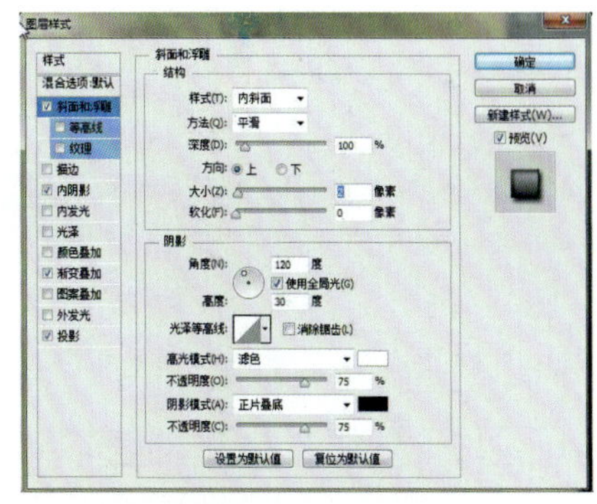

图3-120 设置“斜面和浮雕”

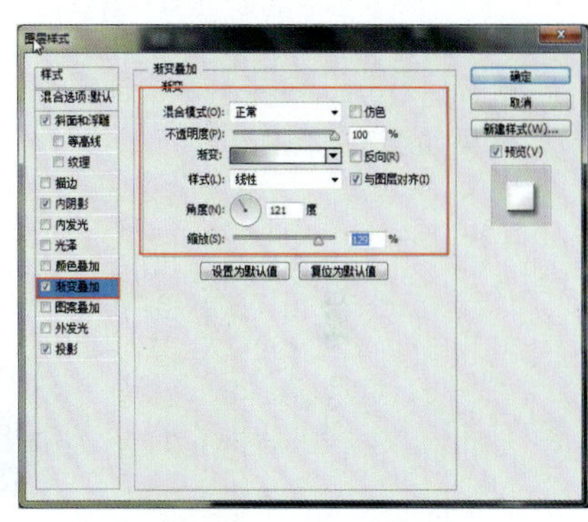

图3-121 设置“渐变叠加”

图3-122 设置后效果

（8）继续使用同样的方法绘制一个90像素×90像素的正圆，将其填充为白色，再添加内阴影效果，如图3-123所示，效果图如3-124所示。

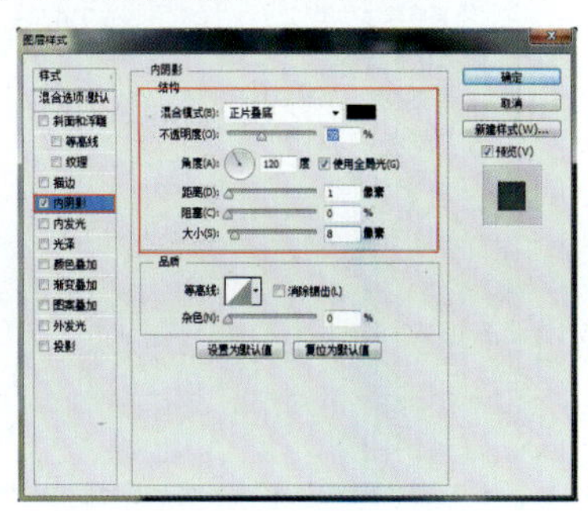

图3-123 设置“内阴影”

图3-124　设置后效果

（9）使用“椭圆工具”绘制一个85像素×85像素的正圆，为其填充黑色，效果如图3-125所示。

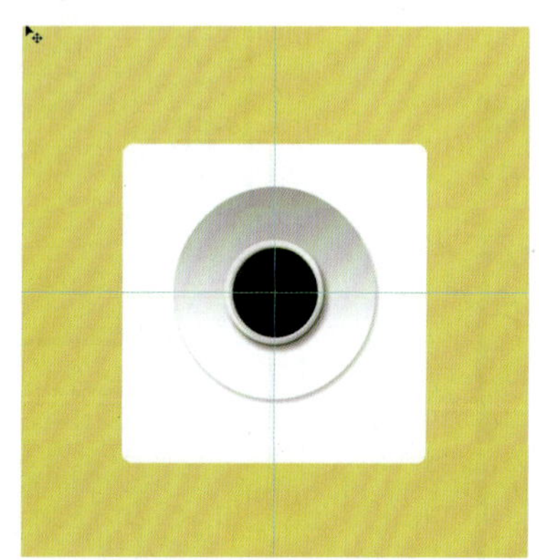

图3-125　设置后效果

（10）新建图层，使用“椭圆工具”绘制一个75像素×75像素的正圆，选中“渐变叠加”选项，添加一个从亮紫色到暗紫色的渐变，并进行如下设置，设置如图3-126、图3-127所示，设置后效果如图3-128所示。

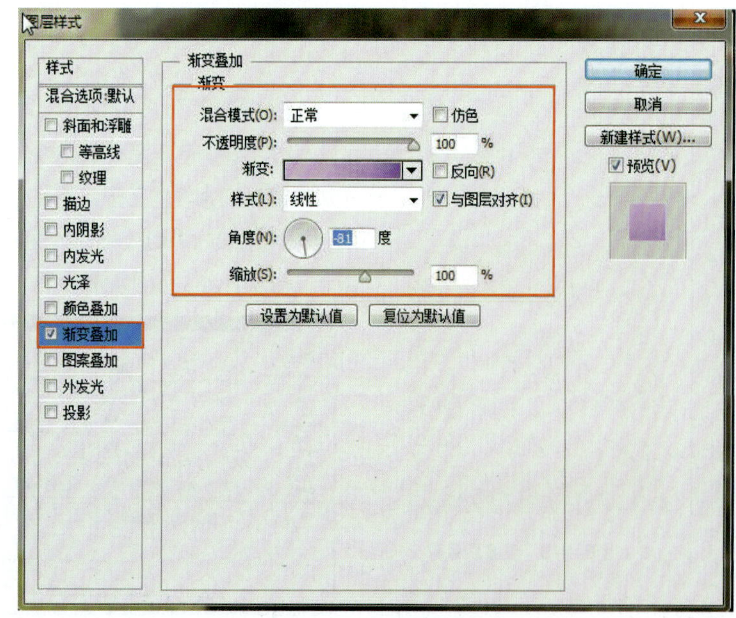

图3-126　“渐变叠加”设置

图3-127　渐变编辑器面板

图3-128　设置后效果

（11）使用“椭圆工具”绘制两个大小不一的椭圆，填充白色，如图3-129所示；将椭圆不透明度降低至20%，如图3-130所示，整体效果如图3-131所示。

图3-129　绘制椭圆

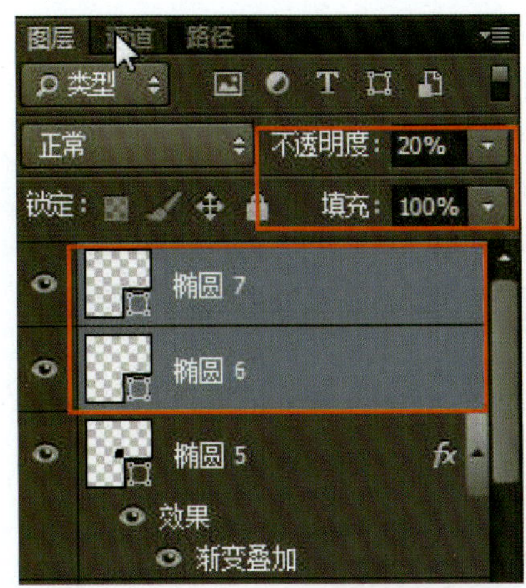

图3-130 透明度设置

图3-131 最终效果

3.5.2 绘制立体质感的系统设置图标

（1）执行“文件”→“新建”命令或按Ctrl+N组合键，新建一个大小为800像素×600像素的文档，分辨率为72dpi，如图3-132所示。

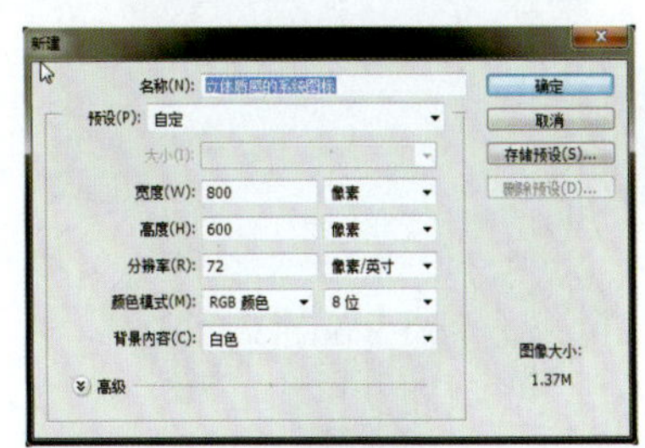

图3-132 新建文件

（2）选择“椭圆工具”，按住Shift键画一个320像素×320像素的正圆，颜色为深灰色，并在圆心处拉出两条参考线，如图3-133所示。

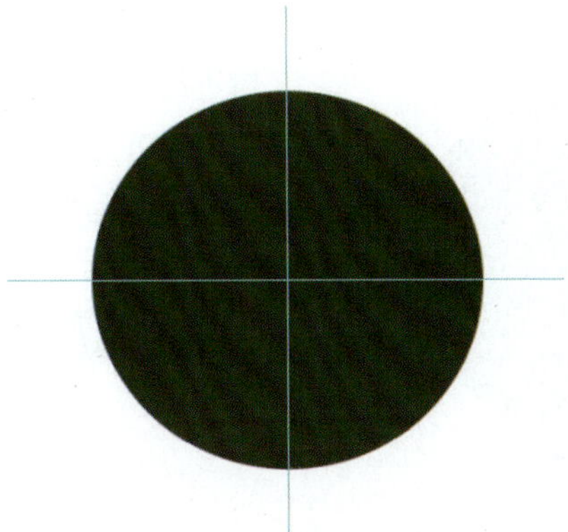

图3-133 画正圆

（3）选择“矩形工具”，按住Shift键绘制一个矩形（开始画之后可以松手，这样就可以和之前画好的圆在同一个图层内），使用“路径选择工具”将矩形放在与圆形顶部相交的位置，并与参考线居中对齐，如图3-134所示。

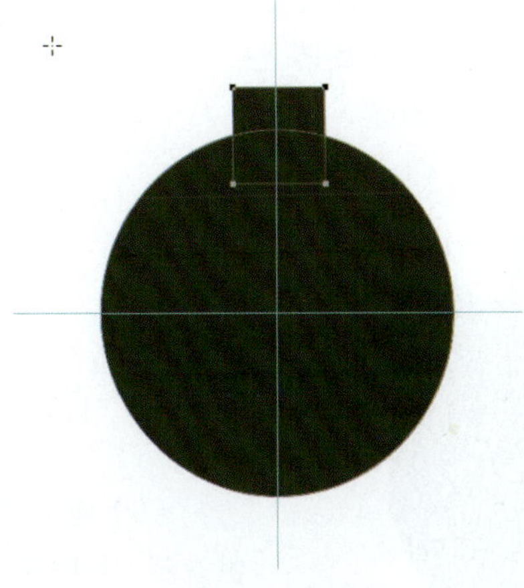

图3-134 画矩形

（4）使用“直接选择工具”分别选中矩形左上角和右上角的锚点进行水平移动，左右移动的距离要相等，使其成为一个梯形，如图3-135所示。

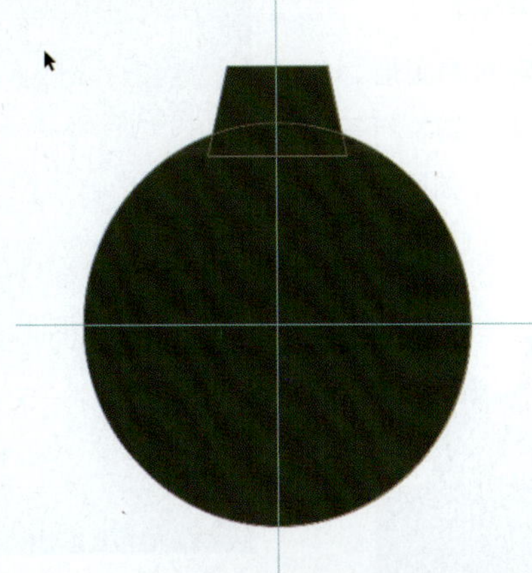

图3-135 设置梯形

（5）使用“路径选择工具”选择“梯形”形状，按Ctrl+C、Ctrl+V组合键进行复制、粘贴，然后按Ctrl+T组合键进行自由变换，单击鼠标右键，选择垂直翻转，之后按Enter键确定，把变换好的梯形放在如图3-136所示的位置。

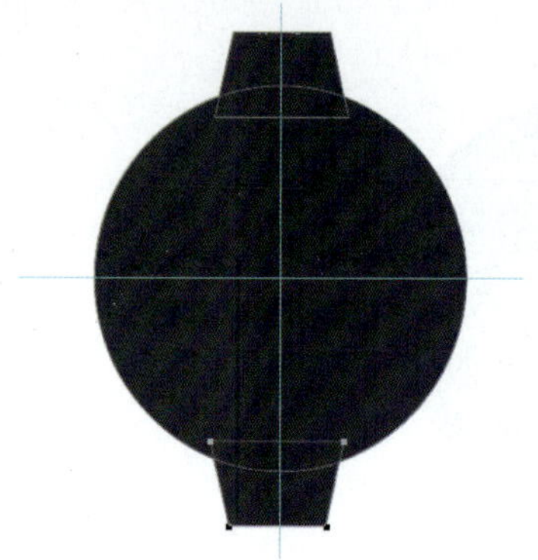

图3-136　复制梯形

（6）使用“路径选择工具”选中画好的两个梯形，按Ctrl+C、Ctrl+V组合键复制、粘贴，然后按Ctrl+T组合键进行自由变换，按住Shift键旋转（每次可旋转15°）旋转45°即可，之后按Enter键确定，如图3-137所示。

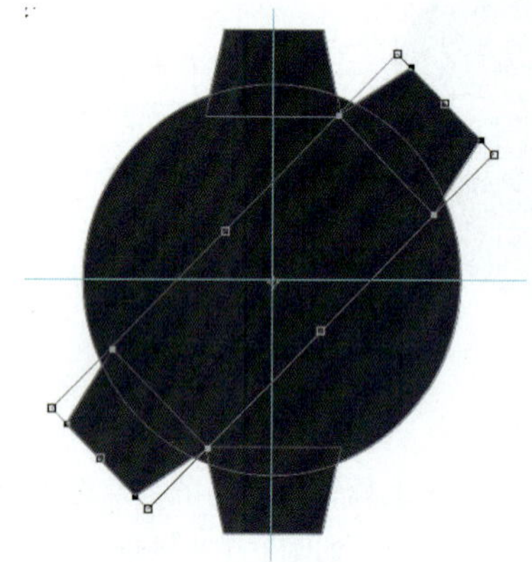

图3-137　旋转梯形

（7）选中刚刚复制的图层，按住Ctrl+Shift+Alt+T组合键执行等距离复制变换，复制两次，如图3-138所示。

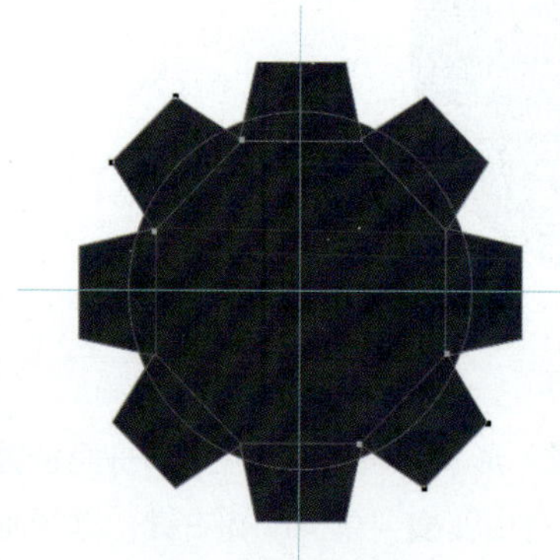

图3-138　复制齿轮

（8）使用“路径选择工具”选择最初画好的圆形，按Ctrl+C、Ctrl+V组合键进行复制、粘贴，然后按Ctrl+T组合键进行自由变换；之后，按住Shift+Alt组合键等比例缩小，得到一个同心圆，只选中这个刚得到的同心圆，在工具栏中的布尔运算内，把它的属性改为“减去顶层形状”，如图3-139、图3-140所示。

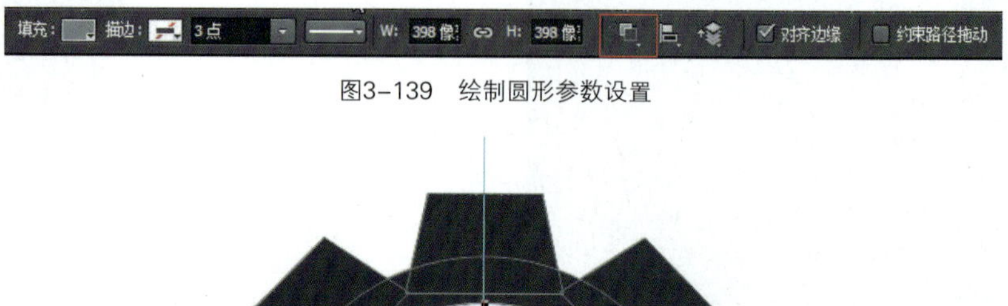

图3-139　绘制圆形参数设置

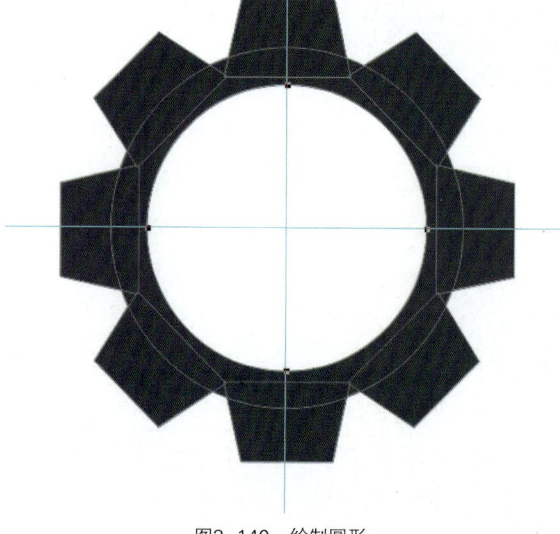

图3-140　绘制圆形

（9）使用“路径选择工具”选择刚得到的这个圆，按Ctrl+C、Ctrl+V组合键复制、粘贴这个圆，然后按住Ctrl+Shift+J组合键把它从这个图层拿出来放到新的图层内，在工具栏中的布尔运算内，把属性改为“合并形状”，接着填充蓝色，如图3-141、图3-142所示。

图3-141　复制图层设置

图3-142　复制圆形

（10）重复第（8）步和第（9）步的操作，再次得到一个跟外面大圆是同心圆的圆环，（注意：圆环、中间小圆各在独立的图层），如图3-143、图3-144所示。

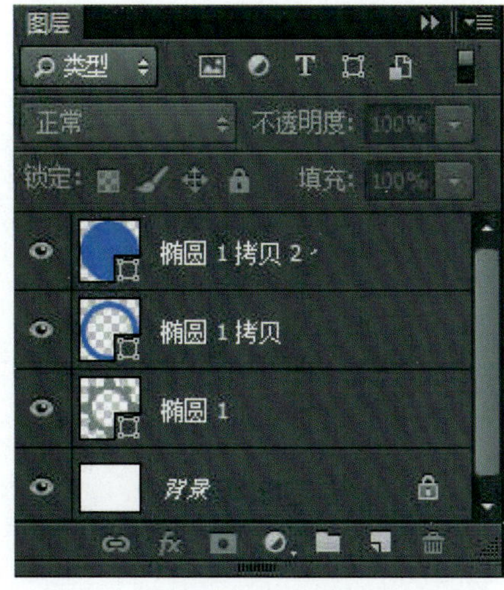

图3-143 图层分布

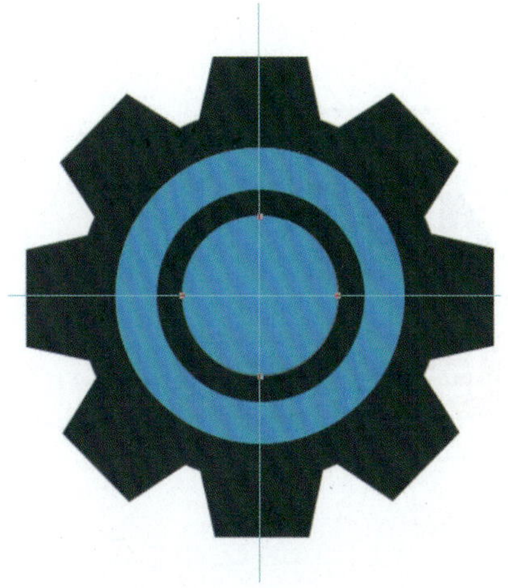

图3-144 最终效果

相机主题图标设计

立体质感系统图标设计

本章小结

本章重点介绍了图层的相关基础及应用知识，通过本章的学习，可熟悉图层的基本概念，掌握图层混合模式及图层样式的设置及使用方法，制作出效果各异的图像及文字效果。

思考与练习

1. 图层的类型有哪些？
2. 图层样式及图层混合模式的区别有哪些？
3. 运用本章介绍的相关图层知识，设计制作一组水晶按钮。

第4章 绘制与修饰

◆本章知识点

1. 画笔工具
2. 铅笔工具
3. 颜色替换工具
4. 自定义画笔工具

◆学习目标

1. 熟悉画笔面板
2. 了解绘图及修饰工具的用法
3. 掌握自定义画笔的使用

4.1 绘制图像

4.1.1 工具的使用

绘画工具的使用方法有以下几种:

（1）自由绘制。这种绘画方法类似现实中的绘画方法，能绘制出相对自由的线条。选择工具后，在图像文件中单击鼠标左键，并保持点按状态在画布上移动鼠标指针，松开鼠标左键完成绘制，如图4-1所示。

（2）绘制直线。选择工具后，在图像文件中单击鼠标左键，保持点按状态并按住Shift键，在画布上移动鼠标指针就可以绘制出直线线条，如图4-2所示。

图4-1 自由绘制

图4-2 绘制直线

（3）点绘。选择工具后，在图像文件中不断单击鼠标左键，即可得到以画笔笔尖的形状聚集的点的效果，如图4-3所示。

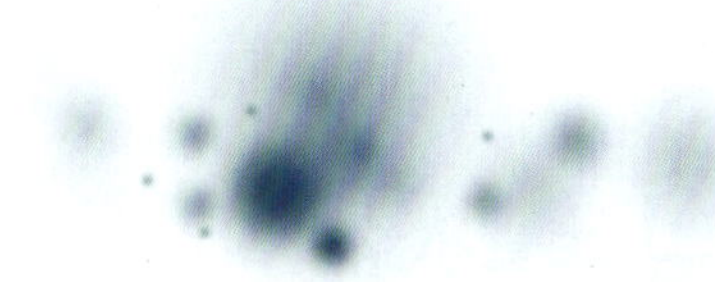

图4-3 点绘

4.1.2 画笔工具

使用“画笔工具”可以模拟绘画效果，和现实中使用画笔相似，只需选择相应的笔刷，在图像文件中拖动鼠标指针即可。

选择“画笔工具”后，在顶部菜单栏下显示属性栏，在“画笔工具”属性栏中可以设置画笔的大小、硬度、模式、透明度等，如图4-4所示。

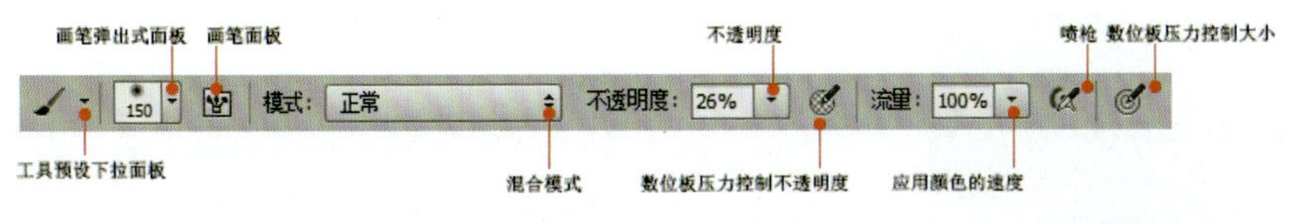

图4-4 “画笔工具”属性栏

1．工具预设下拉面板

单击“工具预设下拉面板”按钮，打开工具预设下拉面板，在弹出的面板中可以选择一种预设的画笔，如图4-5所示。

2．画笔弹出式面板

单击“画笔”图标右侧的下拉按钮，可打开画笔下拉式菜单，如图4-6所示。

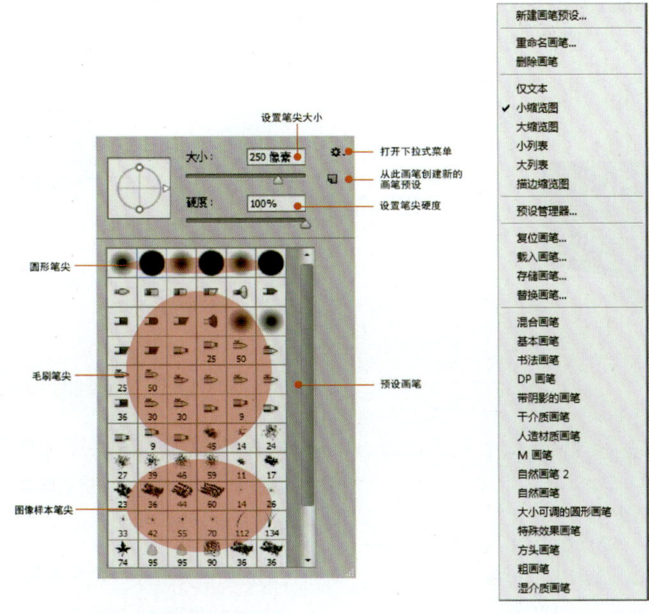

图4-5 画笔弹出式面板　　图4-6 下拉式菜单

（1）大小。可设置画笔的大小，范围在1～5 000像素，如图4-7、图4-8所示。

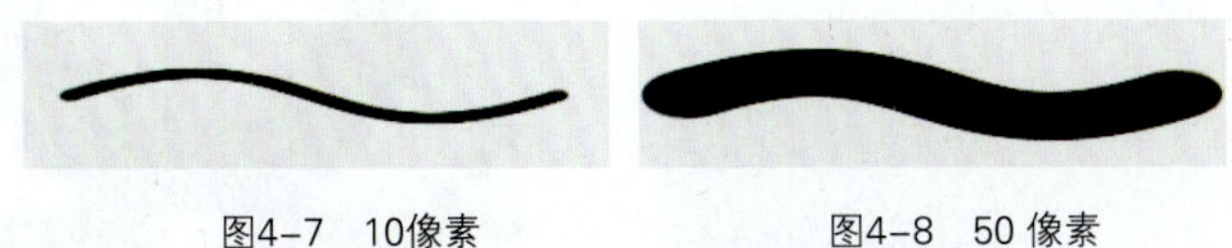

图4-7 10像素　　图4-8 50 像素

（2）硬度。控制画笔笔尖边缘的羽化程度，数值越大，画笔笔尖边缘越清晰，数值越小，画笔笔尖边缘越柔和，如图4-9、图4-10所示。

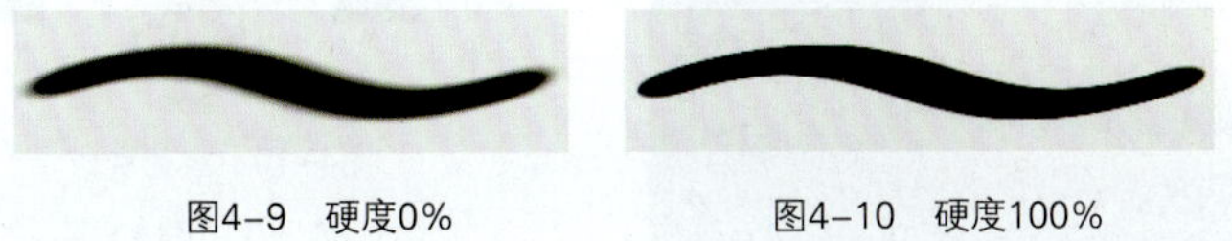

图4-9 硬度0%　　图4-10 硬度100%

➢ Tips：选择画笔工具后，按[键可以使画笔笔尖变小，按]键可以使画笔笔尖变大，每次改变5%。按Shift+[组合键可以使画笔笔尖变软，按Shift+]组合键可以使画笔笔尖变硬，每次改变25%。

（3）创建新的预设。单击该按钮，可以打开“画笔名称”对话框，输入画笔名称，单击“确定”按钮后可以将当前画笔保存为一个新的预设画笔。

（4）预设画笔：“预设画笔”面板提供了Photoshop的各种笔尖的预设画笔。笔尖形态分为3类：圆形笔尖、毛刷笔尖和图像样本笔尖。

圆形笔尖包含尖角、柔角、实边和柔边几种样式。使用尖角和实边笔尖绘制的线条具有清晰的边缘；使用柔角和柔边笔尖绘制的线条边缘比较柔和。

毛刷笔尖在使用画笔时可以看到预览时的画笔笔触效果，如果计算机连接数位板，那么会使画笔功能更加具有利用价值。

图像样本笔尖主要是图形形态的笔尖，运用该类画笔，一般需要根据应用环境对画笔参数进行设置。

3．模式

画笔属性栏中的“模式”选项用于选择画笔笔刷颜色与下面图像的混合模式，内容和图层中的模板一样，这里不再赘述，请参阅第3章相关内容，如图4-11所示。

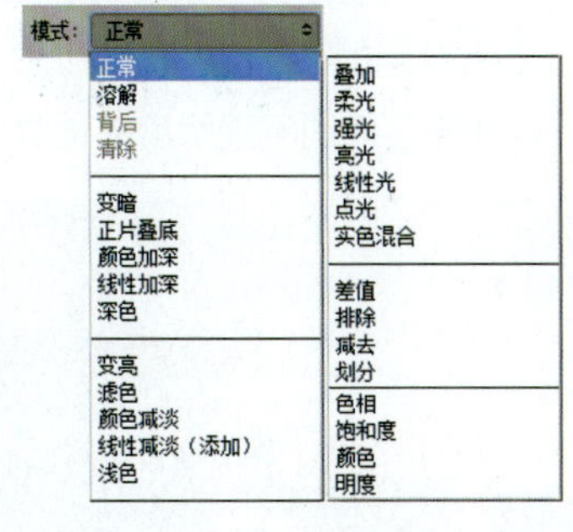

图4-11 “模式”选项

但仍要强调的是，这是Photoshop的核心功能之一，配合绘画工具的使用，往往能得到令人惊喜的效果，如图4-12～图4-15所示。

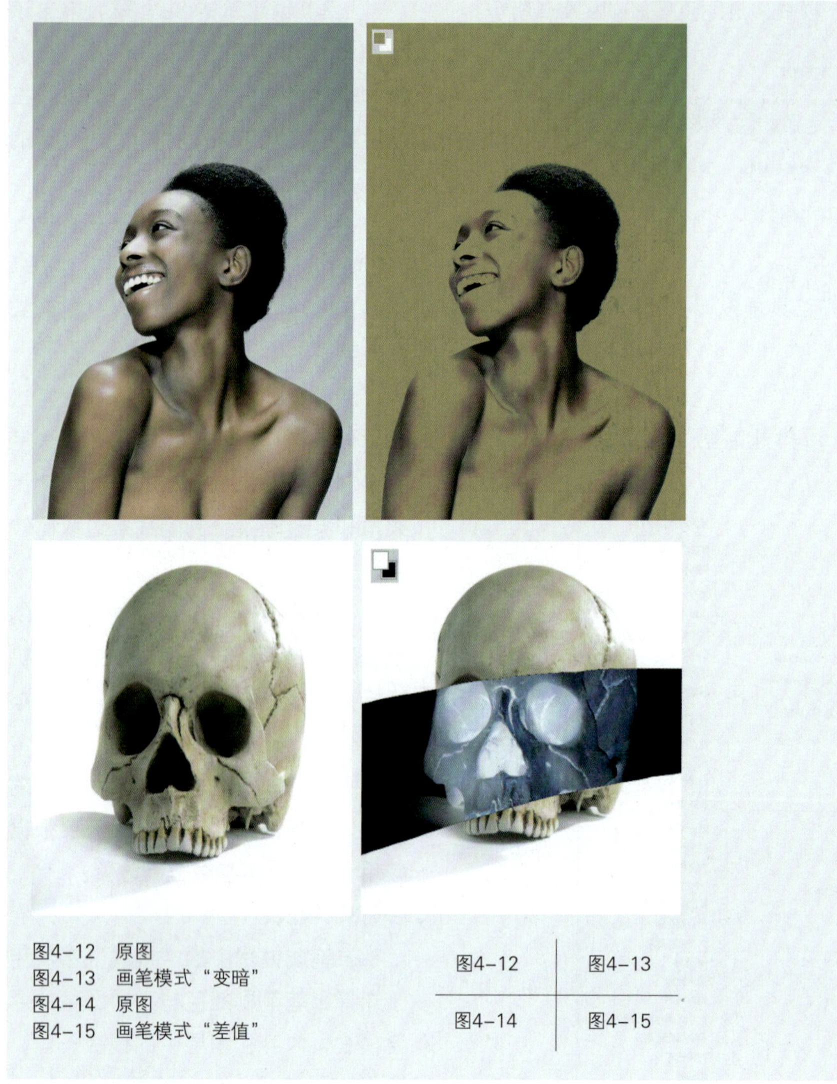

图4-12　原图
图4-13　画笔模式“变暗”
图4-14　原图
图4-15　画笔模式“差值”

4．不透明度

“不透明度”用于设置画笔颜色的透明程度，取值为0％~100％，取值越大，画笔颜色的不透明度越高；取0％时，画笔是透明的，即没有颜色。学习者可以使用不同的不透明度来试验效果，如图4-16、图4-17所示。

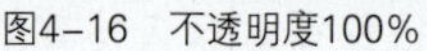

图4-16　不透明度100%

图4-17　绘制时设置不同的不透明度

➢ Tips：使用画笔工具绘画时，使用键盘上的数字键可以快速修改画笔的不透明度。只需输入想要的不透明度值即可自动修改工具选项栏中的值。

5．流量

“流量”负责控制绘画时画笔笔触中包含的颜料数量。急剧降低流量会使画笔笔触看起来有点干燥，因为画笔笔触只包含了很少的颜料。

6．喷枪

“喷枪”作为一种绘画工具曾在Photoshop的早期版本中独立存在，现在只是一种绘画方式，它是一种随着停留时间加长，逐渐增加色彩浓度的画笔使用方式。类似在墙上喷漆，在一个地方停留得越久，该地方的油漆越浓，范围也越大，如图4-18所示。

图4-18　开启“喷枪”后，画笔点按一次和持续5秒效果

4.1.3　自定义画笔

只要利用选区将要定义画笔的区域选中，Photoshop就可以将任意一种图像定义为画笔。

自定义画笔的操作步骤如下：

（1）打开素材文件第4章\素材\雪花.jpg文件，如图4-19所示。

图4-19　雪花素材

（2）按下F7键打开“图层”面板，按住Ctrl键的同时单击图层1前的缩略图，将图像载入选区，如图4-20所示。

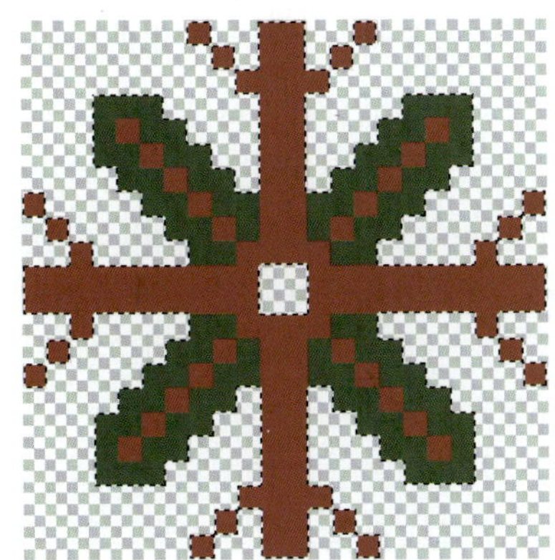

图4-20 载入图像选区

（3）执行“编辑”→“定义画笔预设”命令，在弹出的“画笔名称”对话框中输入新画笔的名称。单击“确定”按钮完成定义画，如图4-21所示。

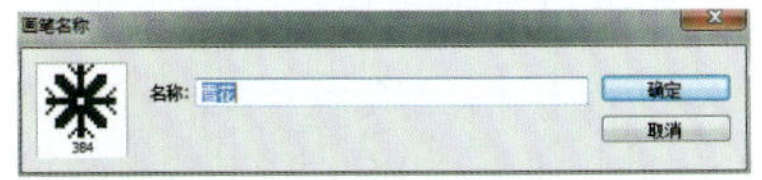

图4-21 “画笔名称”对话框

（4）在工具栏中选择“画笔工具”，画笔笔尖自动默认为刚刚设置的画笔，在画笔属性栏的画笔预设列表中也能看到预设的画笔，如图4-22所示。

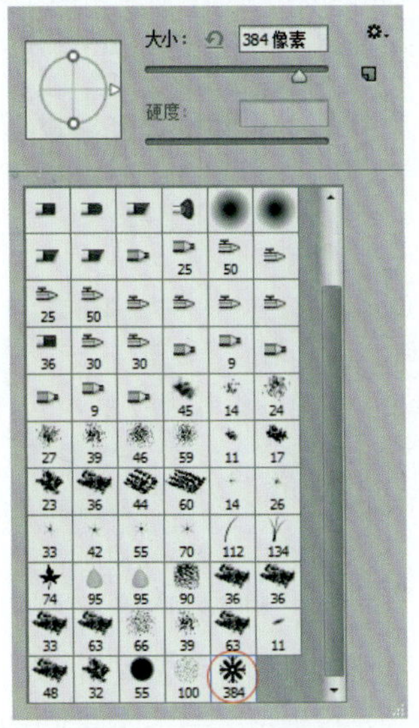

图4-22 预设画笔列表

按F5键调出“画笔面板”按钮，调整“间距”，设定好前景色和背景色后就可以在图像中用自定义的画笔进行绘制，如图4-23、图4-24所示。

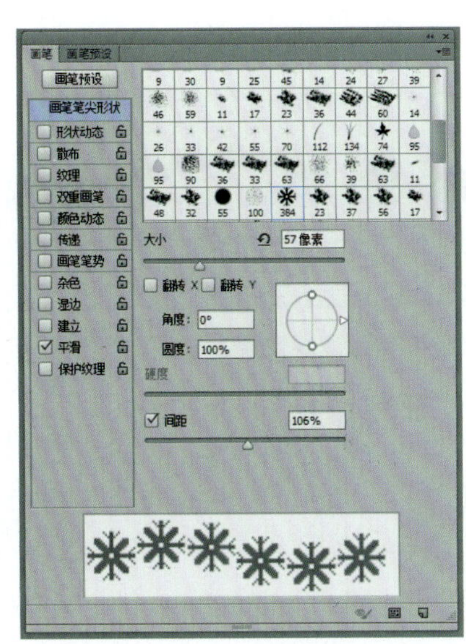

图4-23 “画笔”面板

图4-24 使用自定义画笔绘制

按照上述方法，我们还可以将绘制的图像、输入的文字等定义为画笔。

4.1.4 画笔面板

画笔面板可以通过执行“窗口”→“画笔”命令或按F5键调出。用户可以通过该面板设置画笔效果，如图4-25所示。

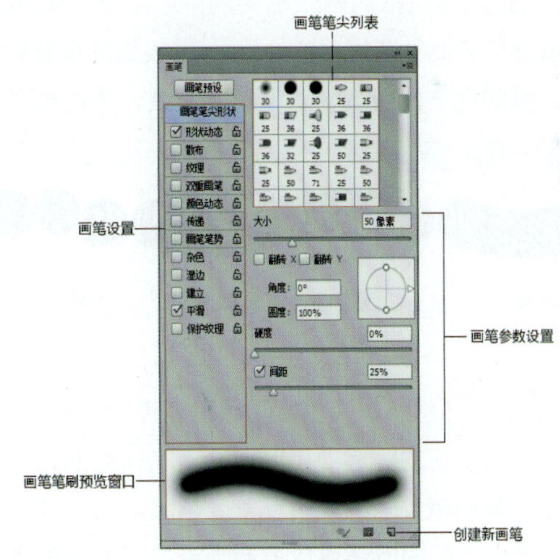

图4-25 “画笔”面板

1. 画笔笔尖选择

画笔笔尖可在画笔属性栏中的画笔预设里选择。

2. 画笔参数设置

（1）大小：拖动滑块或在文本框中输入数值可设置画笔的大小。

（2）角度：用来设置椭圆笔尖和图像笔尖的旋转角度，当椭圆笔尖的圆度为100%时设置角度无意义，可通过设置角度值和拖动箭头进行设置，如图4-26～图4-28所示。

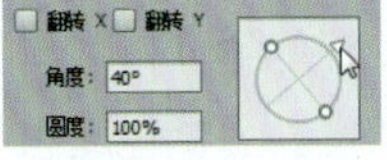

图4-26 角度设置

图4-27 角度0%

图4-28 角度40%

（3）圆度：圆度的设置可以把笔刷形状设为椭圆。圆度的数值代表椭圆长、短直径的比例。100%时正圆，50%时为椭圆，如图4-29～图4-31所示。

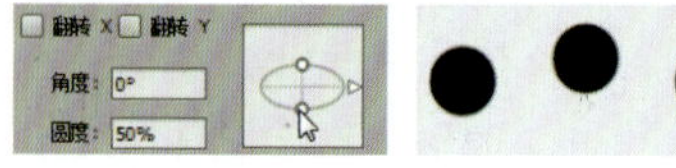

图4-29　圆度设置

图4-30　圆度100%

图4-31　圆度50%

（4）翻转X/翻转Y：使用翻转X与翻转Y后，虽然设定中角度和圆度未变，但画笔笔尖在X轴和Y轴的方向改变了，最终得到镜像效果。非正圆笔尖在实际绘制中会改变笔刷的形状，如图4-32～图4-36所示。

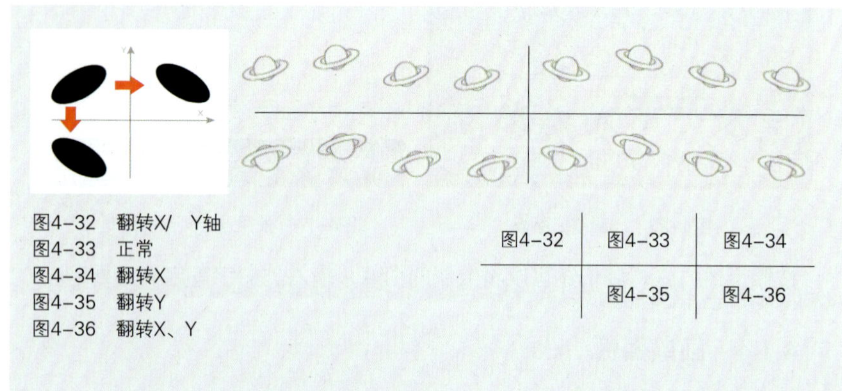

图4-32　翻转X/ Y轴
图4-33　正常
图4-34　翻转X
图4-35　翻转Y
图4-36　翻转X、Y

（5）硬度：可设置画笔笔尖的硬度。

（6）间距：间距实际是指每两个笔尖的中心距离，间距越大，笔尖间隔的距离就越大。取消勾选此复选框，Photoshop将根据鼠标指针移动的速度调整画笔笔尖的间距，慢的地方间距减少、笔迹变密集，快的地方间距增加、笔迹变稀疏，如图4-37～图4-39所示。

图4-37　间距1%　　图4-38　间距50%　　图4-39　间距100%

3. 画笔设置

（1）形状动态。“形状动态”决定了画笔笔迹的变化。

①大小抖动：“大小抖动”选项可以调整画笔抖动的大小。数值越大，抖动的效果就越明显，笔刷笔尖间的大小反差就越大。与单纯调节画笔大小不同的是，它在调节画笔大小的同时还可以控制画笔的不规则形态，从而获取更加自然的笔触，如图4-40所示。

“大小抖动”的控制选项中提供多个选项，用户可以通过这些选项对画笔的抖动进行细致的调整。如“渐隐”，勾选该选项，根据输入数值的不同，使画笔产生不同步长的逐渐从大到小的变化。如输入的数值为50，则在绘制到50次时，画笔笔尖尺寸最小，如图4-41所示。

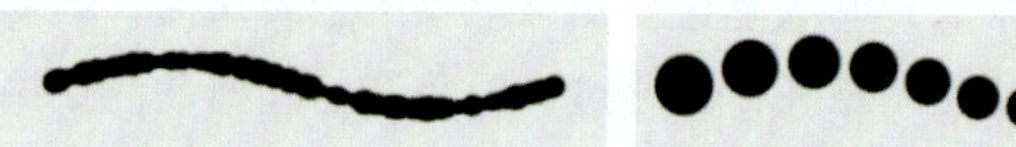
图4-40　大小抖动　　图4-41　100%渐隐

大小的控制除了渐隐之外，还可以选择“钢笔压力”“钢笔斜度”“光笔轮”。这三个选项需要有另外的硬件设备——数位板和手写笔。“钢笔压力”和“钢笔斜度”根据手写笔笔尖的大小与数位板的接触力度大小以及笔尖倾斜角度的不同来改变初始直径和最小直径之间的画笔笔尖大小。“光笔轮”是根据数位笔上附带的拇指滚轮来改变笔尖大小。在没有数位板设备的情况下这些控制选项无效。

②最小直径:可控制在大小抖动中最小的笔尖直径，该值越高，笔尖直径的变化越小。如果大小抖动100%，最小直径30%的话，绘制效果等同于单纯大小抖动70%。如果两者都为100%就等同于没有大小抖动。

③角度抖动：可改变画笔笔尖的角度，值越小越接近画笔的原始角度值。如需指定画笔角度的改变方式，定义过程和相应关系与大小抖动一样。可以让非正圆笔刷在绘制过程中不规则地改变角度。在“控制”选项中，“初始方向”选项可使画笔笔尖的角度沿用初始使用画笔绘制时的角度。“方向”选项则可使画笔笔尖的角度沿画笔绘制的方向改变，如图4-42、图4-43所示。

图4-42　角度抖动40%

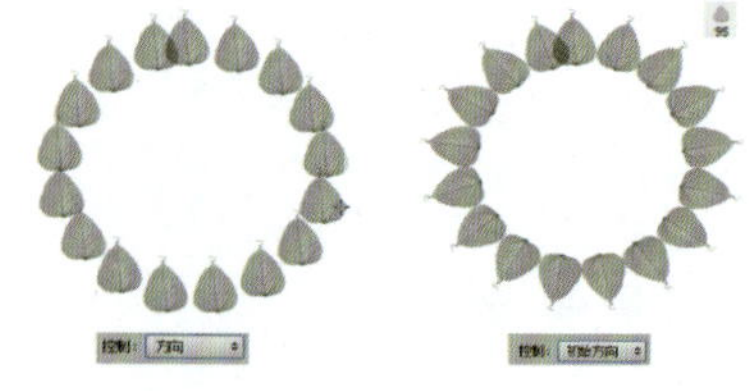
图4-43　“初始方向”和“方向”

④圆度抖动：可设置画笔笔尖的圆度，可以通过“最小圆度”选项来控制变化的范围，道理和大小抖动中的最小直径相同，如图4-44所示。

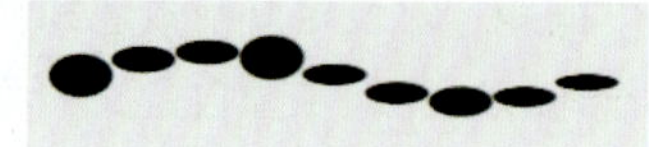
图4-44　圆度抖动70%

（2）散布。“散布”项目中的选项设置可以调整画笔笔迹的分布和密度，可使笔迹沿绘制的线条扩散。在需要绘制数量较多、不规则分布的元素时非常好用，如图4-45、图4-46所示。

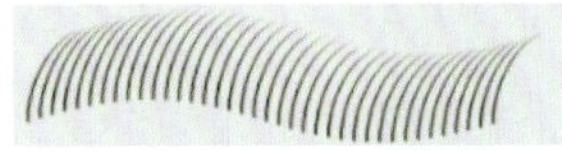

图4-45 散布前

图4-46 散布后

绘制时可以看到笔刷的笔尖不再局限于鼠标的轨迹上，而是随机地出现在轨迹周围一定的范围内。

①两轴：取消勾选此复选框，画笔笔迹垂直分布于绘画路径，勾选此复选框，则画笔笔迹按绘画路径的垂直和水平两个方位分布，如图4-47、图4-48所示。

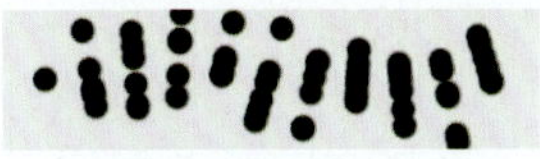

图4-47 取消勾选“两轴”

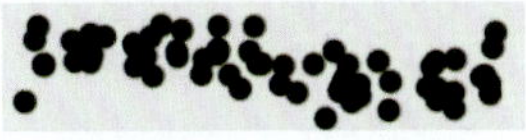

图4-48 勾选“两轴”

②数量：作用是成倍地增加笔刷笔尖的数量，取值就是倍数。如取值为3，则笔尖的数量相当于是基础数量的3倍，如图4-49、图4-50所示。

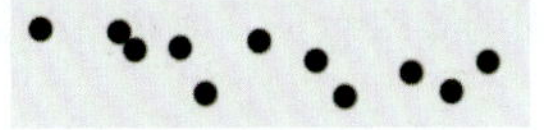

图4-49 “数量”1

图4-50 “数量”10

③数量抖动：就是在绘制中随机地改变倍数的大小，参考值是数量本身的取值。在抖动中的数值以“数量”值倍数为基准，只会变小，不会变大。假设设置的“数量”值为3，则数量抖动只会在3倍数量的范围内进行数量的变化，不会超出该倍数。

（3）纹理。此项用于设定画笔和图案纹理相混合的方式，利用图案可以使画笔绘制的图像具有指定的纹理效果，如图4-51所示。

单击“纹理”图标旁的三角按钮，在弹出的面板中可以选择所需要的纹理。勾选“反相”复选框，可得到反相色彩的纹理效果。

①缩放：可设定图案纹理的缩放比例，数值越大缩放倍数越大。

②模式：可以设置图案纹理和画笔混合应用的模式。

③深度：用于设置纹理和画笔的作用程度。

④最小深度：用于设定画笔和纹理作用的最低程度。

⑤深度抖动：用于设定深度的变化程度。

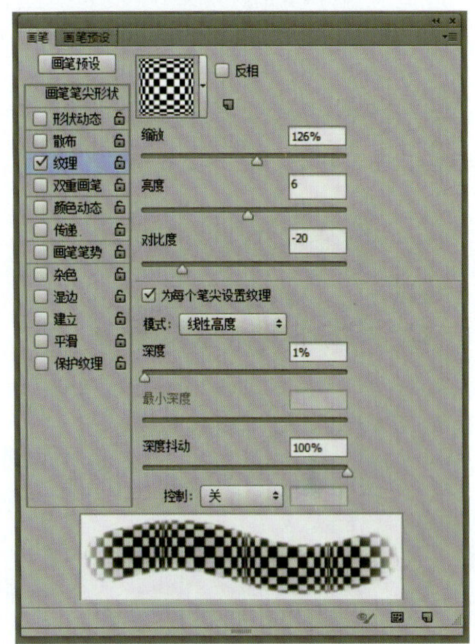

图4-51 “纹理”属性栏

想为每个笔尖设置纹理，可通过调整“最小深度”和“深度抖动”选项，更细腻地设置图案纹理。

（4）双重画笔。用于设定两种画笔的混合效果，它可以在一个画笔笔尖中便捷地合成两种不同的画笔笔尖，从而产生新的笔尖。第二次选定画笔的纹理将被应用到基础画笔的笔尖效果上，用这个功能可以将单纯形态的画笔进行重构，制作出不同的感觉，如图4-52、图4-53所示。

主要笔画

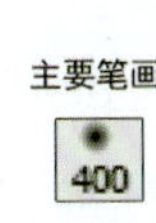

次要笔画

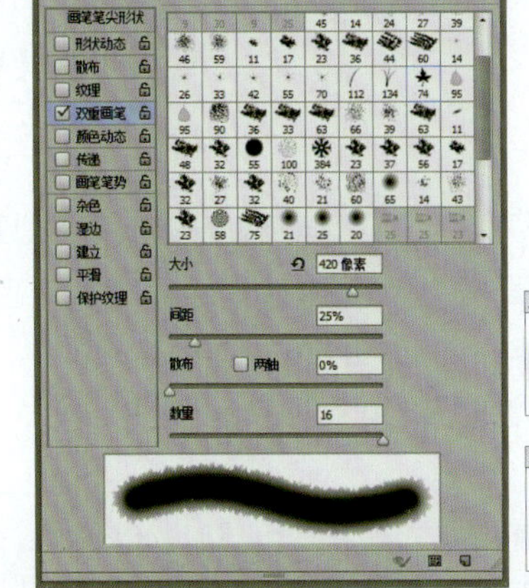

图4-52 “双重画笔”属性栏

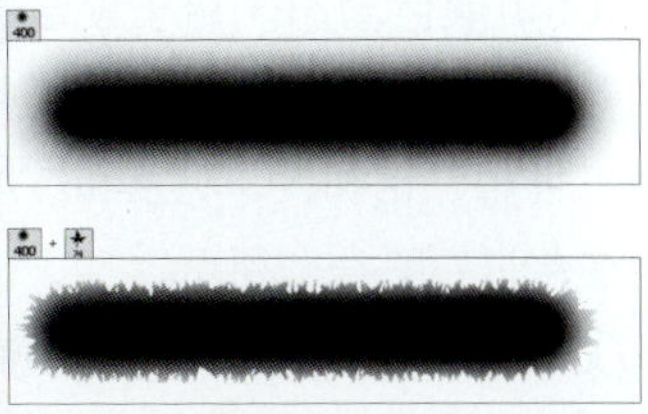

图4-53 应用与不应用“双重画笔”的效果对比

①模式：用于设定两种画笔的混合模式。

②大小：用于设定第二支画笔的直径，如图4-54所示。

图4-54　设定第二支画笔的大小

③间距：用于设定第二支画笔的间距，如图4-55所示。

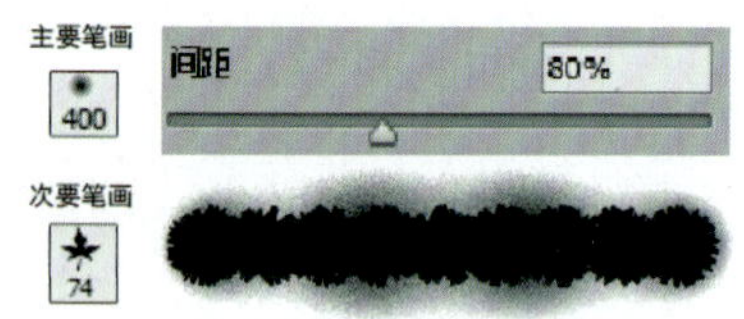

图4-55　设定第二支画笔的间距

④散布：用于设定第二支画笔笔尖的分散程度，如图4-56所示。

图4-56　设定第二支画笔的分散程度

⑤数量：用于设定在第二支画笔中的间隔处画笔笔尖的数目，如图4-57所示。

图4-57　设定第二支画笔间隔处笔尖数目

（5）颜色动态。用于设定画笔的色彩性质，可以让绘制出的线条的颜色、色相、饱和度、亮度和纯度等产生变化，如图4-58所示。

①应用每笔尖：勾选此复选框，可以将颜色动态应用到每个画笔笔尖。

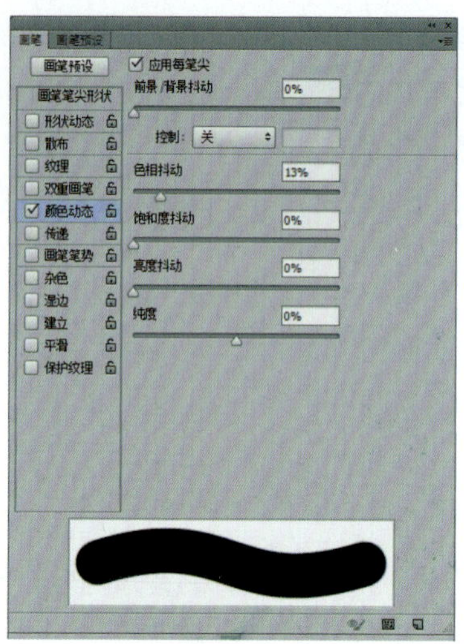

图4-58　“颜色动态”属性栏

②前景/背景抖动：可以设置变化后的颜色。数值越小，变化后的颜色和前景色越接近；数值越大，变化后的颜色越接近背景色。“控制”选项和我们前面接触过的类似，可以设置以何种方式控制画笔笔迹的颜色变化。如果选择“渐隐”则会在指定的步长中从前景色过渡到背景色，步长之后如果继续绘制，将保持为背景色，如图4-59所示。

图4-59　前景/背景抖动

③色相抖动：可以设置颜色色相变化的范围，改变绘画时出现的色调。数值越小，颜色和前景色越接近；数值越大，色相变化越丰富，如图4-60所示。

图4-60　色相抖动

④饱和度抖动：可以设置颜色饱和度的变化范围。数值越小，饱和度和前景色越接近；数值越大，色彩的饱和度级别之间的差异越大，变化范围越广，如图4-61所示。

图4-61　饱和度抖动

⑤亮度抖动：可以设置颜色亮度的变化范围。数值越小，颜色的亮度和前景色越接近；数值越大，颜色的亮度级别之间的差异越大，如图4-62所示。

图4-62 亮度抖动

⑥纯度：该项不是一个随机项，这个选项用来整体地添加或降低色彩饱和度。它的取值为正、负100%之间，当为负100%的时候，绘制出来的色彩变淡，为100%的时候色彩则完全饱和。如果纯度的取值为这两个极端数值时，那么饱和度抖动将失去效果，如图4-63、图4-64所示。

图4-63 纯度-100%

图4-64 纯度100%

（6）其他选项。

①传递：“传递”是通过控制前景色的画笔流量来完成的效果。

②画笔笔势：用来调整毛刷画笔笔尖的角度，如图4-65、图4-66所示。

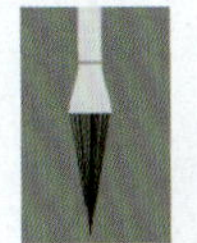

图4-65 毛刷画笔及笔触

图4-66 “倾斜Y”90%后画笔及笔触变化

③杂色：“杂色”的作用是在笔刷的边缘产生杂边效果。杂色没有可供调整的数值，不过它和笔刷的硬度有关，硬度越小，杂边效果越明显，对于硬度大的笔刷没什么效果，如图4-67、图4-68所示。

图4-67 正常

图4-68 勾选“杂色”

④湿边：该选项是将沿笔刷描边的边缘加深颜色，看起来类似水彩笔效果，如图4-69、图4-70所示。

图4-69 正常

图4-70 勾选“湿边”

⑤建立：可将渐变色调应用于图像，同时模拟传统的喷枪技术。该选项与工具选项栏中的喷枪选项相同，勾选该选项，或者按下工具选项栏中的喷枪按钮，都能启用喷枪技术。而在画笔面板中的喷枪可以随着笔刷一起保存，以供以后随时调用。

⑥平滑：可以让鼠标指针在快速移动时也能绘制较为平滑的曲线。在使用压感笔进行绘画时，该选项最为有效。不过开启该选项会占用较大的处理器资源，导致描边渲染时轻微滞后。

⑦保护纹理：可以将相同图案和缩放比例应用于具有纹理的所有画笔预设。选择该选项后，使用多个纹理画笔笔尖绘画时，可以模拟出一致的画面纹理。没有勾选保护纹理时，带纹理的画笔使用各自的预设纹理；勾选后，所有带纹理的画笔都使用相同的纹理。

➢ Tips：Photoshop支持画布旋转功能，这一功能对绘画过程中的描线很有帮助，用户可以通过旋转画布将线条调整到合适的角度，以绘制出顺滑的线条。按R键可快速旋转画布。完成旋转之后，按Esc键可返回到旋转前的状态。绘画时也可按R键来临时旋转画布。单击鼠标左键并拖动也可以旋转画布，完成后，释放R键可返回画笔工具。

4.1.5 铅笔工具

“铅笔工具” 可以用来创建硬边的直线，所绘出的曲线是硬的、有棱角的，对位图图像非常有用。如像素画就主要是使用铅笔工具绘制的，如图4-71～图4-73所示。

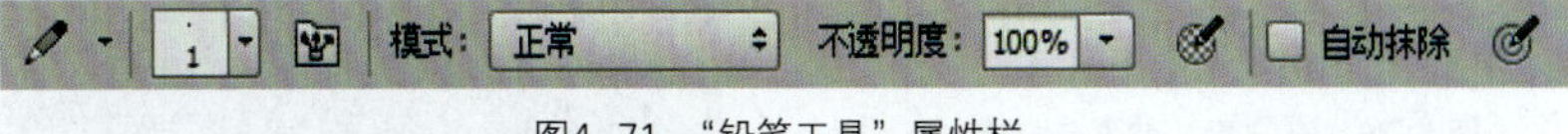

图4-71 “铅笔工具”属性栏

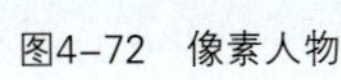

图4-72 像素人物

图4-73 像素城市

铅笔工具的用法与画笔相同，只是在属性栏选项中多了一个“自动抹除”复选框。

自动抹除：勾选该复选框，可以在包含前景色的区域绘制背景色。如果在前景色区域开始绘画，那么此区域被画上背景色；如果从不包含前景色区域绘画，那么此区域会以前景色绘画。注意起笔点的颜色决定“自动抹除”开启后画笔的颜色，如图4-74～图4-77所示。

图4-74　原图

图4-75　未开启“自动抹除”

图4-76　开启后从背景色起笔

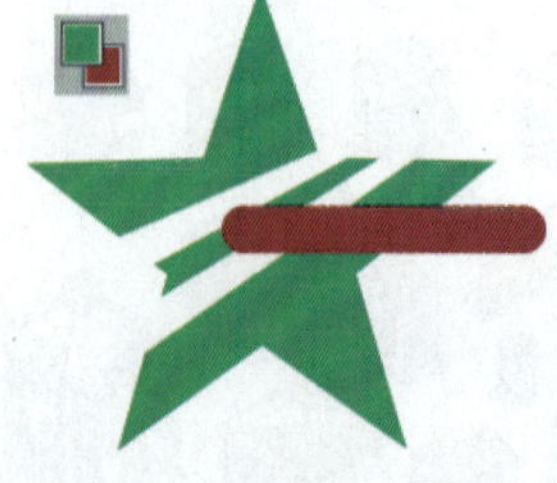

图4-77　开启后从前景色起笔

4.1.6　颜色替换工具

“颜色替换工具”能够简化图像中特定颜色的替换，该工具可以用前景色替换图像中的色彩，但是该工具不能用于索引、位图和多通道色彩模式，如图4-78所示。

175　模式：色相　限制：连续　容差：60%　消除锯齿

图4-78　“颜色替换工具”属性栏

（1）模式。可设置替换的颜色属性，有“色相”“饱和度”“颜色”和“明度”四个选项。“色相”是用基本色的饱和度和明度与混合色的色相产生结果色。“饱和度”是用基本色的色相和明度与混合色的饱和度产生结果色。“颜色”是用基本色的明度与混合色的色相和饱和度产生结果色。“明度”产生与“颜色”选项相反的效果。

（2）取样。“连续”：可以在拖移时对颜色连续取样；“一次”：只替换第一次点按的颜色所在区域中的目标颜色；“背景色板”：只替换包含当前背景色的区域。

（3）限制。“不连续”：可以替换鼠标指针所到之处的颜色；“邻近”：可以替换鼠标指针邻近区域的颜色；“查找边缘”：可以替换样本颜色的相连区域，同时更好地保留边缘的锐化程度。

（4）容差。容差值为0%～100%，容差的百分比越高，颜色替换的范围越宽；百分比越低，替换范围的颜色与鼠标点按处的颜色更为相似。

（5）消除锯齿。可以为所替换的区域定义平滑的边缘。

小练习：忽如一夜春风来

（1）打开素材文件“第2章/素材文件/树林.jpg”，如图4-79所示。

（2）设置前景色为玫红色（CMYK）。

（3）选择“颜色替换工具”，设置大小合适的画笔，并将画笔的“硬度”设置为“0%”，然后在图像中的树叶处涂抹，即可将其替换为前景色，瞬间完成从秋到春的转变，如图4-80所示。

图4-79　原图

图4-80　使用“颜色替换工具”替换颜色后效果

4.1.7　混合器画笔工具

“混合器画笔工具”可以模拟真实的绘画技术，如混合画笔上的颜色、画布上的颜色，以及在描边时使用不同的湿度等。“混合器画笔工具”有两个绘画色管，分别为储槽和拾取器。储槽储存的是最终应用于画布的颜色，并且具有较多的颜色容量，拾取器则接收直接来自画布的颜色，它的内容与画面的颜色是连续混合的。使用“混合器画笔工具”绘制时，可以通过选项栏中的选项来完成不同的绘画效果，如图4-81所示。

图4-81 “混合器画笔”属性栏

（1）当前画笔载入弹出式菜单：单击下拉按钮弹出一个下拉菜单。使用“混合器画笔工具”时，按住Alt键单击图像，可以将光标下方的颜色载入储槽。如果选择“载入画笔”选项，可以拾取光标下方的图像，如图4-82所示。此时的画笔笔尖可以反映出取样区域的任何颜色变化；如果选择“只载入纯色”选项，那么可拾取单色，此时的画笔笔尖颜色为纯色。如需清除画笔中的颜色，可以选择“清理画笔”选项。

图4-82 将光标下颜色载入储槽

（2）预设。提供了“干燥”和“潮湿”等预设的画笔组合。选择不同预设时，混合的效果不同，如图4-83、图4-84所示。

图4-83 干燥、深描

图4-84 非常潮湿、深混合

（3）按下“自动载入”按钮可以使光标下的颜色与前景色混合，按下“自动清理”按钮可以清理画笔笔尖色彩。按下这两个按钮，可以在每次描边后执行该任务，如图4-85所示。

图4-85 每次描边后执行自动载入、自动清理

（4）潮湿。可以控制画笔从画布拾取的色彩量。

（5）载入。用来指定储槽中载入的色彩量。载入速率较低时，绘画描边干燥的速度越快。

（6）混合。用来控制画布色彩量和储槽色彩量的比例。比例为100%时，所有色彩从画布拾取；比例为0%时，所有色彩来自储槽。

（7）对所有图层取样。拾取所有可见图层的画布颜色。

4.1.8 历史记录画笔工具

“历史记录画笔工具”是配合“历史记录”面板使用的工具，主要作用是将部分图像恢复到某一历史状态，可以形成特殊的图像效果。

小练习：飞驰的跑车

（1）打开素材文件“第2章/素材文件/汽车.jpg”，如图4-86所示。

图4-86 原图

（2）执行“滤镜”→“模糊”→“动感模糊”命令，将“距离”设置为“233”，其他保持默认，如图4-87、图4-88所示。这一步是为汽车营造飞速奔跑的动感。选择“历史记录画笔工具”，执行菜单“窗口”→“历史记录”命令，调出“历史记录”面板。请注意所在位置，如图4-89所示。

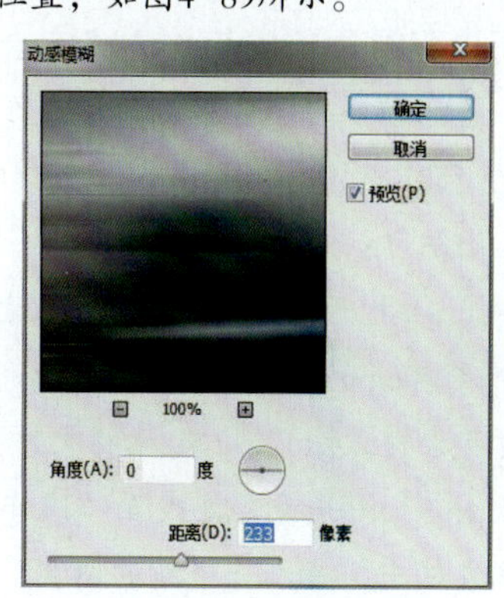

图4-87 设置“动态模糊”

图4-88 执行“动态模糊”后效果

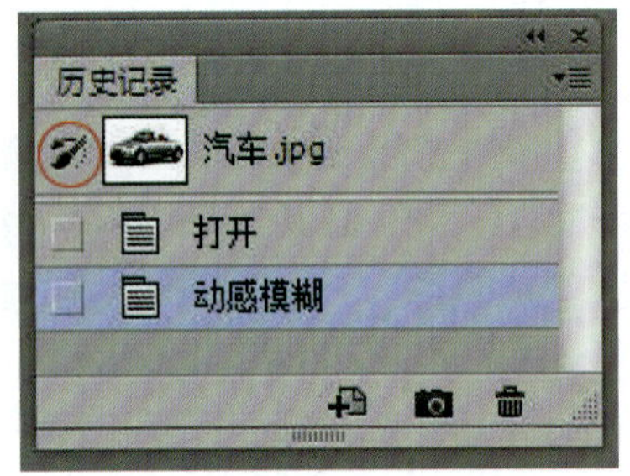

图4-89 历史记录面板

（3）设置好“历史记录画笔工具”的笔尖大小和硬度，在汽车车头位置涂抹，将车头部分还原到初始状态，这样即营造了飞驰的动态线，又有效地避免汽车整体由于动感模糊而造成的轮廓不清，如图4-90所示。

图4-90 使用“历史记录画笔”后效果

4.1.9 历史记录艺术画笔工具

“历史记录艺术画笔工具”与历史记录画笔的工作方式完全一致，但它在恢复图像的同时会进行艺术化处理，创建出独特的艺术效果。

小练习：概念汽车手绘稿

（1）打开素材文件“第2章/素材文件/汽车.jpg”，如图4-91所示。继续打开素材文件“第2章/素材文件/素描纸.jpg”，并将其拖曳至“汽车”图像文件中，建立一个新的图层，如图4-92所示。

图4-91 打开素材文件

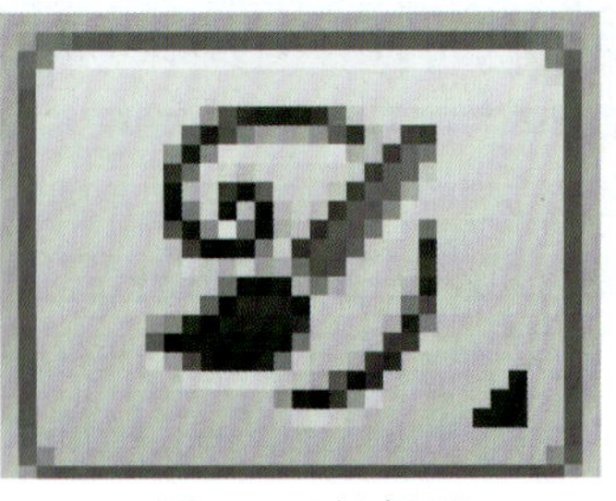

图4-92 新建图层

（2）选择“历史记录艺术画笔工具”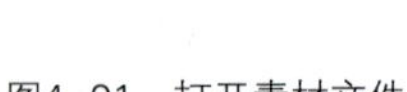，设置画笔大小和硬度，将“模式”设置为“变暗”，将样式设置为“绷紧短”，如图4-93所示。

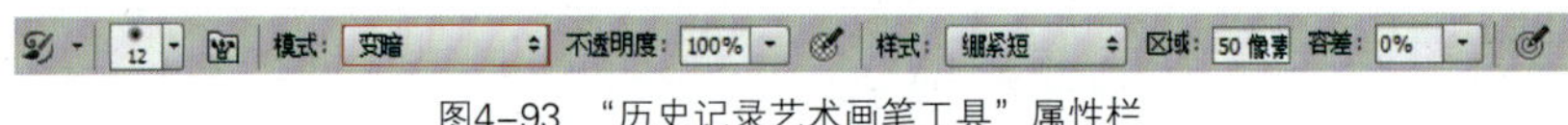

图4-93 “历史记录艺术画笔工具”属性栏

（3）选择“历史记录艺术画笔工具”，执行“窗口”→“历史记录”命令，调出“历史记录”面板。将“历史记录”面板中的设置在最开始，如图4-94所示。然后使用“历史记录艺术画笔工具”在当前图层涂抹，直到将汽车还原，如图4-95、图4-96所示。

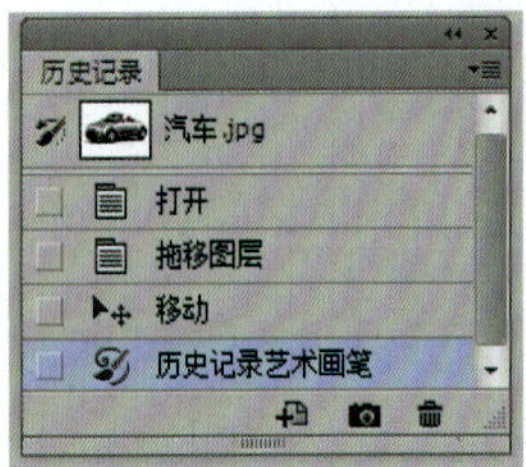

图4-94 历史记录面板

图4-95 使用“历史记录艺术画笔工具”涂抹

图4-96 继续涂抹

（4）使用“横排文字工具”在画面右下角输入文字，设置好合适的文字大小和字体。按Ctrl+T键旋转文字，如图4-97所示。

使用“钢笔工具”在文字下方建立一条曲线路径，如图4-98所示。

（5）按F5键，弹出画笔面板，设置好画笔的笔尖形状和形状动态，使画笔呈现出从粗到细的笔触效果，如图4-99、图4-100所示。

新建图层，执行“窗口”→“路径”命令，弹出“路径”面板，保持工作路径的选中状态，在“路径”面板下方单击“用画笔描边路径”按钮，如图4-101所示。用刚刚设置的画笔描边路径，效果如图4-102所示。

图4-97 输入文字

图4-98 建立曲线路径

图4-99 设置笔尖形状

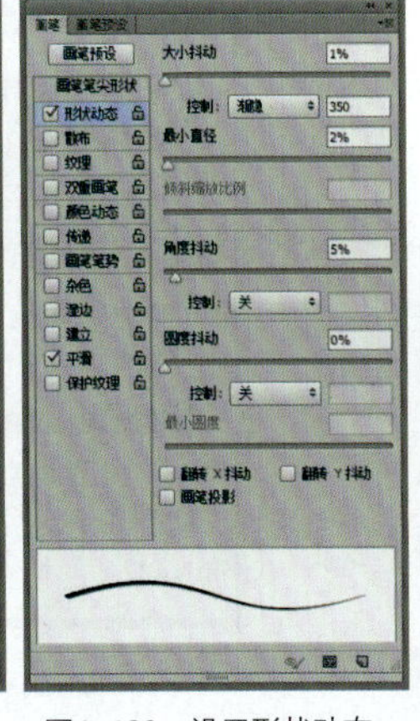

图4-100 设置形状动态

图4-101 描边路径

图4-102 描边后效果

（6）将文字图层和刚刚新建的图层同时选中，并按Ctrl+T键调整旋转角度，如图4-103所示。完成整个案例的制作，如图4-104所示。

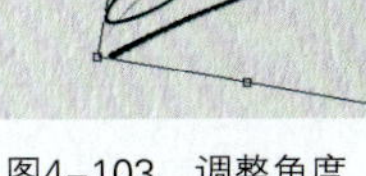

图4-103 调整角度

图4-104 最终效果

4.2 填充图像

4.2.1 设置

使用工具栏内的前景色和背景色工具可以设置前景色和背景色，如图4-105所示。

1. 设置前景色和背景色

“前景色和背景色”图标给出了所设置的前景色的颜色。单击“设置前景色”图标，打开“拾色器（前景色）”对话框，利用该对话框可以设置前景色。可以通过在拾色框中直观选取和在右边输入数值的方式取色。设置背景色需要单击“设置背景色”图标，其他操作和设置前景色相同，如图4-106所示。

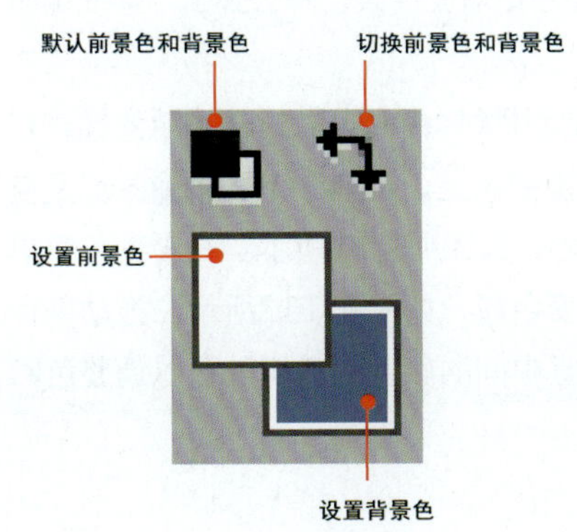

图4-105 前景色和背景色工具

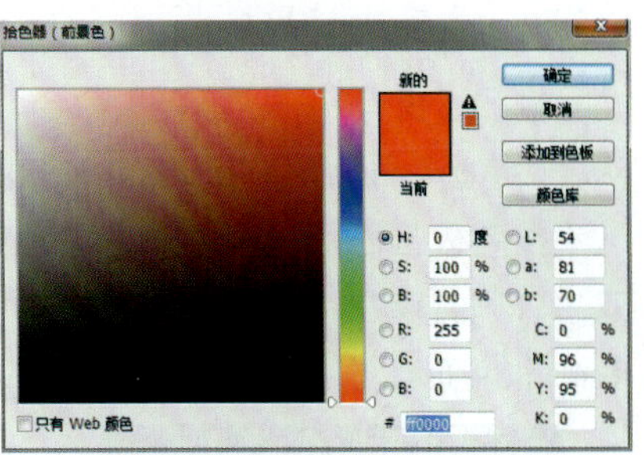

图4-106 “拾色器（前景色）”对话框

2. 默认前景色和背景色

单击“前景色和背景色”图标可使前景色和背景色还原为默认状态，即前景色为黑色，背景色为白色，也可以通过按D键还原默认前景色、背景色。

3. 切换前景色和背景色

单击“前景色和背景色”图标可以将前景色和背景色的颜色互换，也可以通过按X键还原默认前景色、背景色。

4.2.2 在面板中设置颜色

1. “颜色”面板

执行“窗口”→“颜色”命令，或按F6键，即可弹出“颜色”面板。

“颜色”面板显示了当前前景色和背景色的颜色值。单击面板右侧的三角按钮，弹出下拉菜单，如图4-107所示，可以选择合适的色彩模式和色谱。拖动面板中的滑块或直接输入数值可以编辑前景色和背景色。

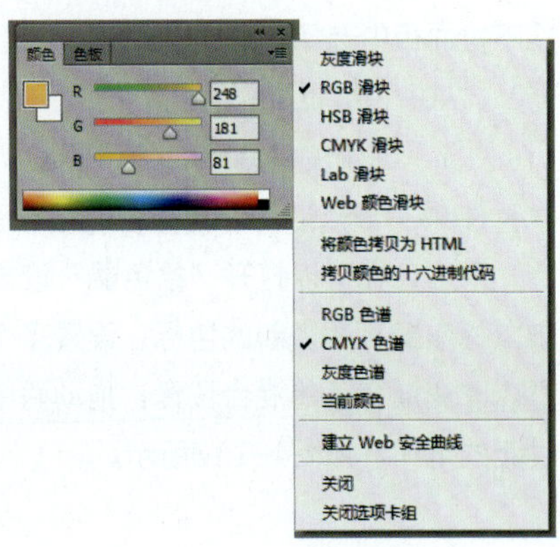

图4-107 “颜色”面板

2. “色板”面板

执行“窗口”→“颜色”命令，即可打开“色板”面板，如图4-108所示。“色板”面板用来存储经常使用的颜色。

在色板上面的任一色块上单击可以把前景色设置为该色。若在它上面双击，则会弹出“色板名称”对话框，可为该色块重新命名，即色标，如图4-109所示。

图4-108 “色板”面板

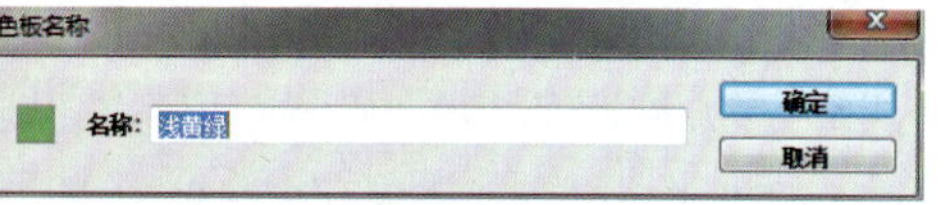

图4-109 “色板名称”对话框

创建前景色的新色板：可以把常用的颜色设置为色标 。

删除色板：选中一个色标 ，然后将其拖到“删除色标”按钮上可删除该色标 。

4.2.3 使用“渐变工具”填充图像

“渐变工具”用于在图像中填充渐变色彩和透明过渡变化的效果，如果不创建选区，那么渐变工具将应用于整个当前图层。该工具在Photoshop中应用十分广泛，它不仅可以用来填充图像，还应用于蒙版和通道表现渐隐效果。那么“渐变工具”的属性栏如图4-110所示。

图4-110 “渐变工具”属性栏

“渐变工具”的使用方法是按住鼠标左键拖曳，形成一条直线，直线的长度和方向决定了渐变填充的区域和方向，拖曳鼠标的同时按住Shift键可保证鼠标的方向是水平、竖直或45°。

1. 渐变颜色条

在渐变颜色条中显示了当前的渐变颜色，单击渐变色条右侧下拉按钮，可以在下拉面板中选择一个预设渐变。如果直接单击渐变色条，那么弹出“渐变编辑器”，从中可编辑渐变色彩。

（1）“渐变编辑器”的“预设”：显示Photoshop提供的基本渐变样式，单击任意一个预设，它就会出现在下面的渐变条上，渐变条下面的图标是色标，双击色标可以打开“拾色器”设置色彩，如图4-111所示。在渐变条下单击鼠标左键可添加新的色标，设置多个渐变色域，如图4-112所示。拖动色标可以改变渐变色的混合位置，拖动两个色标中间的颜色中点阀块可以调整色彩过渡的范围，如图4-113所示。

图4-112 添加色标

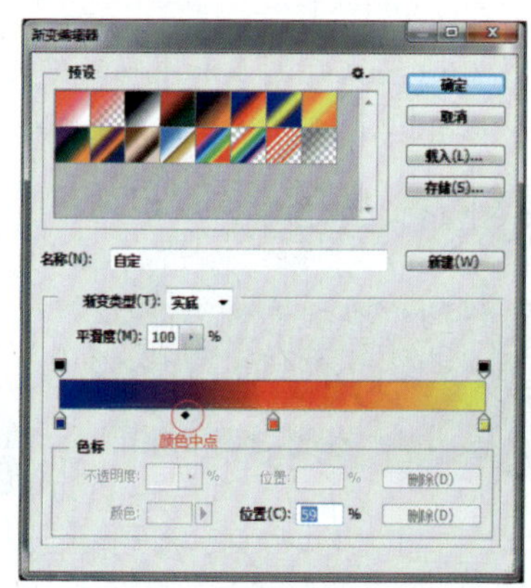

图4-113 调整色彩过渡的范围

（2）“渐变编辑器”的“渐变类型”：分为实色和杂色两种类型。杂色渐变包含在指定范围内随机分布的颜色，它的色彩变化效果更为丰富，但形成的渐变为多色带形态。用户可以通过拖动颜色模型下方的阀块设置渐变颜色，如图4-114、图4-115所示。勾选“随机化”复选框，Photoshop将随机设置色带的颜色。

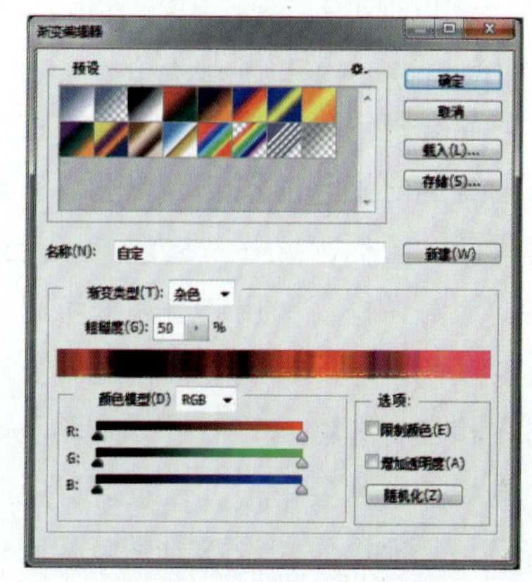

图4-114 杂色渐变对话框

➢ Tips：杂色中的“粗糙度”选项用于设置渐变的粗糙度，参数越高色彩范围越丰富，但色彩过渡越粗糙，如图4-116所示。

图4-115 杂色渐变

图4-116 粗糙度100%

2. 渐变类型

Photoshop有以下五种渐变类型：

“线性渐变”：以直线形态创建从起点到终点的渐变，如图4-117所示。

“径向渐变”：创建以起点为圆心，起点到终点为半径的圆形渐变效果，如图4-118所示。

“角度渐变”：创建以起点为中心，逆时针方式到终点的锥形渐变效果，如图4-119所示。

“对称渐变”：以均衡的线性渐变创建在起点任一侧的渐变，如图4-120所示。

“菱形渐变”：创建以起点为圆心，起点到终点为半径的菱形渐变效果，如图4-121所示。

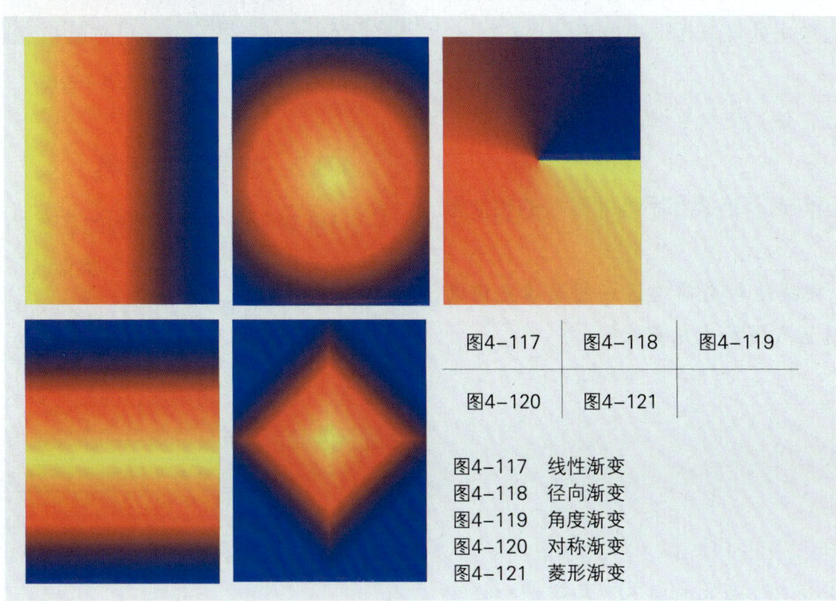

图4-117	图4-118	图4-119
图4-120	图4-121	

图4-117 线性渐变
图4-118 径向渐变
图4-119 角度渐变
图4-120 对称渐变
图4-121 菱形渐变

3. 模式

可以在下拉菜单中设置渐变的混合模式。

4. 不透明度

可以设置渐变效果从0%～100%的不透明度。

5. 反向

勾选此项，可以转换渐变颜色的填充顺序，得到反方向的渐变结果。

6. 仿色

勾选此项，使渐变效果更平滑，主要用于防止在印刷输出中出现条带画现象，在屏幕上不能明显地体现效果。

7. 透明区域

勾选此项，可创建渐变色的透明效果，不勾选此复选框，只呈现实色渐变效果，如图4-122、图4-123所示。

图4-122 不勾选“透明区域”

图4-123 勾选“透明区域”

➢ Tips：在使用渐变工具时，按住Shift键，可以沿水平、垂直和45°的方向拖拽鼠标，创建渐变效果。

4.2.4 使用“油漆桶工具”填充图像

“油漆桶工具”用于填充颜色或图案，如果创建了选区，那么填充选区；如果没有创建选区，那么填充颜色值与鼠标单击处颜色相似的临近区域，如图4-124所示。

图4-124 “油漆桶工具”属性栏

油漆桶工具的选项栏如下：

1. 填充内容

油漆桶工具的填充内容包括“前景色”和“图案”。如果想要用图案填充图像，那么单击工具属性栏中，选择下拉列表中图案选项，单击旁边的图案缩略图按钮，选择一种需要填充的图案，在需要填充的地方单击鼠标左键即可，如图4-125～图4-127所示。

图4-125 原图

图4-126 填充“前景色”

图4-127 填充“图案”

2. 容差

容差是控制填充色彩的范围，范围值为0～255，数值越大，选择类似颜色的选区越大；数值越小，填充范围的色值与单击处像素相似度越高。

3. 消除锯齿

消除锯齿操作：消除填充像素间的锯齿，使其更为平滑。

4. 连续

勾选此复选框，仅填充连续区域；取消勾选，连续和不连续区域的相似像素都会被填充。

➢ Tips：使用Alt+Delete组合键可以便捷地对当前选区或图层填充前景色，Ctrl+Delete组合键可以便捷地对当前选区或图层填充背景色。

4.3 修复与修饰图像

4.3.1 污点修复画笔工具

“污点修复画笔工具”可以在保留原图纹理的前提下，快速地去除图片中的污点和划痕，对图像进行修正和美化。对于去除人物斑点、痘痕以及较小的杂质非常有效，如图4-128～图4-130所示。

图4-128 “污点修复画笔工具”属性栏

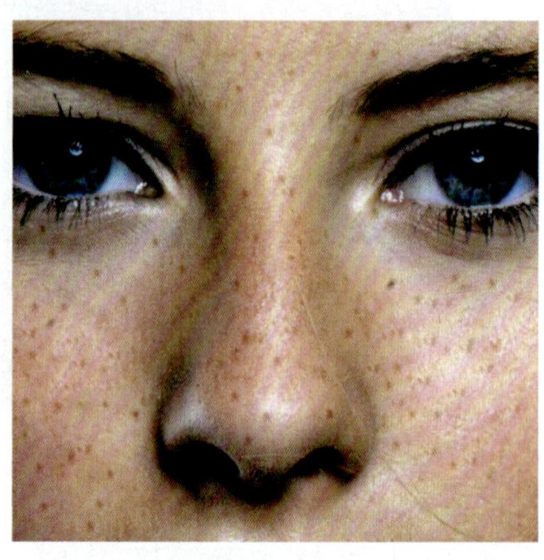

图4-129 原图

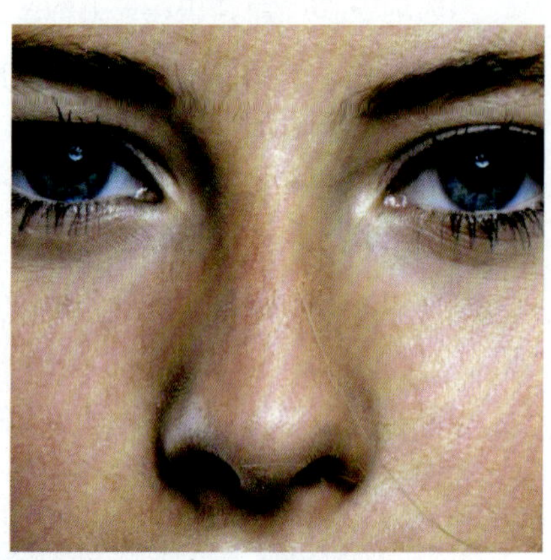

图4-130 使用“污点修复画笔工具”去斑

4.3.2 修复画笔工具

“修复画笔工具”的工作方式和“污点修复画笔工具”类似，不同之处在于“修复画笔工具”必须从图像中取样，并在修复的同时将样本图像的纹理、光照、不透明度、阴影与源图像进行匹配，从而使修复后的图像无痕融入。“修复画笔工具”的属性栏如图4-131所示。效果如图4-132、图4-133所示。

图4-131 “修复画笔工具”属性栏

图4-132 原图

图4-133 使用“修复画笔”复制瓢虫

1. 仿制源

单击属性栏中的“切换仿制源面板”按钮将弹出仿制源面板，如图4-134所示。可以通过该面板设置不同的样本源、显示样本源的叠加，来帮助我们在特定位置仿制源。此外，它还可以缩放和旋转样本源，以便我们更好地匹配目标的大小和方向。

（1）仿制源。按下仿制源按钮，再按住Alt键在画面中单击，可以设置取样点；再按下一个按钮，还可以继续设置取样点，如图4-135所示。使用同样的方法最多可以设置5个不同的取样点。“仿制源”面板会存储样本源，直到关闭文档后才会消失。在“仿制源”面板中选择不同的“仿制源”，可以复制出不同的图像。

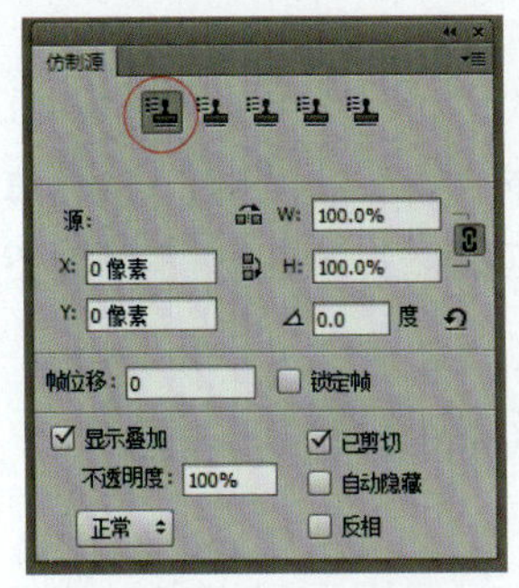

图4-134 仿制源面板

图4-135 设置了2个取样点

（2）位移。指定X和Y像素位移时，可以在相对于取样点的精确的位置处进行绘制。

（3）缩放。输入W（宽度）或H（高度）的值，然后复制图像，则可以缩放所仿制的源，如图4-136所示。

（4）翻转。按下“水平翻转”按钮，然后复制图像，可以进行水平翻转，如图4-137所示。按下“垂直翻转”按钮，然后复制图像，可以进行垂直翻转，如图4-138所示。

（5）旋转。在 0.0 度文本框中输入旋转角度，然后复制图像，可以旋转仿制的源。

（6）复位变换。单击该按钮，可以将样本源复位到其初始的大小和方向。

图4-136 缩放60%

图4-137 水平翻转

图4-138 垂直翻转

（7）帧位移/锁定帧。在“帧位移”中输入帧数，可以使用与初始取样的帧相关的特定帧进行绘制。输入正值时，要使用的帧在初始取样的帧之后；输入负值时，要使用的帧在初始取样的帧之前。勾选“锁定帧”，则总是使用初始取样的相同帧进行绘制。

➢ Tips：在Photoshop中，可以使用修复画笔工具和仿制图章工具来修饰或复制视频或动画帧中的对象。使用仿制图章对一个帧的一部分内容取样，并在相同的帧或不同帧的其他部分上进行绘制。要仿制视频帧或动画帧，就打开“动画”面板，选择时间轴动画选项，并将当前时间指示器移动到包含要取样的源的帧。

（8）显示叠加。勾选“显示叠加”复选框，可在使用修复画笔工具时直观地预览仿制效果。取消勾选“显示叠加”复选框，则不会看到叠加图像。

（9）不透明度。用于设置叠加图像的不透明度。

（10）已剪切。勾选“已剪切”复选框可以将叠加剪切到画笔大小，否则会显示整个画面，不够直观，因此该复选框一般情况都是处在勾选状态。

（11）自动隐藏。勾选“自动隐藏”复选框可在应用绘画描边时隐藏叠加，该项在取消“已剪切”复选框选项的情况下才会起作用。

（12）混合模式。如果要设置叠加的外观，那么可以从“仿制源”面板底部的弹出菜单中选择一种混合模式。混合模式包括正常、变暗、变亮和差值等。

2. 源

在该选项栏中包含“取样”和“图案”两个选项。“取样”是利用对图像中定义的图像图案进行修补，在默认状态下为选中状态。操作方法是：按下Alt键，光标变成“准星”形，此时在取样处单击，就可以定义取样点，然后在需要修复处单击并拖动光标就可以对图像进行修复。选择“图案”选项时不需要对图像进行取样，只需在需要修复的位置拖动光标即可。

3. 对齐

勾选该复选框可以对图像连续取样，取消勾选，取样点始终保持在最初位置，如图4-139～图4-141所示。

图4-139　原图

图4-140　勾选“对齐”

图4-141取　消勾选“对齐”

4.样本

样本下拉列表有三个选项

当前图层：只能在当前图层定义取样点；当前和下方图层：定义取样点的图像包括当前图层和下方图层；所有图层：可以在图像所有图层取样。

➢ Tips：“修复画笔”工具不但可以在同一图像中进行取样修复，还可以在两幅图像间修复图像，如图4-142所示。但需要注意的是两幅图像的颜色模式必须相同，或其中一幅图像是灰度模式。

图4-142　多画面取样

4.3.3　修补工具

“修补工具”可用其他区域或图案中的图像来修复选中区域。该工具可以将样本图像的纹理、光照和阴影与源图像进行匹配，从而使修复的效果更为自然。“修补工具”属性栏如图4-143所示。

图4-143　“修补工具”属性栏

（1）选区创建方式。使用修补工具创建选区的方法与套索工具相同，通过这些选项可以更加灵活地定义需要修补的区域范围。

（2）修补。该选项包含“内容识别”和“正常”两个选项。“内容识别”选项可合成附近的内容，以便与周围的内容无缝混合，如图4-144～图4-146所示。

图4-144　原图

图4-145　选择“内容识别”

图4-146　选择“正常”

（3）设置修补的方式。选择“源”选项，将选区拖拽至需要修补区域后，将使用当前选区的图像修补原来选中的图像；“目标”选项正好与“源”选项相反，将使用原有图像内容修补当前选区。如勾选“透明”复选框，则使用一种类似叠加的效果来修补图像，使修补的图像与原图像产生透明重叠效果。

下面通过一个小实例来说明该工具的具体用法。

小练习：消失的白云

（1）打开素材文件“第四章\素材文件\草原.jpg”，如图4-147所示。

（2）使用“修补工具”图选需要移除的云朵区域，如图4-148所示。

图4-147 打开素材

图4-148 使用修补工具选择需要修补区域

（3）将选区向右拖移至正确的样本图像区域，如图4-149所示。

（4）到合适的位置后释放鼠标，可以发现原本的云朵的已被取样区域的蓝天替换，如图4-150所示。

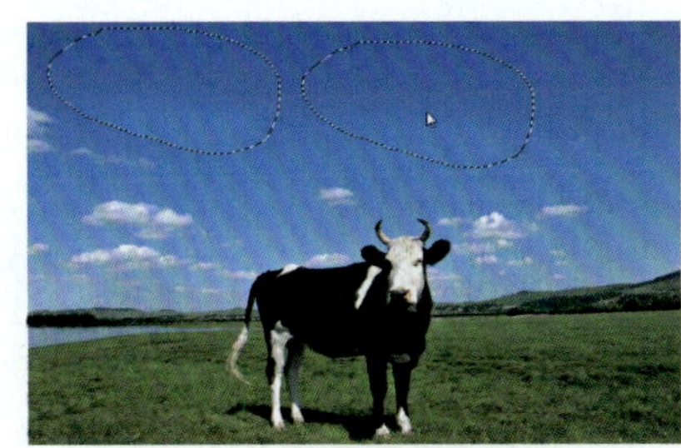

图4-149 将选区拖移至样本区域

图4-150 完成修补后效果

➢ Tips：使用修补工具修复图像时，选择较小区域可以获得最佳效果。

4.3.4 内容感知移动工具

“内容感知移动工具”可以将用该工具选中的对象移动或扩展到图像的其他区域，因此，用户可以通过“内容感知移动工具”实现两个主要用途。第一，实现感知移动用途。可以选择移动图片中物体，并放置到合适位置。移动后的空隙位置，Photoshop会智能修复。第二，实现快速复制用途。选取想要复制的部分，移到其他需要的位置就可以实现复制，复制后的边缘会自动柔化处理，跟周围环境融合。操作方法和“修补工具”相同。“内容感知移动工具”属性栏如图4-151所示。

模式：移动 适应：中 对所有图层取样

图4-151 “内容感知移动工具”属性栏

（1）模式。有“移动”和“扩展”模式。“移动”模式是将选中区域移动至任何位置，如图4-152、图4-153所示。“扩展”模式是将选中区域复制至任何位置，如图4-154所示。

（2）适应。用来设置图像修复的精度。

图4-152 原图

图4-153 “移动”模式

图4-154 “扩展”模式

4.3.5 红眼工具

“红眼工具”可用于消除眼睛瞳孔产生的红点、白点等反射光点，主要用于消除人物照片中因闪光灯产生的红眼。“红眼工具”属性栏如图4-155所示。

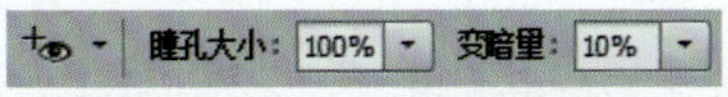

瞳孔大小：100% 变暗量：10%

图4-155 “红眼工具”属性栏

操作方法：选择红眼工具，在属性栏设置好瞳孔大小及变暗数值，将光标放在红眼区域，单击即可修复红眼。

（1）瞳孔大小：设置瞳孔（眼睛暗色中心）的大小。

（2）变暗量：设置瞳孔颜色的暗度，如图4-156～图4-158所示。

图4-156　原图

图4-157　变暗量10%

图4-158　变暗量100%

4.3.6　模糊工具

“模糊工具”主要用于柔化图像，模糊图像的局部，降低相邻色块的色彩反差，使较硬的边缘变得柔和。“模糊工具”属性栏如图4-159所示。

模糊工具一般用在色彩过渡不够自然的地方，或者用以制造景深和突出主体。如图4-160、图4-161所示，有选择的模糊可以强化主要的草莓，弱化其他草莓。

图4-159　“模糊工具”属性栏

图4-160　原图

图4-161　模糊后

（1）画笔：可选择画笔的笔尖，画笔的大小决定模糊工具单次操作区域大小。

（2）模式：可设置模糊工具的混合模式。

（3）强度：设置“强度”选项可以调整画笔的应用程度，数值越大，模糊的效果越明显。

（4）对所有图层取样：如果文档中包含多个图层，那么勾选该复选框，表示对所有可见图层中的数据进行处理；取消勾选，则只处理当前图层中的数据。

4.3.7　锐化工具

“锐化工具”可以增强相邻像素间的对比，但是反复涂抹同一区域，将造成像素之间对比过于鲜明而产生噪点，导致图像失真，因此该工具要谨慎使用。锐化工具和模糊工具的属性栏一样，如图4-162～图4-164所示。

图4-162　“锐化工具”属性栏

图4-163　原图

图4-164　用锐化工具涂抹边缘后

➢ Tips：模糊工具和锐化工具适合处理局部图像，如需对整幅图像进行处理，最好使用“模糊”和“锐化”滤镜组。

4.3.8　涂抹工具

使用“涂抹工具”涂抹图像时，可以拾取鼠标单击处的颜色，并沿拖移的方向展开该色彩，模拟出类似手指拖过湿油漆的效果，常用于制作火焰、烟雾、头发等。“涂抹工具”属性栏如图4-165所示。

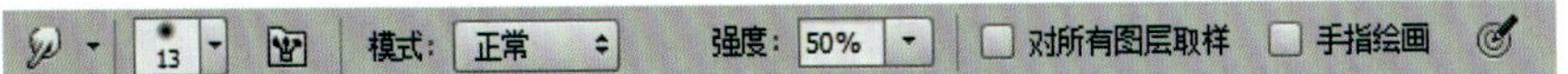

图4-165 “涂抹工具”属性栏

勾选“手指绘画”复选框，可以在涂抹时加入前景色；取消勾选，则使用鼠标起点处位置颜色进行涂抹，如图4-166、图4-167所示。

图4-166 原图

图4-167 勾选“手指绘画”后涂抹效果

➢ Tips：涂抹工具在对形态进行变形时，通常会使对象变得模糊，而且只适用于较小范围的图像，如果需要在保持对象清晰的情况下对对象进行变化，可以使用“液化”滤镜。

4.3.9 仿制图章工具

“仿制图章工具”可以将特定区域的图像仿制到同一图像同一图层中的指定区域。使用“仿制图章工具”可准确复制图像的一部分或全部，从而产生某部分或全部的复制品，它是修补图像时常用的工具，使用方法和“修复画笔工具”相似，在此不再详细介绍。“仿制图章工具”属性栏如图4-168所示。

图4-168 “仿制图章工具”属性栏

4.3.10 图案图章工具

使用“图案图章工具”可以利用Photoshop预设图案库或通过用户自定义图案进行绘画。“图案图章工具”属性栏如图4-169所示。

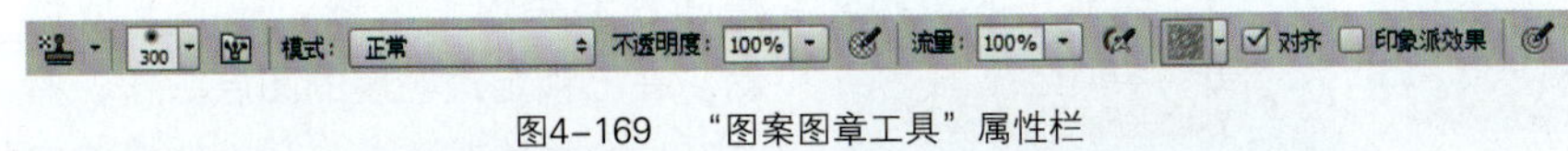

图4-169 “图案图章工具”属性栏

（1）图案库。单击图标的下拉箭头，可从中选取预设图案

（2）对齐。勾选“对齐”复选框后，可以保持图案与原始起点对齐，是连续的，即使多次绘制也同样可以和之前绘制的图案拼接上。取消该复选框后，则每次绘制的图案无法和之前图案连续上，如图4-170、图4-171所示。

图4-170 勾选“对齐”

图4-171 不勾选“对齐”

（3）印象派效果。勾选该复选框对图案应用抽象效果，如图4-172所示。

图4-172 勾选“印象派”的效果

4.4 擦除图像

Photoshop CC提供了3种工具用来擦除图像中不需要的区域，分别是“橡皮擦工具”、“背景橡皮擦工具”、“魔术橡皮擦工具”。后两种橡皮擦主要用于去除图像的背景，而橡皮擦根据设置不同，用途各异。

4.4.1 橡皮擦工具

“橡皮擦工具”用来擦除图像。其属性栏如图4-173所示。如果橡皮擦工具处理的是“背景”图层或者锁定透明区域的图层，那么擦除区域将显示为背景色；处理其他图层时，那么擦除后将显示为透明区域，如图4-174所示。

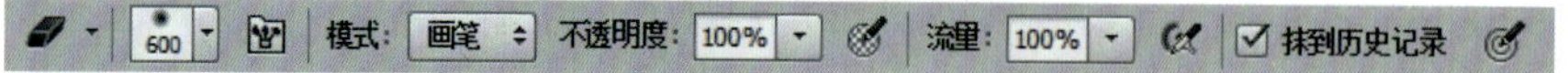

图4-173 “橡皮擦工具”属性栏

（1）模式。Photoshop提供3种擦除模式，“画笔”模式中可设定擦除笔触的硬度、大小和形状；“铅笔”模式与“画笔”模式类似，但只能创建硬边的擦除效果；“块”模式中，橡皮擦除形状为方块状。

（2）不透明度。可设置擦除强度，100%不透明度可以完全擦除对象，但“块”模式中无法调整该项，只能全部擦除。

（3）流量。用来控制橡皮擦的擦除速度。

（4）抹到历史记录。与历史记录画笔工具作用相同，如图4-175、图4-176所示。

图4-174 擦除后效果

图4-175 勾选“抹到历史记录”

图4-176 历史记录面板

4.4.2 背景橡皮擦工具

“背景橡皮擦工具”是一种智能的擦除工具，它可以自动采集橡皮擦笔尖中心的颜色，同时删除在橡皮移动过程中出现的这种颜色，使擦除区域变成透明。“背景橡皮擦工具”属性栏如图4-177所示。

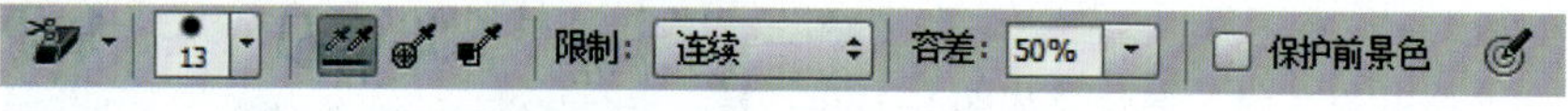

图4-177 “背景橡皮擦工具”属性栏

（1）取样。“取样：连续”随着鼠标的拖动连续采取色样，如图4-178所示；“取样：一次”：只擦除和第一次单击颜色相近的区域，如图4-179所示；“取样：背景色板”：只擦除包含当前背景色的区域，如图4-180所示。

图4-178 取样：连续

图4-179 取样：一次

图4-180 取样：背景色板

（2）限制。“背景橡皮擦工具”擦除的限制模式有3种。

“不连续”模式：抹除出现在画笔下任何位置的样本颜色；

“连续”模式：抹除包含样本颜色和相连区域；

“查找边缘”抹除包含样本颜色的连接区域，同时更好地保留边缘的锐化程度。

（3）容差。可以通过输入数值或拖动滑块的方式设置擦除范围与颜色样本之间的相似度。数值越低，擦除的范围与样本颜色相似度越高。高容差能擦除范围更广的颜色，如图4-181、图4-182所示。

图4-181 原图

图4-182 擦除背景

（4）保护前景色。勾选该复选框可以防止擦除与当前前景色匹配的区域。

➢ Tips：使用“背景橡皮擦”擦除背景时，对于色彩有变化的背景，可以通过多次单击鼠标左键进行取样。

4.4.3 魔术橡皮擦工具

使用“魔术橡皮擦工具”在需要擦除区域单击鼠标左键，将自动擦除色彩类似的区域，将其变成透明。在已锁定透明度的图层工作，擦除区域将变成背景色。如在背景图层中单击，则将背景图层转换为普通图层，并将与单击处相似的颜色更改为透明，如图4-183~图4-185所示。

容差: 32 消除锯齿 连续 对所有图层取样 不透明度: 100%

图4-183 “魔术橡皮擦工具”属性栏

图4-184 原图

图4-185 使用“魔术橡皮擦”擦除后

4.5 微调色彩

4.5.1 减淡工具和加深工具

“减淡工具”和“加深工具”用于调整图像部分区域色彩的变亮或变暗，但是反复使用减淡工具和加深工具对图像进行涂抹，可能会造成图像过亮或过暗而失去细节或失真。它们的属性栏基本相似，如图4-186所示。使用“减淡工具”和“加深工具”效果如图4-187、图4-188所示。

图4-186 “减淡工具”属性栏

图4-187 原图

图4-188 使用加深工具和减淡工具制造光效

（1）画笔。可选择画笔的笔尖，画笔笔尖的大小决定减淡或加深的单次操作区域大小。

（2）范围。可选择图像中颜色的减淡和加深的色调。选择“阴影”，可处理图像中的暗调子；选择“中间调”，可处理图像中的中间调；选择“高光”，可处理图像中的亮调子。

（3）曝光度。定义曝光的强度，数值越大曝光度越高，图像减淡和变暗的程度越明显。

（4）喷枪。按下该按钮，为画笔开启喷枪功能，可在一处持续产生效果。

（5）保护色调。勾选此复选框可以有效地保护图像原始色调和饱和度，使减淡工具和加深工具对图像的调整效果更加真实自然。

4.5.2 海绵工具

“海绵工具”用于改变画面局部色彩的饱和度。如果在灰度模式的图像中操作将产生增加或减少灰度对比度的效果。海绵工具不能应用于“索引颜色”和“位图”颜色模式。“海绵工具”属性栏如图4-189所示。

图4-189 “海绵工具”属性栏

（1）模式。用于设定饱和度处理的方式。“去色”用于降低色彩的饱和度；“加色”用于增加色彩的饱和度，如图4-190～图4-192所示。

图4-190 原图

图4-191 “去色”效果图

图4-192 “加色”效果图

（2）流量。可设置操作流量，流量越大效果越明显。

（3）自然饱和度。处理图片时可更好地保留处理前图片的颜色、色调和纹理等重要信息，使修改后的效果看上去更加自然，防止颜色过于饱和而产生溢色现象。

➢ Tips：“海绵工具”适合局部色彩饱和度的处理，尤其在人像处理时，面部气色、妆容都可以通过该工具进行改变，勾选“自然饱和度”后色彩变化更加自然。

4.6 实战演练

4.6.1 给黑白照片上色

黑白照片上色后效果如图4-193所示。

图4-193 最终效果

（1）打开素材文件“第4章\素材文件\模特.jpg”，如图4-194所示。

（2）选择工具栏中的“画笔工具”，在画笔属性栏的“模式”选项中选择“颜色”模式，如图4-195所示。

图4-194 打开素材

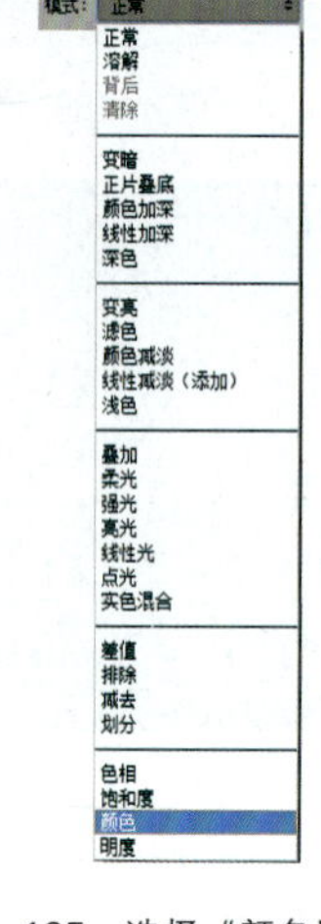

图4-195 选择“颜色”模式

（3）设置前景色为黄色（C8M0Y85K0），如图4-196所示。

（4）使用“画笔工具”在模特的背心上涂抹，为其上色，如图4-197所示。

图4-196 设置衣服颜色

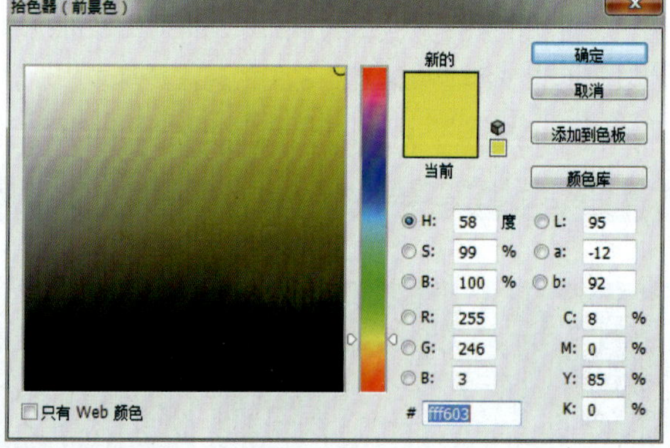

图4-197 为衣服上色

（5）设置前景色为蓝色（C100M88Y13K0），如图4-198所示。

使用“画笔工具”在模特的头发上涂抹，为其上色，如图4-199所示。

设置前景色为浅棕色（C51M49Y61K1），如图4-200所示。

使用“画笔工具”在模特的皮肤上涂抹，为其上色，如图4-201所示。

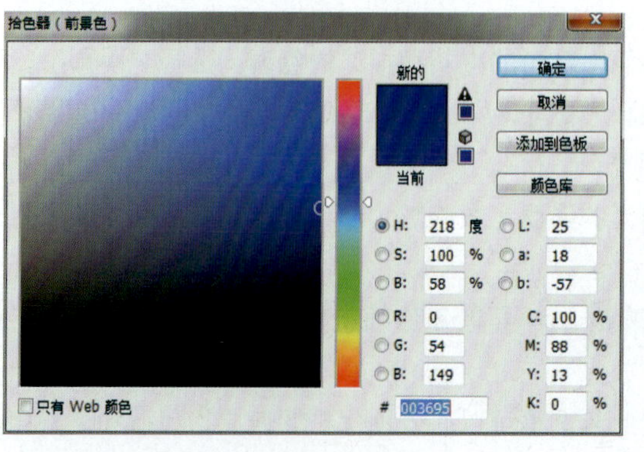

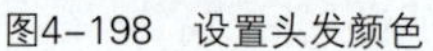

图4-198 设置头发颜色

图4-199 为头发上色

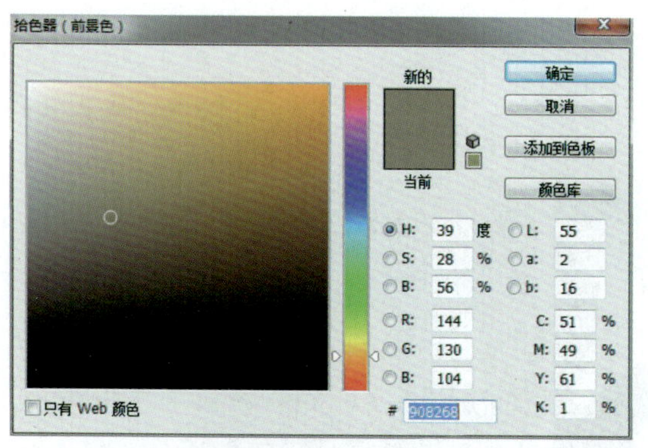

图4-200 设置皮肤颜色

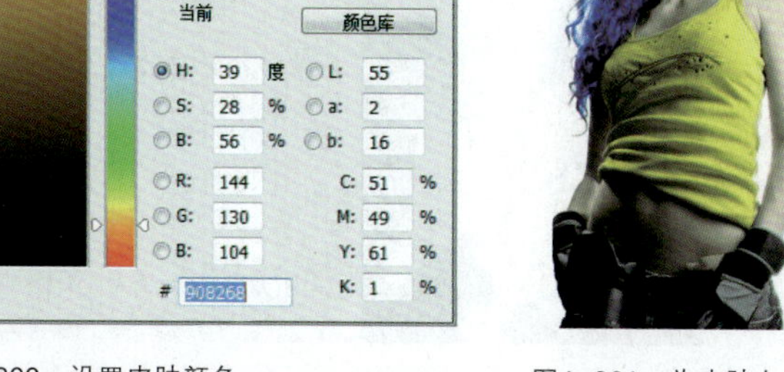

图4-201 为皮肤上色

（6）设置前景色为浅蓝色（C22M23Y0K0），如图4-202所示。

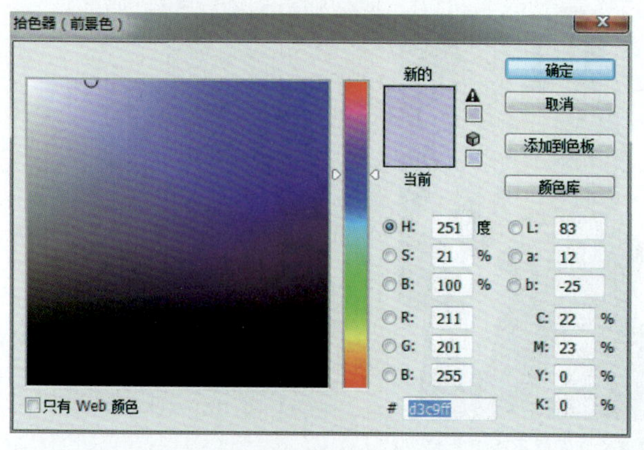

图4-202 设置裤子颜色

使用“画笔工具”在模特的牛仔裤上涂抹，为其上色，如图4-203所示。

用衣服的颜色为手套上色，如图4-204所示。

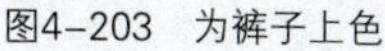

图4-203 为裤子上色

图4-204 为手套上色

（7）接下来绘制背景色彩。设置前景色为灰色（C58M49Y46K0），如图4-205所示。选择“画笔工具”，设置画笔的“大小”为“300像素”，“硬度”为“0%”，如图4-206所示。

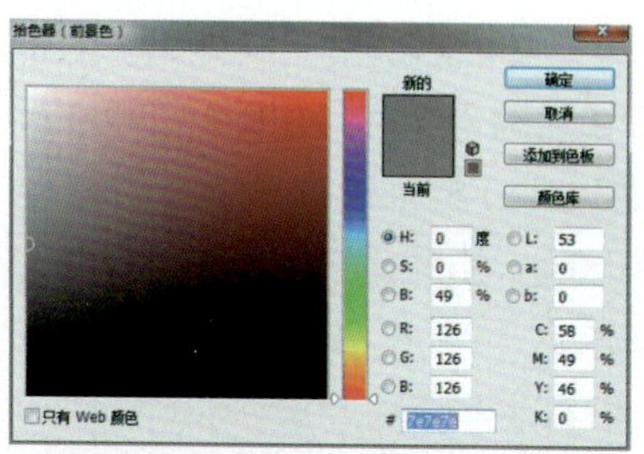

图4-205 设置前景色

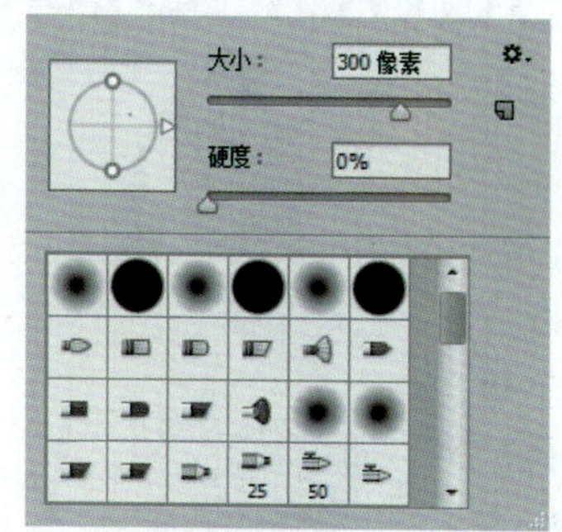

图4-206 设置画笔

（8）单击“图层”面板的“新建图层”按钮，新建“背景色”图层。使用刚刚设置的画笔在该图层的边缘涂抹，绘制出边缘深、页面中心浅的背景效果，如图4-207、图4-208所示。

图4-207 绘制背景

图4-208 设置图层不透明度

（9）使用[T]“横排文字工具”在画面输入文字，如图4-209所示。按Ctrl+T组合键调出“自由变换”控制框，旋转文字角度，如图4-210所示。

图4-209 输入文字

图4-210 旋转文字角度

（10）执行“窗口”→“图层”命令，调出“图层”面板，将文字图层的不透明度设置为“13%”，如图4-211、图4-212所示。

将文字图层多复制几层，分别调整其大小和不透明度，让其错落排列，如图4-213、图4-214所示，完成整个案例的制作。

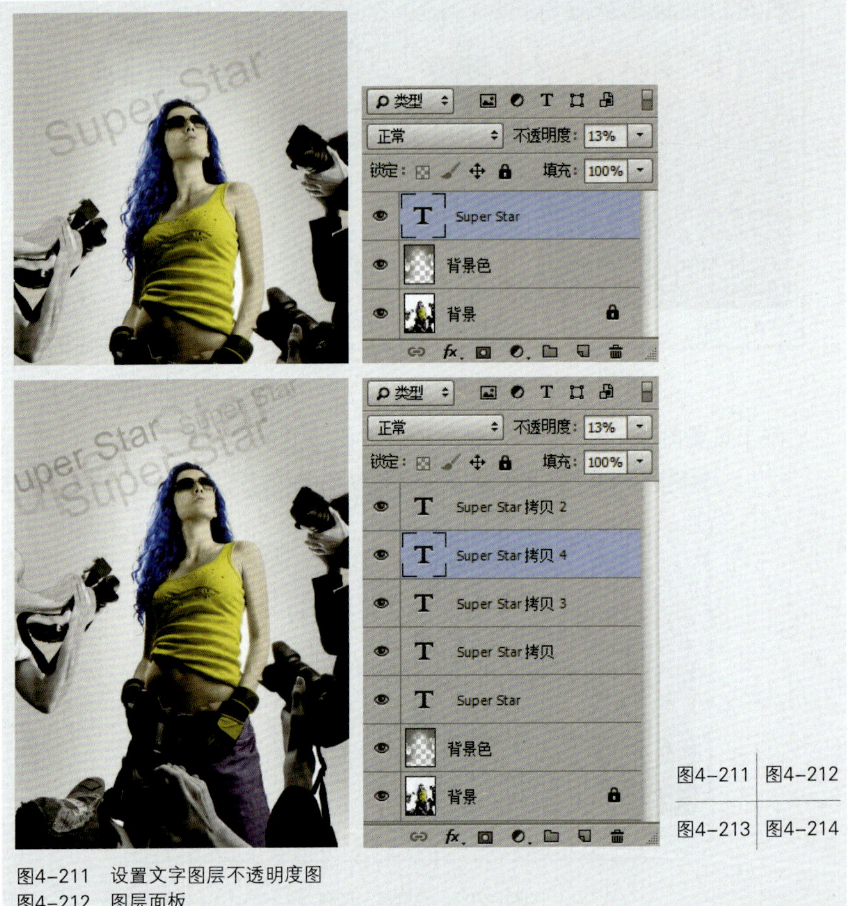

图4-211 设置文字图层不透明度图
图4-212 图层面板
图4-213 复制文字图层图
图4-214 图层面板

4.6.2 制作针织文字

针织文字的最终效果如图4-215所示。

图4-215 最终效果

（1）新建一个20厘米×20厘米的文件，为背景填充深蓝色(R29G27B32)。

（2）在制作之前，先分析一下针织品的纹理构成规律。找到一张针织纹理，如图4-216所示。通过观察可以得出针织物是由豆苗样的图案依照设计好的方向重复有序构成。因此，将该图案设定为笔刷就能够实现针织效果。

图4-216 针织纹理

（3）选择 "钢笔工具"，在属性面板中设置其输出为形状图层 形状 ，方便实时修改绘制的形状。同时，设置 "填充"为黑色，"描边"为无。

（4）将"第4章\素材文件\针织纹理.jpg"文件拖拽到当前文件，使用"钢笔工具" 照着针织纹理描绘出一个单元纹样，建立一个形状图层"形状1"，如图4-217所示。按F7键调出图层面板，在"形状1"图层上单击鼠标右键，执行"栅格化图层"命令，将形状图层栅格化。将除当前图层外所有图层前方的眼睛关闭，使背景透明，如图4-218所示。

选择"矩形选框工具" 将单元图案框选，执行"编辑"→"定义画笔预设"命令，将该图案预设为画笔，并命名为"针织"，如图4-219所示。

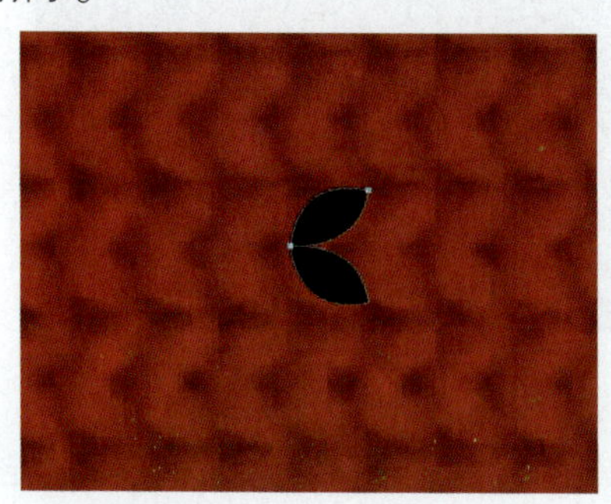

图4-217 勾勒单元纹理

图4-218 建立选区　　图4-219 定义画笔预设

（5）按F5键，调出"画笔预设"面板，设置好画笔的笔尖形状和形状动态，使画笔的密度模拟针织的密度，并让画笔的角度跟随路径的方向变动，如图4-220、图4-221所示。

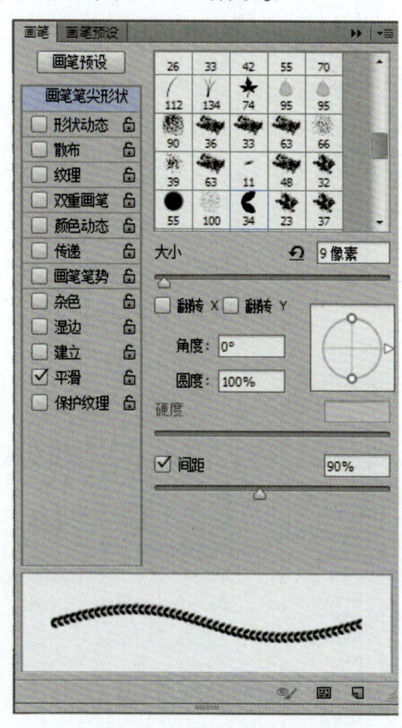

图4-220 设置笔尖形状

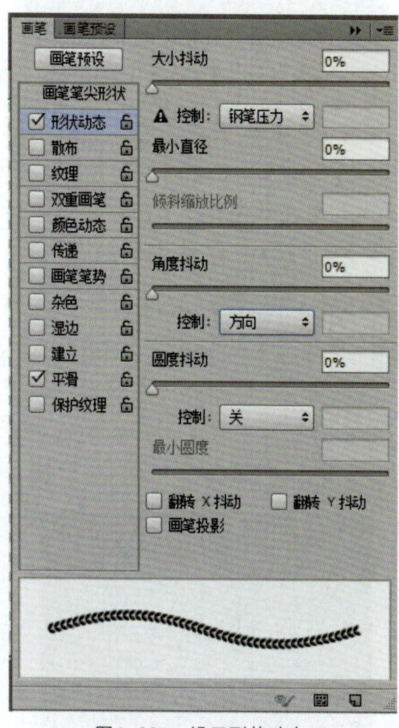

图4-221 设置形状动态

（6）在纸上书写连体英文字，并通过相机拍照或扫描仪扫描的方式变成一张电子图片。将该图片拖拽到当前文件，调整大小到合适，如图4-222所示。使用"钢笔工具" 沿手写文字的形状建立路径，可以适当调整路径的弧度和形状，使其更为美观，如图4-223所示。

图4-222 拖拽图像到当前文件

图4-223 勾勒路径

（7）设置前景色为红色，将当前工具切换为"画笔工具" ，新建图层，执行"窗口"→"路径"命令，弹出"路径"面板，保持工作路径的选中状态，在"路径"面板下方单击"用画笔描边路径"按钮 ，用刚刚设置的画笔描边路径，效果如图4-224所示。双击工作路径，将当前路径存储为“路径1”备用。

图4-224　画笔描边后效果

（8）新建图层，选择“自定形状工具”，在属性栏形状下拉菜单中选择心形形状：，在画面中构建心形形状路径，如图4-225所示。同样的方法用预设画笔描边路径，如图4-226所示。使用“钢笔工具”在心形形状内部模拟针织的方向水平勾勒路径和描边路径，直到将心形充满，如图4-227所示。

图4-225　构建心形

图4-226　描边心形

图4-227　描边心形内部

（9）双击该图层，弹出图层样式面板，设置斜面和浮雕、投影，表现针织品的厚度和体积感，如图4-228和图4-229所示。心形图层设置好后，在该图层单击鼠标右键，执行“拷贝图像样式”命令，在文字描边图层单击鼠标右键，执行“粘贴图像样式”命令，将心形图层的图层样式直接赋予该图层，效果如图4-230所示。在心形图层按Ctrl+T组合键，将其角度调整到与文字一致，如图4-231所示。

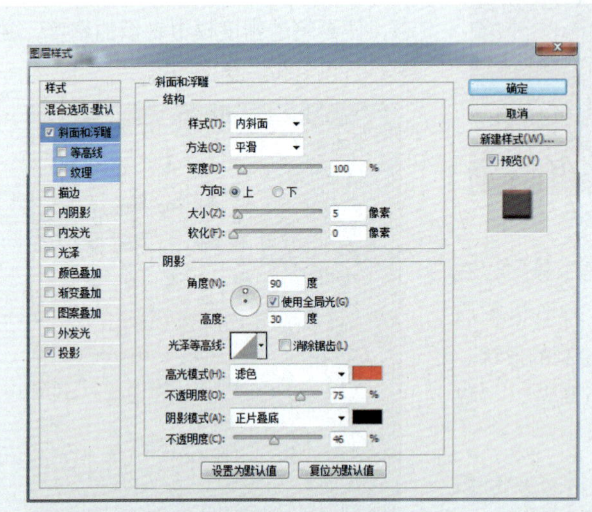

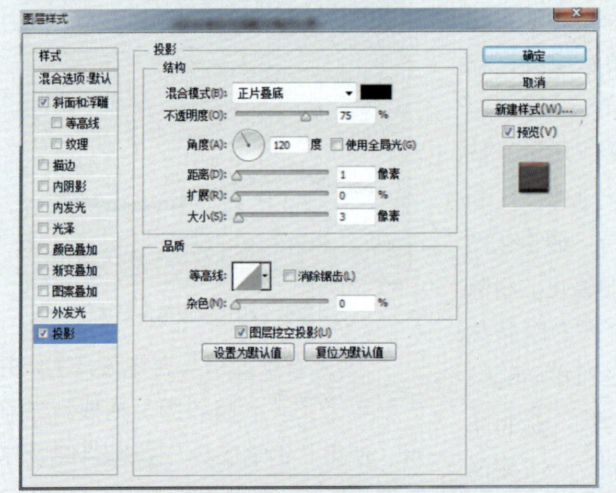

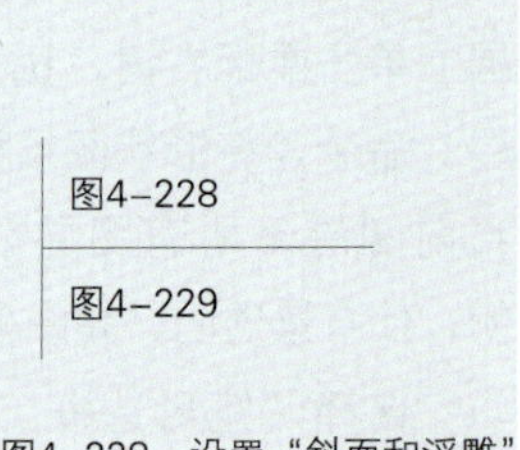

图4-228　设置“斜面和浮雕”
图4-229　设置“投影”

图4-230　立体效果

图4-231　设置“投影”

（10）为了进一步优化针织品毛茸茸的质感，还需要再设置相应的自定义画笔处理文字和图形。将工具切换为“画笔工具”，选择自带的“沙丘草”画笔，按F5键，调出“画笔预设”面板，设置好画笔的笔尖形状和形状动态，模拟针织物表面的绒毛，如图4-232、图4-233所示。新建图层，执行“窗口”→“路径”命令，弹出“路径”面板，将“路径1”确定为当前工作路径，在“路径”面板下方单击“用画笔描边路径”按钮，用刚刚设置的画笔描边路径。效果如图4-234所示。

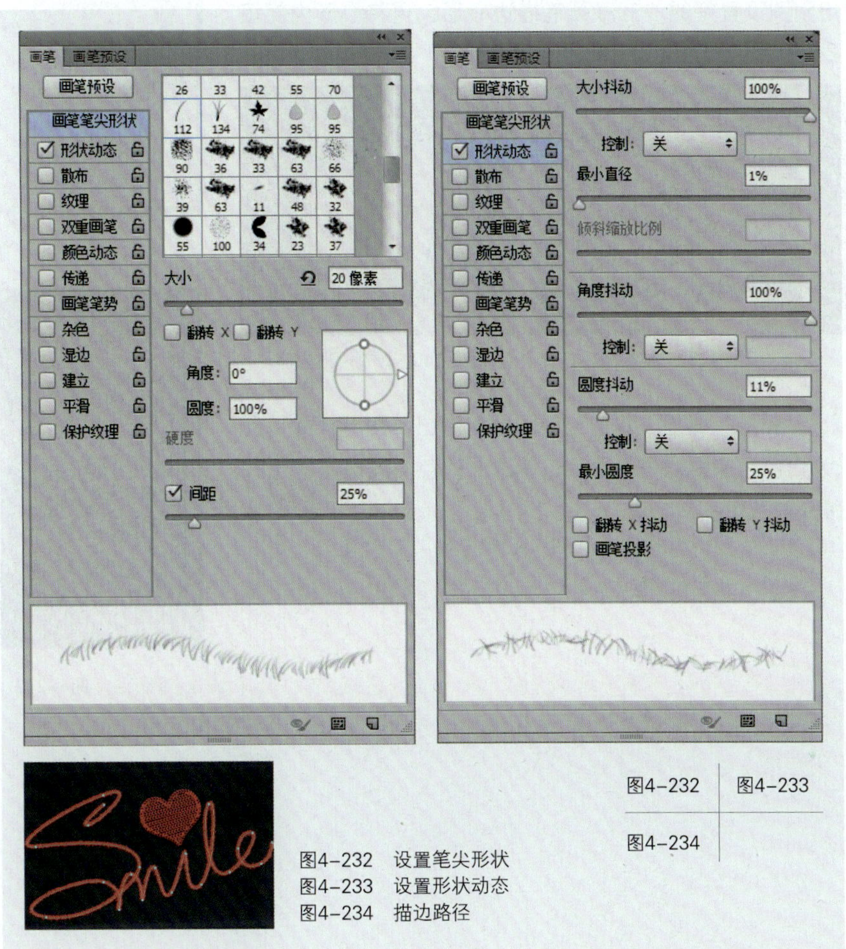

图4-232 设置笔尖形状
图4-233 设置形状动态
图4-234 描边路径

（11）用沙丘草画笔描边后的文字已经有了毛茸茸的质感，但是还显得不够柔软。因此执行“滤镜”→“模糊”→“高斯模糊”命令，设置好模糊的半径，如图4-235、图4-236所示。用同样的方法制作心形的毛绒质感，如图4-237所示。

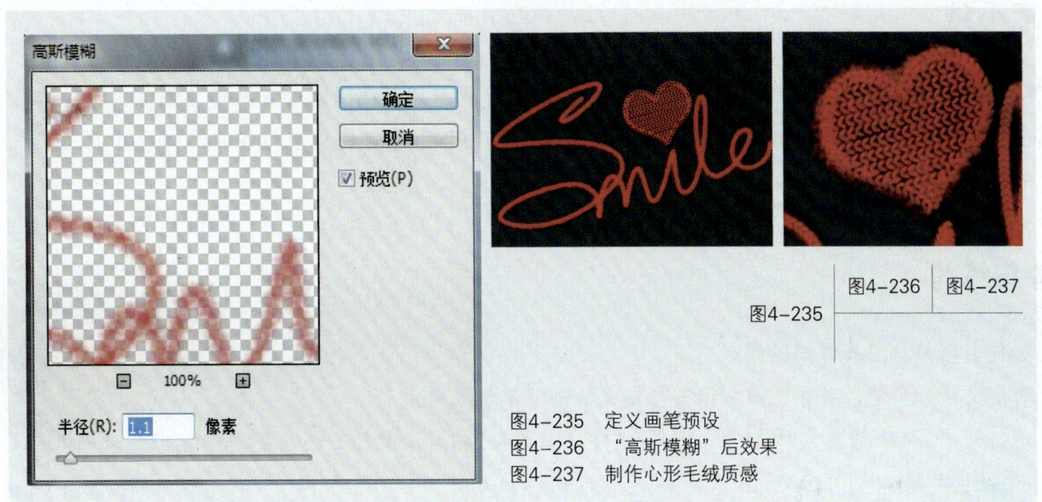

图4-235 定义画笔预设
图4-236 “高斯模糊”后效果
图4-237 制作心形毛绒质感

（12）为了使画面更为丰富，再制作一个毛绒质感的心形。新建图层，选择“自定形状工具”，在属性栏的形状下拉菜单中选择心形，在画面中构建心形形状路径，并将其旋转角度，如图4-238所示。将工具切换为“画笔工具”，继续使用刚刚设置好的沙丘草画笔描边心形，再将心形内部填满，如图4-239、图4-240所示。

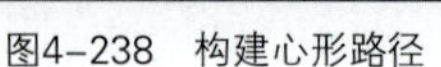

图4-238　构建心形路径

图4-239　描边路径

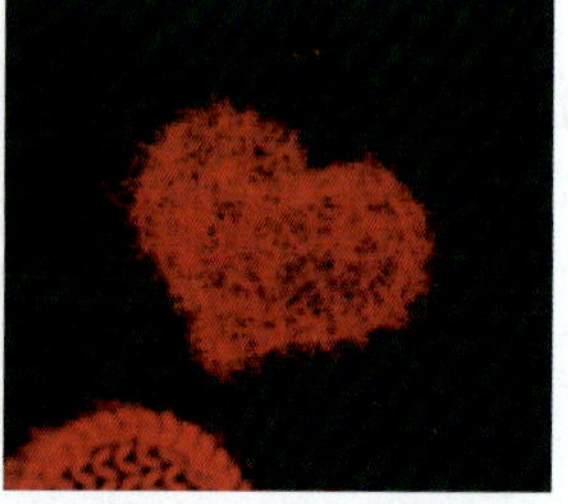

图4-240　绘制心形内部

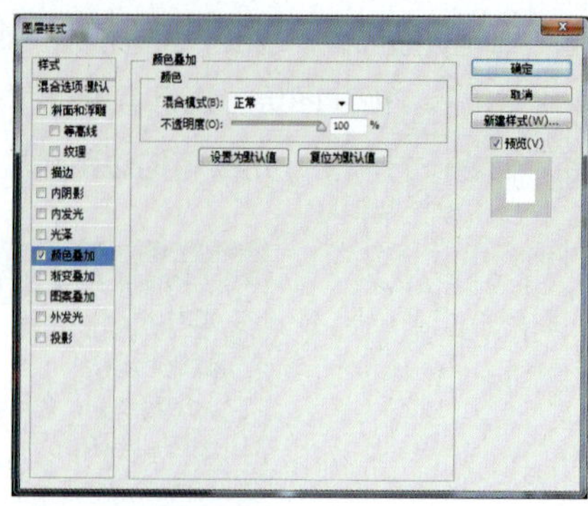

图4-241　设置图层样式

图4-242　最终效果

（13）按F7键，调出“图层”面板，双击当前图层，弹出“图层样式”窗口，设置“颜色叠加”为白色，如图4-241所示。使画面的色彩具有层次感和对比度，最终效果如图4-242所示。

本章小结

本章主要学习了绘画工具和绘画修饰工具的使用方法，以及如何使用这些工具美化图像、设计作品。通过本章的学习，读者应该熟练掌握在Photoshop中处理图像的各种方法和技巧，并能应用在作品的设计上。

思考与练习

1. 如何使用修补工具修饰图像？
2. 自定义一个画笔，并在图像中绘制自定义的画笔笔触效果。
3. 请打开“第4章\素材文件\苹果.jpg”文件（见图4-243），使用工具，复制图像中的红色苹果。

图4-243　苹果

第5章 色彩调整

◆本章知识点

1. 图像明暗的调整方法
2. 图像色彩的调整方法

◆学习目标

1. 掌握“色阶”“曲线”“色相/饱和度”等命令的设置及操作方法
2. 完成对图像色彩、色调的效果调整

5.1 色彩调整的方法

对于任何摄影及设计作品来说，色彩起着举足轻重的作用，色彩和色调影响着整体画面传递给观赏者的印象和感觉。Photoshop CC提供了大量的色彩及明暗调整命令，如“色阶”“曲线”“色相/饱和度”等，这些命令是Photoshop CC的核心内容，也是对图像进行色彩调整不可或缺的重要手段，通过这些命令的配合、使用可以轻松调节图像的明暗，制作出丰富多彩的画面效果。

5.1.1 自动调整图像色调

1. 快速调整图像

在“图像”下拉菜单中，“自动色调”“自动对比度”和“自动颜色”命令可以自动对图像的色调、对比度、颜色等进行简单的调整，这尤其适合对于各种调色工具不太熟悉的初学者使用，因为这3个命令没有任何可以调整的参数选项；自动调整图像菜单命令如图5-1所示。

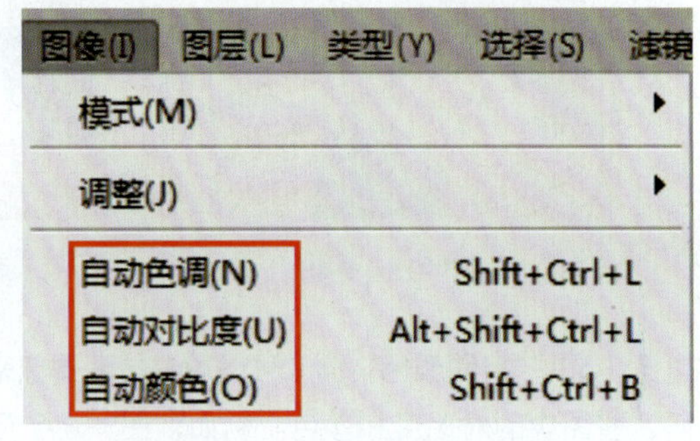

图5-1 自动调整图像菜单命令

（1）“自动色调”命令可以增强图像的对比度，在像素值平均分布且需要以简单的方式增加对比度的特定图像中，该命令可以提供较好的结果。

打开一张图片，如图5-2所示，执行“图像”→“自动色调”命令，软件会自动对图像色调进行校正，使色调变得自然，如图5-3所示。

图5-2　原图　　　　图5-3　“自动色调”效果

（2）“自动对比度”命令可以自动调整图像的对比度，使高光看上去更亮，阴影看上去更暗，如图5-4、图5-5所示。

图5-4　原图　　　　图5-5　“自动对比度”效果

（3）“自动颜色”命令可以通过搜索图像来标识阴影、中间调和高光，从而调整图像的对比度和颜色。例如，图5-6所示的照片对比度较弱，执行“图像”→“自动颜色”命令，可以产生自动颜色校正的效果，如图5-7所示。

图5-6　原图

图5-7　“自动颜色”效果

2. 色调调整

（1）“色阶”命令通过调整图像暗调、灰色调和高光亮度级别来校正图像的色调，包括反差、明暗、图像层次以及平衡图像的色彩。该命令不仅可以对整个图像进行色调处理，还可以作用于图像的某一个颜色通道。执行“图像”→“调整”→“色阶”命令或按Ctrl+L组合键，打开“色阶”对话框，如图5-8所示。

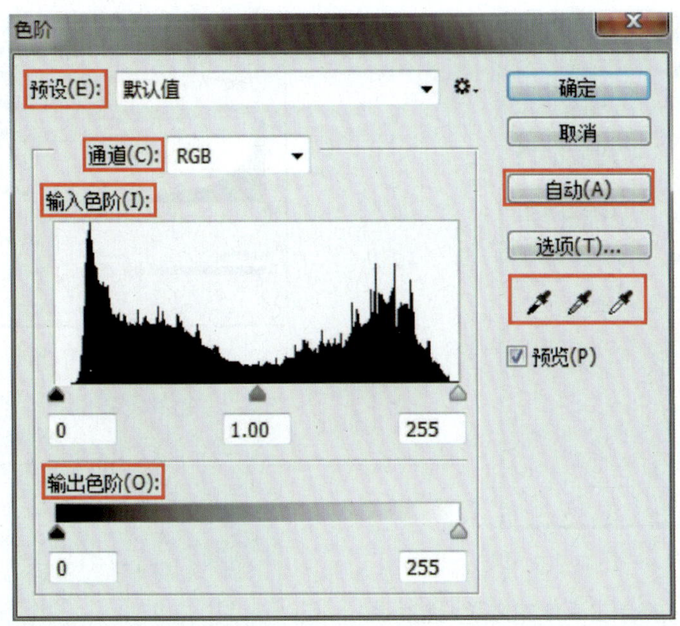

图5-8 “色阶”对话框

①预设：单击“预设”下拉列表，可以选择一种预设的色阶调整选项来对图像进行调整，如图5-9所示。

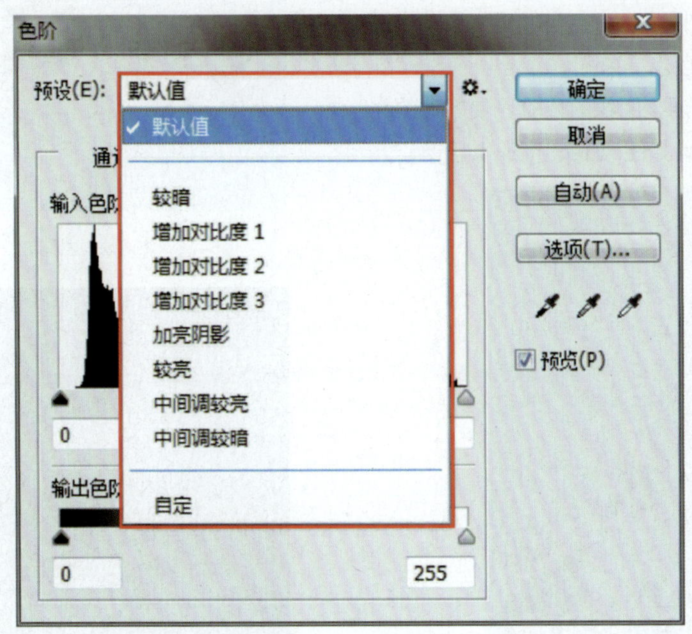

图5-9 “预设”选项

②通道：利用该命令，可以在下拉列表中选择一个通道来对图像进行色调调整，以达到想要调整的效果。打开图5-10，对其红色通道进行调整后，得到如下效果，如图5-11所示。

图5-10 原图

图5-11 调整红色通道后效果

③吸管工具：用于完成图像中的黑场、灰场和白场的设置，如图5-12所示。

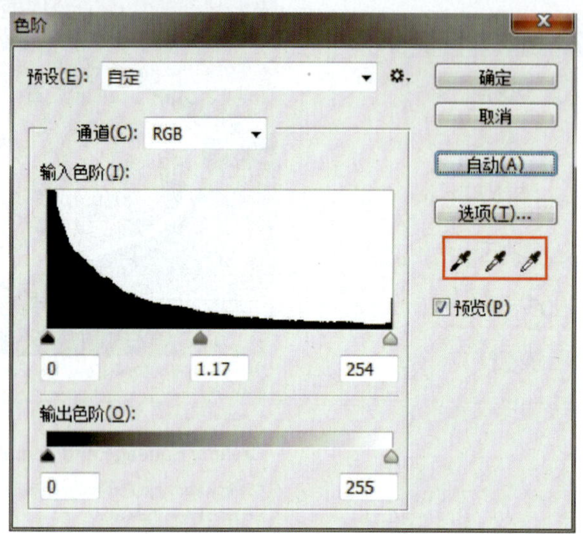

图5-12 “吸管工具”选项

使用设置黑场吸管在图像中单击取样，可以将单击点处的像素调整为黑色，同时图像中比该单击点暗的像素也会变成黑色。

使用设置灰场吸管在图像中单击取样，可以将单击点像素的亮度作为参考标准，用来调整画面中其他中间调的平均亮度。

使用设置白场吸管在图像中单击取样，可以将单击点处的像素调整为白色，同时图像中比该单击点亮的像素也会变成白色。

④自动：单击该按钮，Photoshop CC会自动调整图像的色阶，使图像的亮度分布更加均匀，从而达到校正图像颜色的目的，如图5-13、图5-14所示。

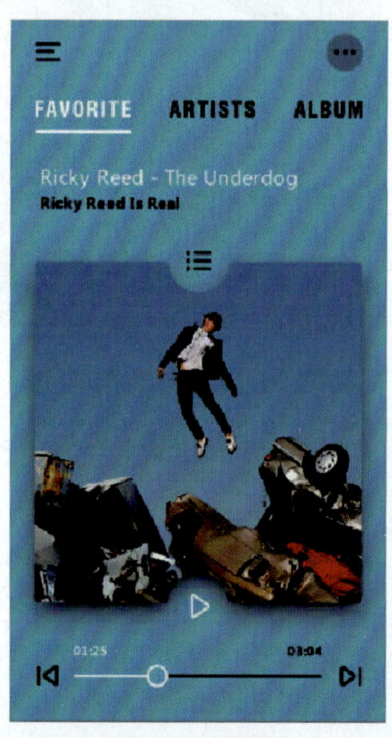

图5-13 原图

图5-14 使用“自动”命令后效果

⑤输入色阶：在此主要分为阴影滑块、中间调滑块和高光滑块三部分，如图5-15所示。通过拖动滑块可以调整图像的阴影、中间调和高光，同时也可以直接在对应的输入框中输入数值。当将滑块向右拖动时，可以使图像变暗；反之，将滑块向左拖动，可以使图像变亮，如图5-16、图5-17所示。

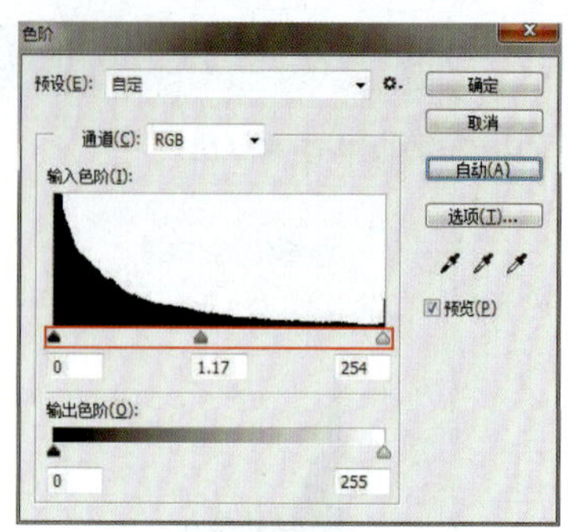

图5-15 “滑块工具”选项

图5-16 将滑块向左拖动

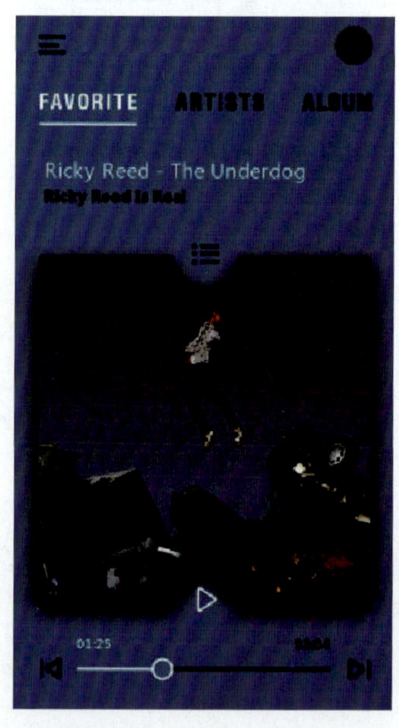

图5-17 将滑块向右拖动

使用阴影滑块时，向右拖动该滑块可以增大图像的暗调范围，使图像显得更暗。同时拖曳的程度会在输入色阶最左边的方框中得到量化。

使用中间调滑块时，左右拖曳此滑块，可以增大或减小中间色调范围，从而改变图像的对比度。其作用与在输入色阶中间的参数框中键入数值相同。

使用高光滑块时，向左拖曳此滑块，可以增大图像的高光范围，使图像变亮。高光的范围会在输入色阶最右侧的参数框中显示。

⑥输出色阶：可以设置图像的亮度范围，从而降低对比度，移动滑块可以使画面变亮，如图5-18、图5-19所示。

图5-18 原图

图5-19 将滑块向右拖动

（2）“色彩平衡”命令可以对图像的色调进行调整，可通过控制各个单色的成分来平衡图像的暗调区、灰色调区和高光区色彩，操作简单直观。

执行“图像”→“调整”→“色彩平衡”命令或按Ctrl+B组合键，打开“色彩平衡”对话框，对话框中有数个选项参数，如图5-20所示。

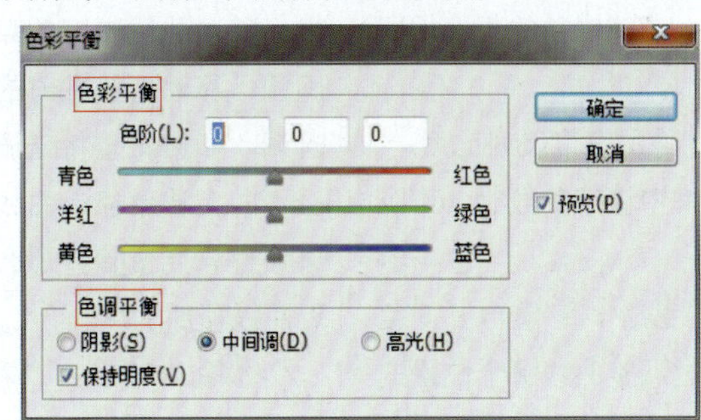

图5-20 “色彩平衡”窗口

①色调平衡：包含“阴影”“中间调”和“高光”。当勾选“保持明度”复选框后，可以防止亮度值随着颜色的改变而改变。

②色彩平衡：用于调整“青色-红色”“洋红-绿色”以及“黄色-蓝色”在图像中所占的比例，可以通过手动输入数值进行调整，也可以手动拖动滑块进行调整。比如，向左拖动“黄色-蓝色”滑块，可以在图像中减少黄色，同时增加其补色蓝红，如图5-21、图5-22所示。

图5-21 原图

图5-22 减少黄色后效果

（3）“亮度/对比度”命令可以对图像的色调范围进行简单的调整。执行“图像”→“调整”→“亮度/对比度”命令，打开“亮度/对比度”对话框，如图5-23所示。

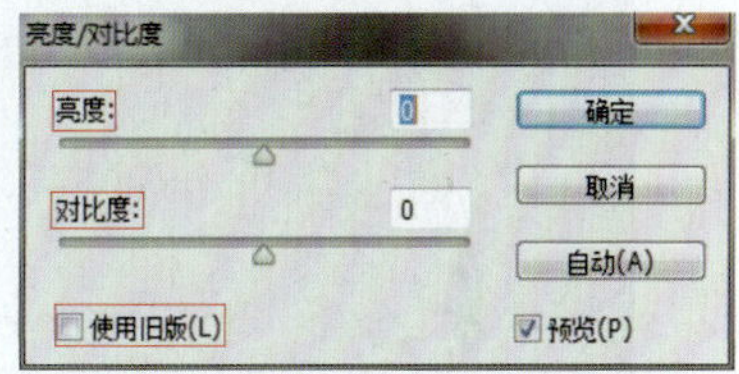

图5-23 “亮度/对比度”窗口

①亮度：用来设置图像的整体亮度。打开图5-24，当数值为负值时，图像的亮度降低，如图5-25所示；当数值为正值时，图像的亮度提高，如图5-26所示。

图5-24 原图

图5-25　负值效果

图5-26　正值效果

②对比度：用于设置图像亮度对比的强烈程度，效果如图5-27、图5-28所示。

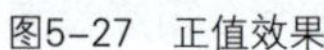

图5-27　正值效果

5-28　负值效果

③使用旧版：勾选该复选框后，可以得到与Photoshop CS3以前的版本相同的调整结果。

④自动：单击“自动”按钮，会根据画面自动调整图像的亮度及对比度。

⑤预览：勾选该复选框后，在“亮度/对比度”对话框中调节参数时，可以在文档窗口中观察到图像的亮度变化。

（4）“曲线”命令的核心工具是一条可以弯曲的“线”，它整合了“色阶”“阈值”和“亮度/对比度”等多个命令的功能，通过调整曲线各个位置的弯曲度即可控制图像的明暗。曲线上可以添加多个控制点，移动这些控制点可以对图像色彩及色调进行精准的控制。

执行“图像”→“调整”→“曲线”命令或按Ctrl+M组合键，打开“曲线”对话框，可以看到面板中有很多按钮、选项，它们可以帮助用户更好地调整图像色彩，如图5-29所示。

①通道：若要调整图像的色彩平衡，则可以在“通道”下拉列表中选择一个通道来对图像进行调整，以校正图像的颜色，如图5-30所示。

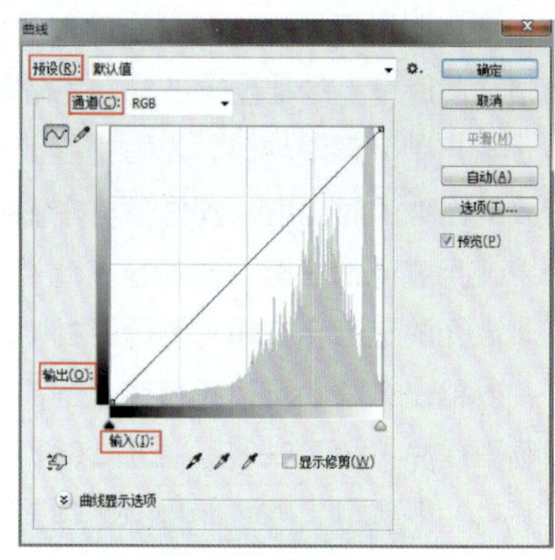

图5-29　“曲线”窗口

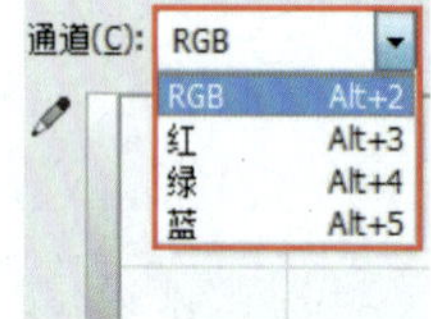

图5-30　“通道”下拉菜单

②曲线：将曲线向上弯曲会使图像变亮，将曲线向下弯曲会使图像变暗。曲线上比较陡直的部分代表图像对比度较高的区域；相反，曲线上比较平缓的部分代表图像对比度较低的区域。如果想精确地调整曲线，那么可以按住Alt键单击缩略图来增加曲线后面的网格数。

默认状态下在“曲线”对话框中，移动曲线顶部的点主要是调整高光；移动曲线中间的点主要是调整中间调；移动曲线底部的点主要是调整暗调。如果希望将暗调图像变亮，那么可向上移动靠近曲线底部的点；如果希望高光变暗，那么可向下移动靠近曲线顶部的点。

③输入/输出：“输入”即“输入色阶”，显示的是调整前的像素值；“输出”即“输出色阶”，显示的是调整以后的像素值。

（5）“色调均化”命令可以重新分布图像中像素的亮度值，使它们更均匀地呈现所有范围的亮度级别。将最亮的值调整为白色，最暗的值调整为黑色，中间的值分布在整个灰度范围中。原图和执行了“色调均化”命令后的效果对比如图5-31、图5-32所示。

图5-31　原图

图5-32　“色调均化”效果

需要提示的是，如果图像中存在选区，那么执行“色调均化”命令时会打开一个“色调均化”对话框，如图5-33所示。

①“仅色调均化所选区域”：仅均化选区内的像素。

②“基于所选区域色调均化整个图像”：可以按照选区内的像素均化整个图像的像素。

（6）“色调分离”命令可以按照指定的色阶数减少图像的颜色，从而简化图像内容。执行“图像”→“调整”→“色调分离”命令，打开“色调分离”对话框，如图5-34所示。

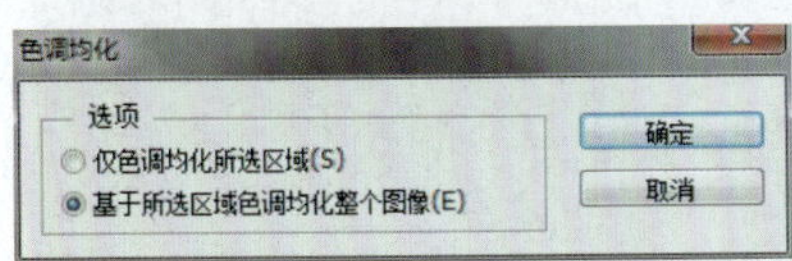

图5-33　“色调均化”窗口

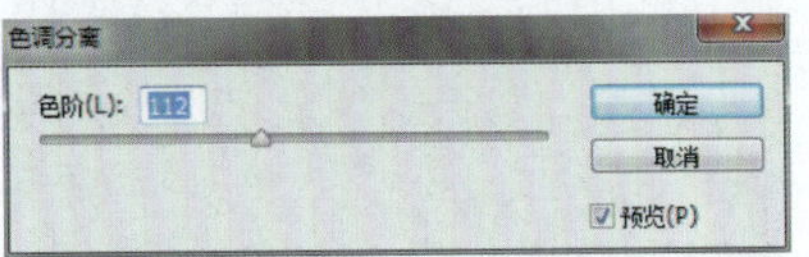

图5-34　“色调分离”窗口

在“色调分离”对话框中设置的“色阶”值越大，色彩变化越细微，显示细节越多。反之，数值越小，色彩变化效果越大，图像更简化，效果如图5-35、图5-36所示。

图5-35　“色阶”值为8

图5-36　“色阶”值为220

5.1.2　细致调整色彩

1.“色相/饱和度”命令

“色相/饱和度”命令可以对图像的全部或某个通道进行色相、饱和度、明度的处理。“色相”即红、橙、黄、绿、青、蓝、紫。“饱和度”即一种颜色的纯度，纯度越高，饱和度越大；反之，饱和度越小。“亮度”即图像的明暗。

执行“图像”→“调整”→“色相/饱和度”命令或按Ctrl+U组合键，打开“色相/饱和度”对话框，如图5-37所示。

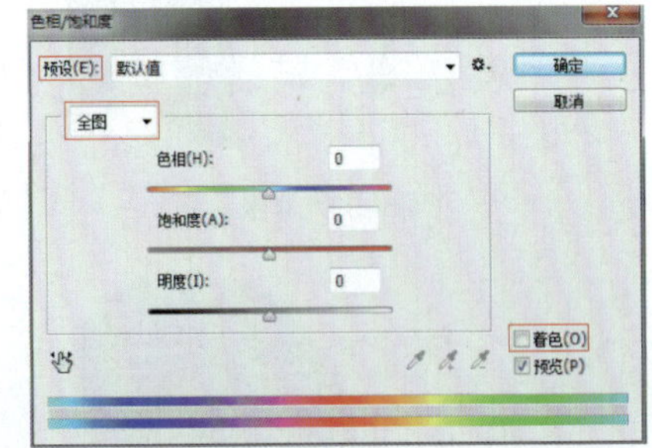

图5-37　“色相/饱和度”窗口

（1）预设：在“预设”下拉列表中提供了8种预设，如图5-38所示。

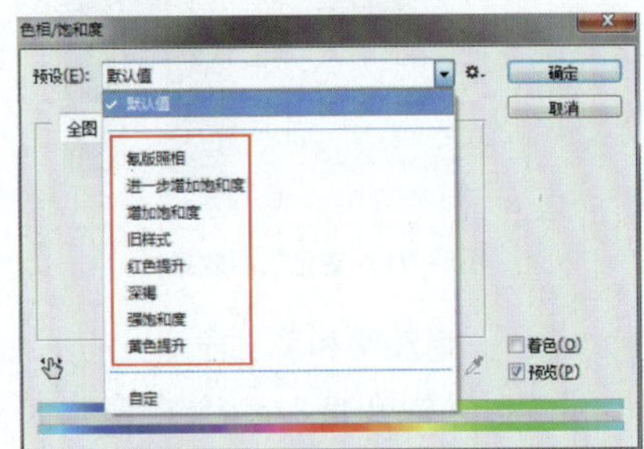

图5-38　“预设”下拉列表

（2）通道：在“通道”下拉列表中可以选择全图、红色、黄色、绿色、青色、蓝色和洋红通道进行调整。选择好通道以后，拖动下面的“色相”“饱和度”和“明度”滑块，可以对该通道的色相、饱和度和明度进行调整。

（3）着色：勾选该复选框后，图像会整体偏向于某一单一的色调，还可以通过拖动3个滑块来调节图像的色调。打开图片5-39，进行着色调整后，效果如图5-40所示。

图5-39　原图

图5-40 “着色”后效果

2. “自然饱和度”命令

“自然饱和度”命令在调整图像饱和度时会保护已经饱和的像素，即在调整时会大幅增加不饱和像素的饱和度，而对已经饱和的像素只做很少、很细微的调整。它不但能够增加图像某一部分的色彩，而且能使整幅图像的饱和度正常。

（1）自然饱和度：滑块向左，可降低饱和度；滑块向右，可增加饱和度。打开“自然饱和度”对话框，如图5-41所示。对图片进行调整，可得到如图5-42、图5-43所示效果。

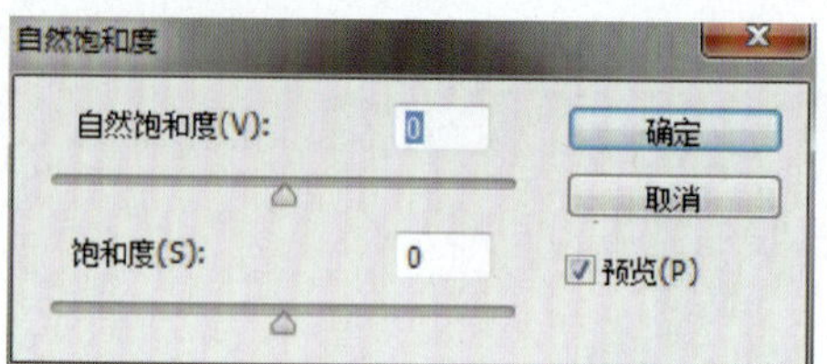

图5-41　“预设”窗口

图5-42　自然饱和度值-100效果

图5-43　自然饱和度值100效果

图5-44　饱和度值-100效果

图5-45　饱和度值100效果

（2）饱和度：滑块向左，可增加所有颜色的饱和度；滑块向右，可降低所有颜色的饱和度，如图5-44、图5-45所示。

3. “去色”命令

使用“去色”命令可以将图像的颜色去掉，完全变为黑白色，每个像素仅保留原有的明暗度。打开图5-46，然后执行“图像”→“调整”→“去色”命令或按Shift+Ctrl+U组合键，可以看到图像变成黑白效果，如图5-47所示。

图5-46　原图

图5-47　“去色”效果

4. “黑白”命令

“黑白”命令不仅可以将图像处理为黑白效果，还可以将黑白图像调整为单色图像。

执行“图像”→“调整”→“去色黑白”命令或按Alt+Shift+Ctrl+B组合键，打开对话框，如图5-48所示。

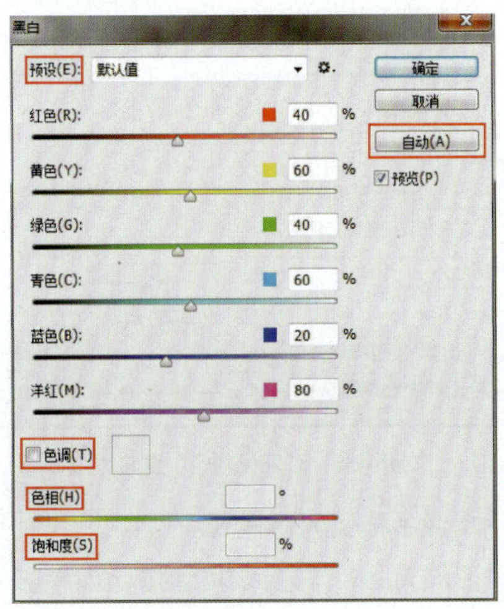

图5-48　“黑白”窗口

（1）预设:下拉列表中提供了12种黑色效果，如图5-49所示。

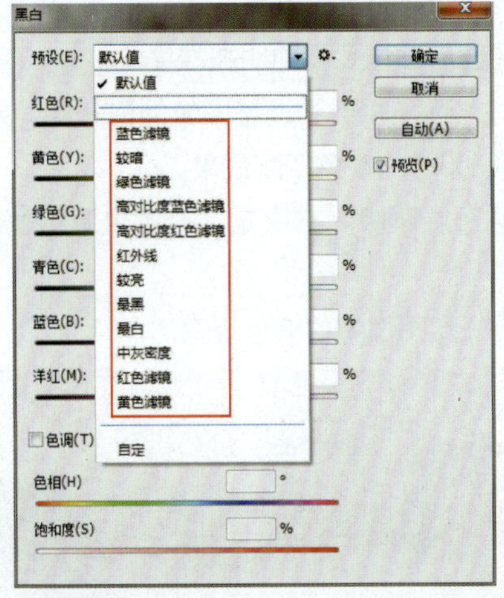

图5-49　“预设”下拉列表

（2）自动：单击此按钮，系统会自动对图像进行黑白调整。打开图5-50，执行“自动”命令后效果如图5-51所示。

图5-50　原图

图5-51　“自动”命令效果图

（3）色调：勾选“色调”复选框后，可以设置一个单色的图像，还可以调整单色图像的色相饱和度，如图5-52、图5-53所示。

图5-52　单色图

图5-53　增强饱和度后效果

5. “通道混合器”命令

使用“通道混合器”命令可以通过源通道向目标通道加减灰度数据，对各个通道进行混合来调整颜色。

执行“图像”→“调整”→“通道混合器”命令，即可弹出“通道混合器”对话框，如图5-54所示。

（1）输出通道:选择进行调整后作为最后输出的颜色通道，可随颜色模式而异。

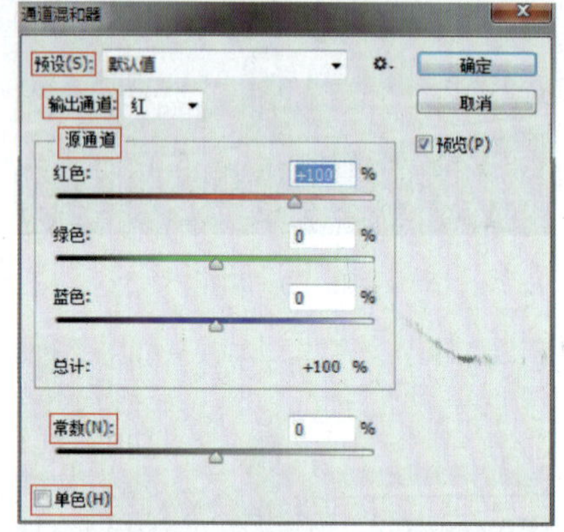

图5-54 “通道混合器”窗口

（2）源通道：向右或向左拖曳滑块可以增大或减小该通道颜色在输出通道中所占的百分比。向右拖动可以增大百分比；向左拖动可以减小百分比。

（3）常数：用来设置输出通道的灰度值，将一个具有不透明度的通道添加到输出通道上，负值可以在通道中增加黑色；相反，正值可以增加白色。

（4）单色：勾选此复选框后，创建的是只包含灰度值的彩色模式图像，图像颜色将变成黑白效果。

6. “渐变映射”命令

“渐变映射”命令在将图像转换为灰度图像的基础上，将图像的灰阶映射为一组渐变颜色。

执行“图像”→“调整”→“渐变映射”命令，即可弹出“渐变映射”对话框，如图5-55所示。

图5-55 “渐变映射”窗口

（1）灰度映射所用的渐变:默认情况下，图像的暗调、中间调和高光分别映射到渐变填充的起始颜色、中间点和结束颜色。单击渐变条，打开“渐变编辑器”对话框，在该对话框中可以选择或重新编辑一种渐变应用到图像上。

（2）仿色：通过添加随机杂色，来平滑渐变效果。

（3）反向：反转渐变的填充方向，形成反向映射的效果。

7. “匹配颜色”命令

“匹配颜色”命令是将不同图层之间的颜色进行匹配而产生的效果。

执行“图像”→“调整”→“匹配颜色”命令，即可弹出“匹配颜色”窗口，如图5-56所示。

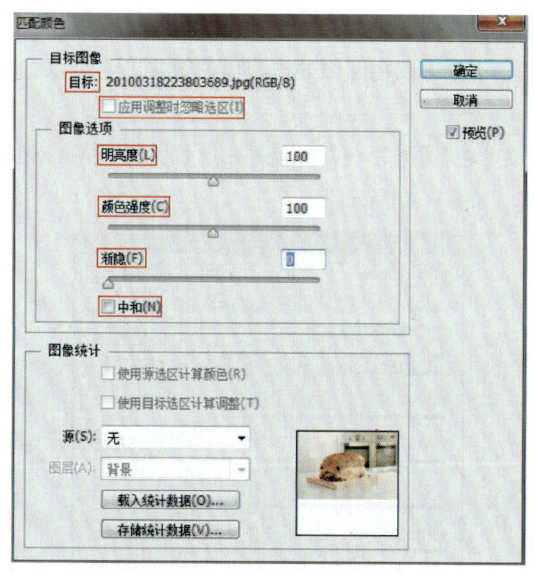

图5-56 “匹配颜色”窗口

（1）目标：显示图像名称及颜色模式。

（2）应用调整时忽略选区：勾选该复选框，如果被修改的图像中存在选区，那么软件在执行命令时将忽略选区的存在，将调整应用到整个图像，对图5-57进行调整，将得到图5-58所示的效果。如不勾选，那么调整只针对选区内图像进行改变，如图5-59所示效果。

（3）明亮度：调整与图像匹配的明亮程度。

（4）颜色强度：此选项相当于调整图像的饱和度，如图5-60、图5-61分别为颜色强度值为1和200时的颜色匹配效果。

（5）渐隐：类似图层蒙版，它决定了有多少源图像的颜色能够匹配到目标图像的颜色中。

（6）中和：主要去除图像中的偏色现象。

图5-57 原图

图5-58 勾选复选框效果

图5-59 不勾选复选框效果

图5-60 颜色强度值为1效果

图5-61 颜色强度值为200效果

8. “替换颜色”命令

使用“替换颜色”命令可以创建蒙版，以选择图像中的特定颜色，然后替换这些颜色。还可以设置选定区域的色相、饱和度和亮度，通过使用拾色器来替换颜色。

执行“图像”→“调整”→“替换颜色”命令，弹出“替换颜色”对话框，如图5-62所示。

（1）本地化颜色簇：主要用来在图像上选择多种颜色。

（2）吸管：使用该工具在图像上单击，可以选中单击点处的颜色。同时在“选区”缩略图中也会显示出选中的颜色区域，白色代表选中的颜色，黑色代表未选中的颜色。

（3）颜色：显示选中的颜色。

（4）颜色容差：用来控制选中颜色的范围。数值越大，选种颜色范围越广；反之，越窄。

（5）选区/图像：选择“选区”选项，可以以蒙版方式进行显示，其中，白色代表选中的颜色，黑色代表未选中的颜色，灰色表示只选中了部分颜色，如图5-63所示；选择“图像”选项，则只显示图像，如图5-64所示。

（6）替换：可以调整选定颜色的色相、明度和饱和度。

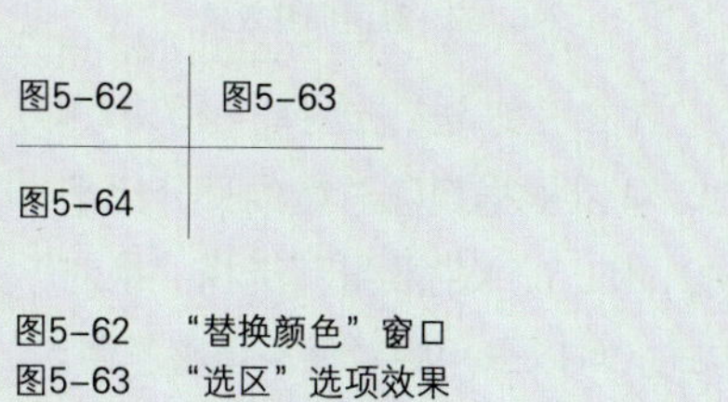

图5-62 “替换颜色”窗口
图5-63 “选区”选项效果
图5-64 “图像”选项效果

9. “可选颜色”命令

使用“可选颜色”命令可以对图像中某一类颜色进行单独调色，而不会影响到图像中其他颜色。执行“图像”→“调整”→“可选颜色”命令，即可弹出“可选颜色”对话框，如图5-65所示。

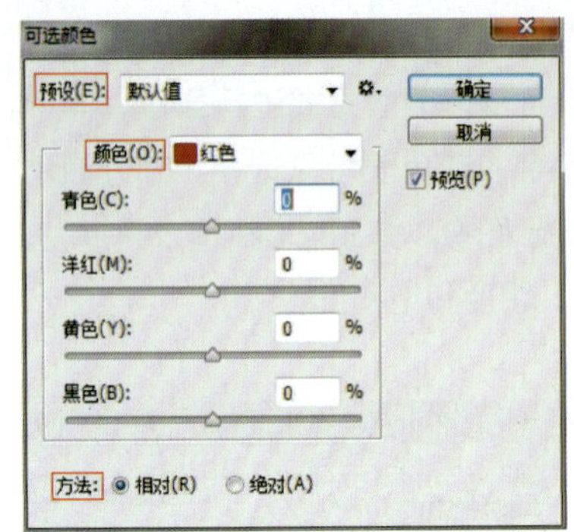

图5-65 “可选颜色”窗口

（1）颜色：在下拉列表中选择要修改的颜色，然后对下面颜色中的青色、洋红、黄色和黑色所占的百分比进行调整，原图如图5-66所示，图5-67所示为画面调整效果。

图5-66 原图

图5-67 画面调整效果

（2）方法：选择“相对”方式，可以根据颜色总量的百分比来修改C、M、Y、K的数量；选择“绝对”方式，可以采用绝对值来调整颜色。

10. “变化”命令

使用“变化”命令，可以对图像的色彩平衡、对比度和饱和度进行调整。

执行“图像”→“调整”→“变化”命令，打开“变化”对话框，如图5-68所示。

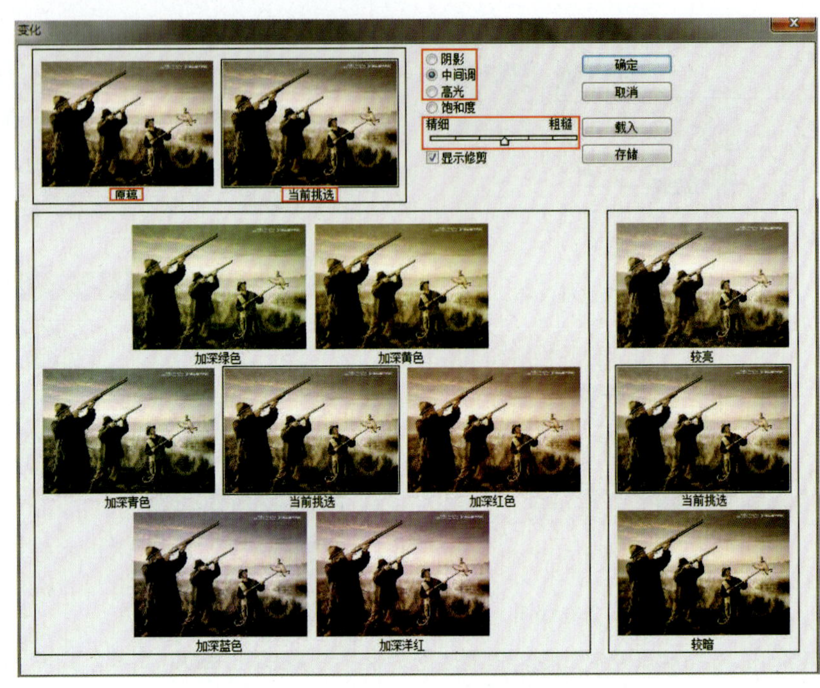

图5-68 “变化”窗口

（1）原稿/当前挑选：“原稿”缩略图显示的是原始图像；“当前挑选”缩略图显示的是图像调整结果。

（2）阴影/中间调/高光：可以分别对图像的阴影、中间调和高光进行调节。

（3）饱和度：用于调节图像的饱和度。

（4）精细-粗糙：控制、调整画面的量，每移动一个滑块，调整数量会双倍增加。

11. “反相”命令

使用“反相”命令可以反转图像的色彩和色调，若在此执行该命令，则可以将图像重新恢复为正常效果。

执行“图像”→“调整”→“反相”命令或按Ctrl+I组合键，即可看到反相效果，如图5-69、图5-70所示。

图5-69 原图

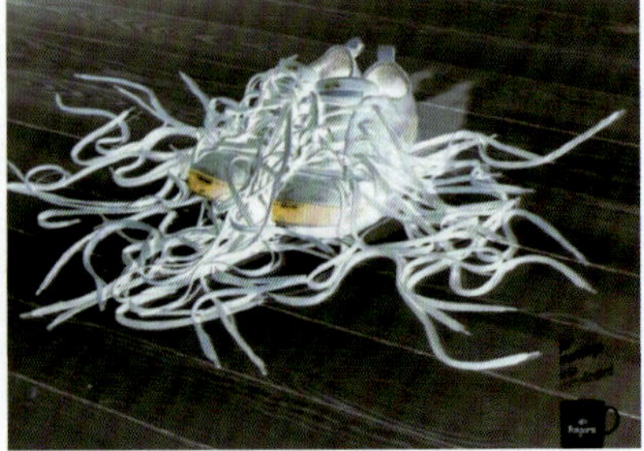

图5-70 “反相”效果图

12. “阈值”命令

使用“阈值”命令可以得到一种特殊的高对比反差的黑白效果。

执行“图像”→“调整”→“阈值”命令，打开对话框，如图5-71所示。在“阈值”对话框中拖动直方图下面的滑块或输入“阈值色阶”数值可以指定一个色阶作为阈值。阈值越大，黑色像素分布越广；阈值越低，白色像素分布越广，如图5-72、图5-73所示。

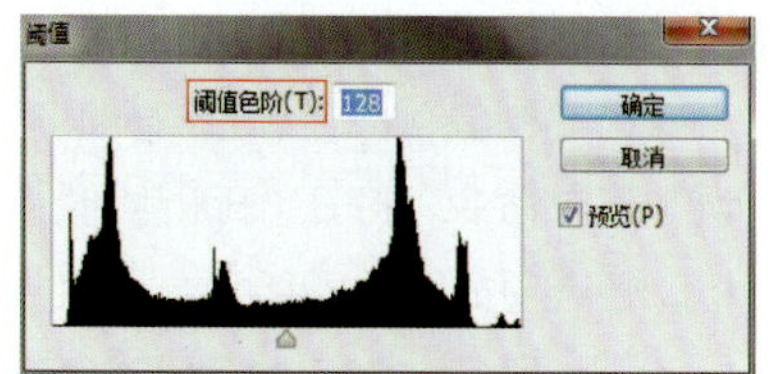

图5-71 "阈值"窗口

图5-72 原图

图5-73 "阈值"调整效果图

13. "照片滤镜"命令

使用"照片滤镜"命令可以快速地修改照片的整体颜色倾向。打开图5-74，执行"图像"→"调整"→"照片滤镜"命令，弹出"照片滤镜"对话框，如图5-75所示。

（1）滤镜：在下拉列表中包含很多种效果，可以选择一种预设效果应用到图像中，如图5-76、图5-77所示。

（2）颜色：选中"颜色"选项，可以自行设置颜色，如图5-78、图5-79所示。

（3）浓度：设置滤镜颜色应用到图像中的颜色百分比。数值越高，应用到图像中的颜色浓度就越大；反之，浓度越小。其效果如图5-80、图5-81所示。

（4）保留明度：勾选该选项后，可以保留图像的明度不变。

图5-74 原图

图5-75 "照片滤镜"对话框

图5-76 原图

图5-77 "滤镜"效果图

图5-78 设置颜色为黄色的效果

图5-79 设置颜色为红色的效果

图5-80 浓度值高的效果

图5-81 浓度值低的效果

14. "阴影/高光"命令

"阴影/高光"命令是专门用来修复图像太暗、太亮的区域的。

打开图5-82，执行"图像"→"调整"→"阴影/高光"命令，打开"阴影/高光"对话框，如图5-83所示。

图5-82　原图　　　　图5-83　“阴影/高光”对话框

（1）阴影：“数量”选项用来控制阴影区域的亮度，值越大，阴影区就越亮；“色调宽度”选项用来控制色调的修改范围，非常低的设置只影响最暗的色调；“半径”选项用来控制像素是在阴影中还是在高光中；如图5-84、图5-85所示。

（2）高光：“数量”用来控制高光区域的黑暗程度，值越大，高光区域越暗；“色调宽度”选项用来控制色调的修改范围，非常低的设置只影响最暗的色调；“半径”选项用来控制像素是在阴影中还是在高光中；如图5-86、图5-87所示。

图5-84　阴影值设置低
图5-85　阴影值设置高
图5-86　高光值设置低
图5-87　高光值设置高

图5-84	图5-85
图5-86	图5-87

（3）调整：“颜色校正”选项用来调整已修改区域的压缩；“中间调对比度”选项用来调整中间调的对比度。

（4）存储为默认值：单击该按钮，可将对话框中的参数设置存储为默认值，再次打开“阴影/高光”对话框时，就会显示该参数。

15.“HDR色调”命令

“HDR色调”命令是一种特殊的效果，对比度、色彩度更好，在处理摄影作品时经常可以看到。

执行“图像”→“调整”→“HDR色调”菜单命令，打开“HDR色调”对话框，各选项如图5-88所示。

（1）预设：在下拉列表中可以选择预设的HDR效果，黑白及彩色效果都有，如图5-89所示。

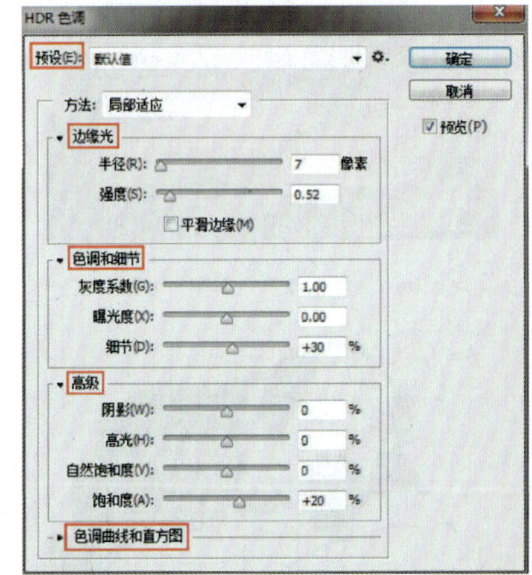

图5-88　“HDR色调”对话框

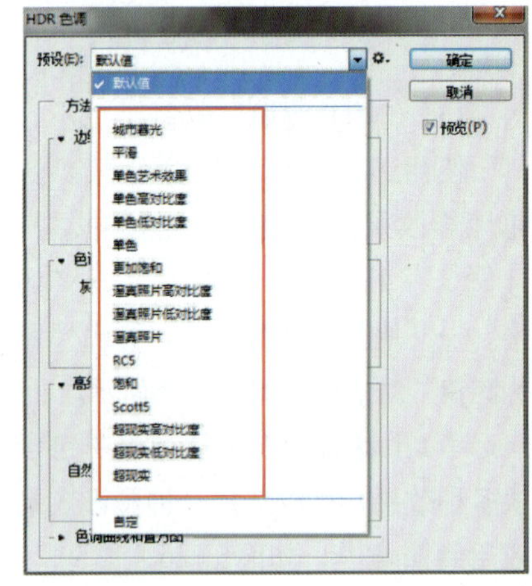

图5-89　“预设”下拉列表

（2）方法：采用何种HDR方法对图像进行调整。

（3）边缘光：用于调整图像边缘光的强度，强度越大，画面细节越突出。

（4）色调和细节：调节该选项

可以使图像的色调和细节更丰富细腻，如图5-90、图5-91所示。

图5-90 原图

图5-91 "色调和细节"调整效果图

（5）高级：通过该组命令可以调整画面整体的阴影、高光以及饱和度。

（6）色调曲线和直方图：该命令使用方法与"曲线"命令使用方法相同。

5.2 实战演练

5.2.1 蓝色按钮图标设计

（1）新建一个1000像素×1000像素的文件，背景色填充为80b5e1，如图5-92、图5-93所示。

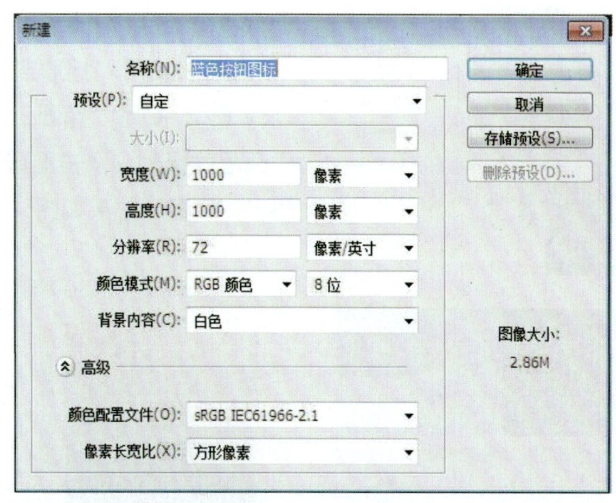

图5-92 新建文件

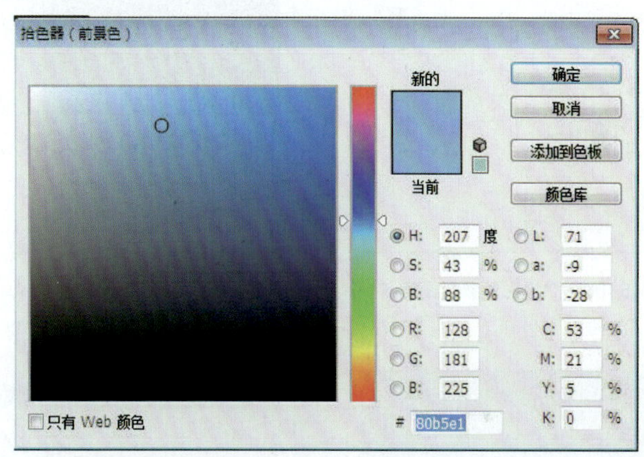

图5-93 颜色填充

（2）选择"圆角矩形工具"，在属性栏中将半径设置为50像素，画一个400像素×400像素的圆角矩形，如图5-94、图5-95所示。

图5-94 参数设置

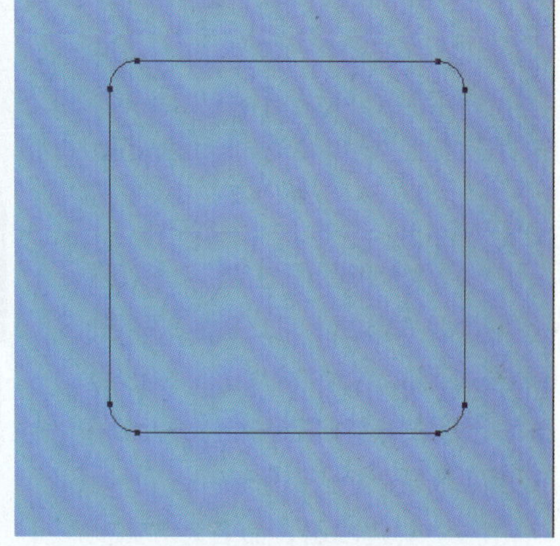

图5-95 圆角矩形效果

（3）将图层命名为"发光层"，双击图层，在弹出的对话框中对"投影"进行参数设置，将投影色设置为bedff2，其他参数如图5-96所示，效果如图5-97所示。

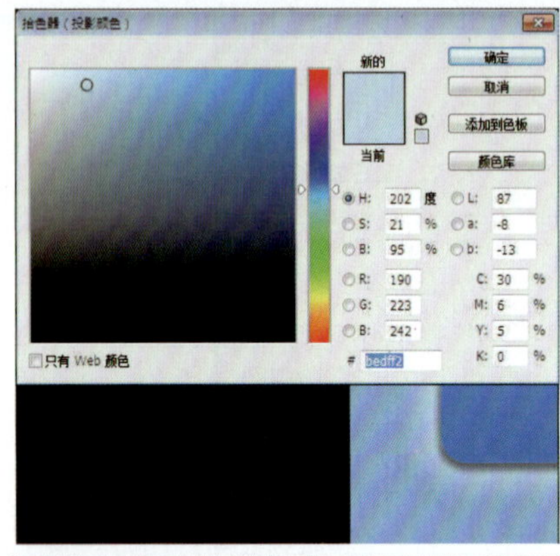

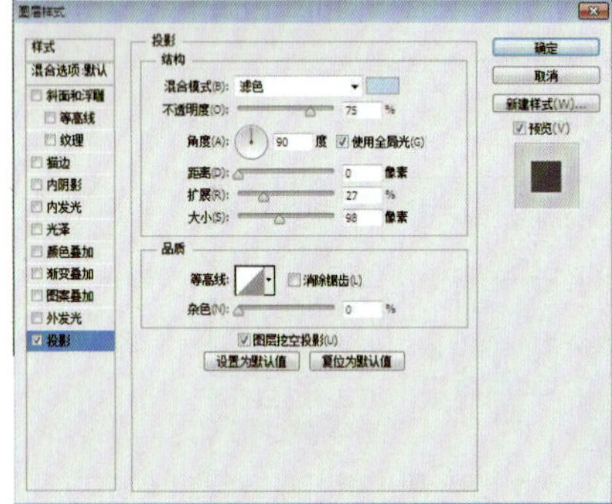

图5-96 “投影”参数设置

图5-97 设置“投影”后效果

（4）复制图层“发光层”，将图层名称修改为“厚度层”。之后将该图层的图层样式清除，并对“内发光”“渐变叠加”“投影”进行如图5-98～图5-100所示设置，效果如图5-101所示。

（5）新建图层，命名为“高光层”，选择画笔工具，属性栏中选择柔性画笔，颜色设置为4eb8fb，画面中单击鼠标左键，如图5-102所示；之后，选中该图层，按Ctrl+T组合键进行自由变换，将画笔绘制图案放置于合适位置，如图5-103所示。

（6）使用“矩形选框工具”，选中如图5-104所示位置，并删除部分。

（7）使用“椭圆工具”，画一个206像素×206像素的圆，将图层命名为“凸起效果”。双击图层，进行“斜面和浮雕”的设置，如图5-105、图5-106所示，设置后效果如图5-107所示。

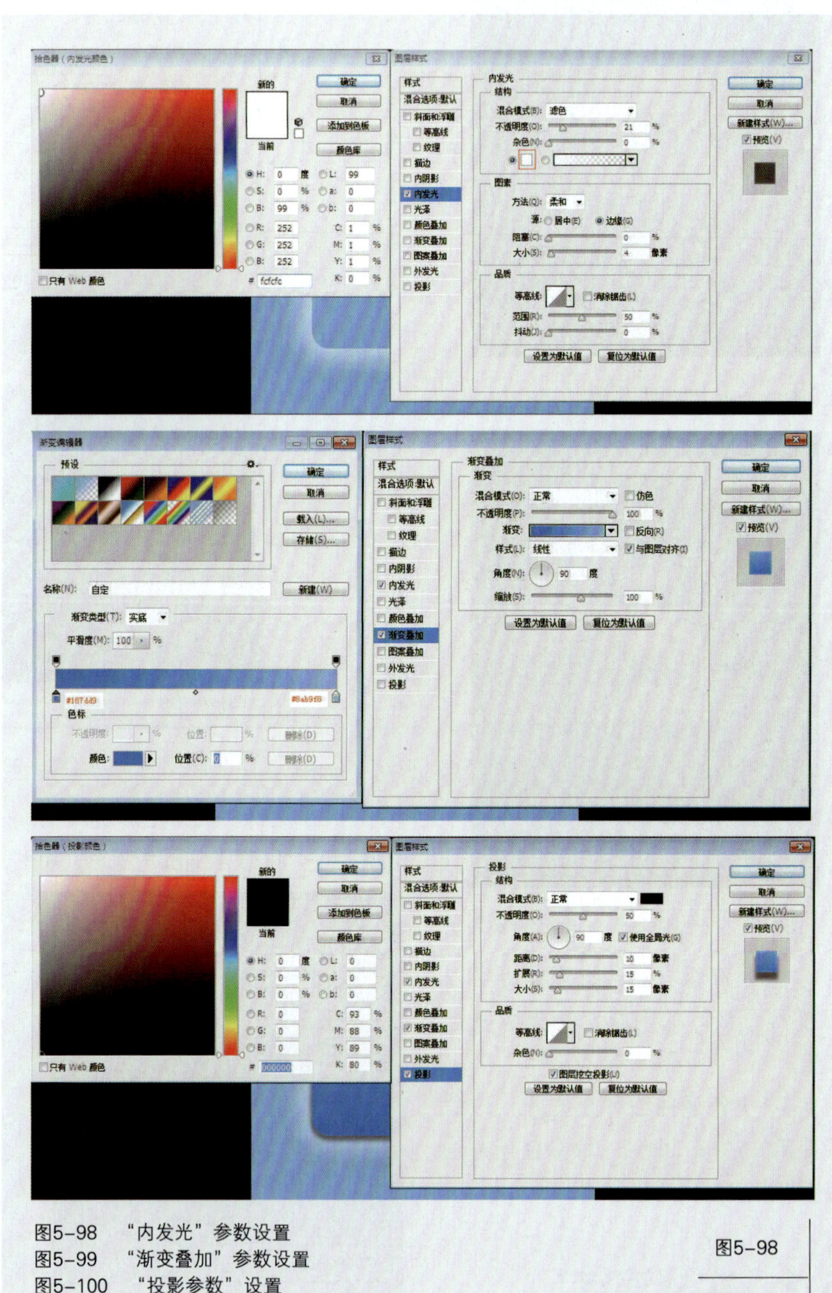

图5-98 “内发光”参数设置
图5-99 “渐变叠加”参数设置
图5-100 “投影参数”设置

图5-98

图5-99

图5-100

图5-101 设置后效果图

图5-102 画笔绘画效果

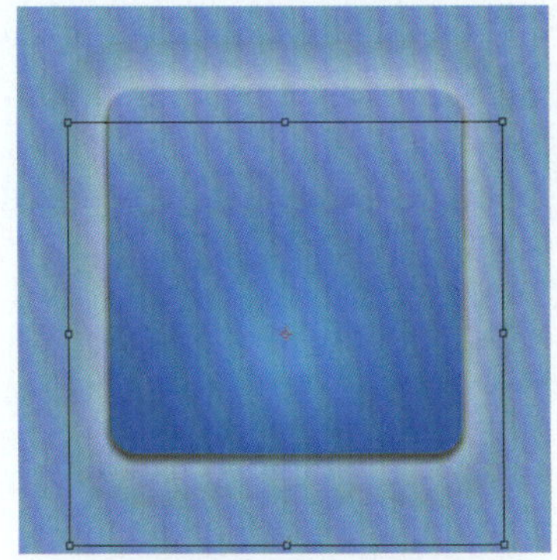

图5-103 进行自由变换

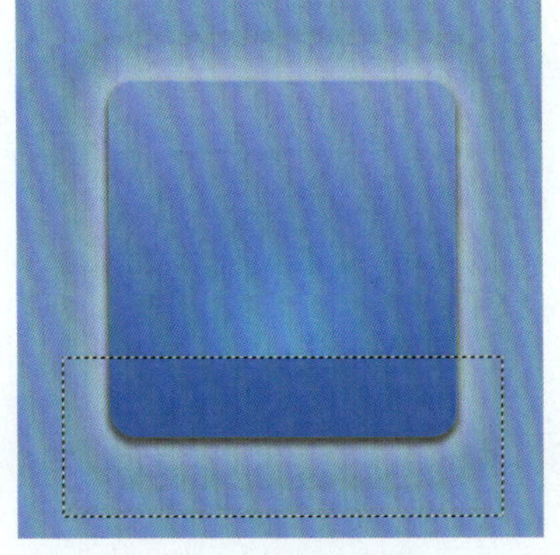

图5-104 删除部分图形

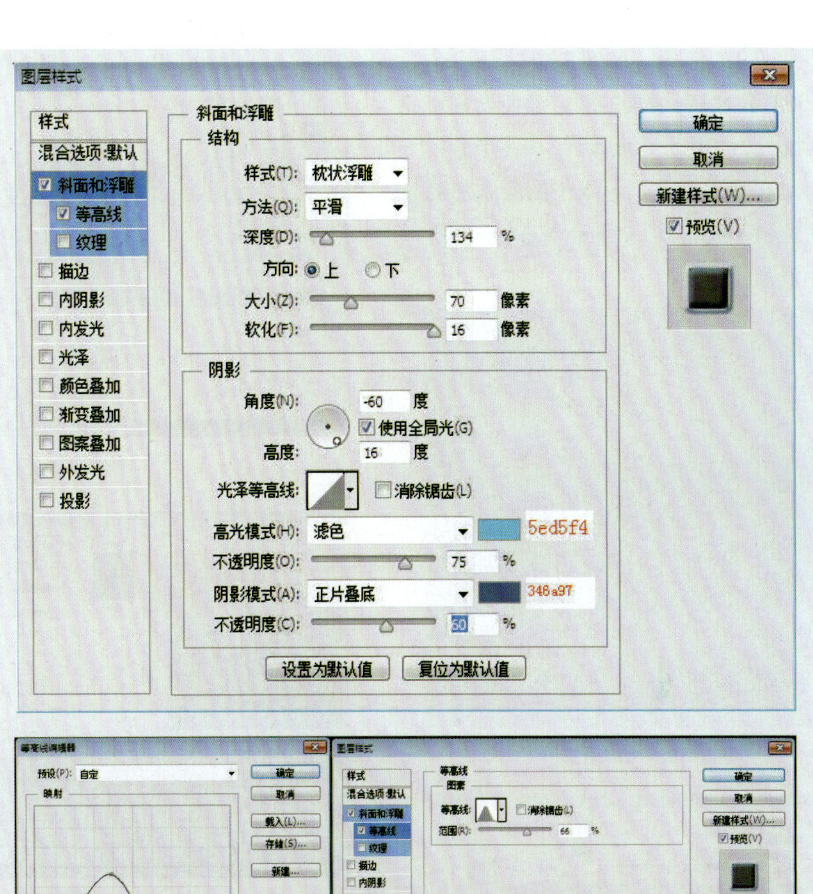

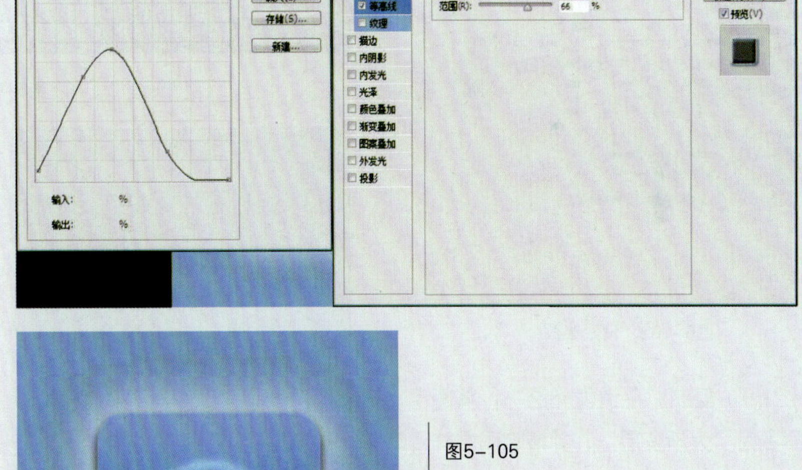

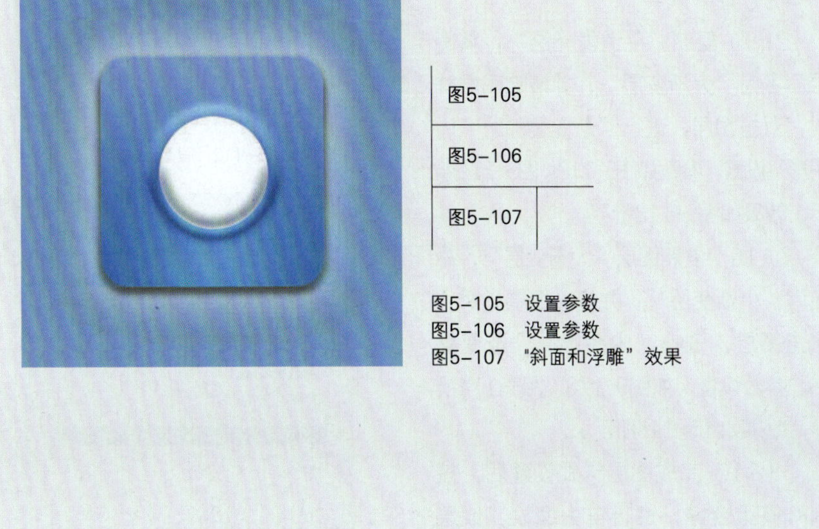

图5-105 设置参数
图5-106 设置参数
图5-107 “斜面和浮雕”效果

（8）使用“椭圆工具”画一个196像素×196像素的圆，颜色设置为80b5e1，如图5-108所示；将图层命名为“平滑发光层”，双击图层添加混合选项“内阴影”，进行如图5-109所示设置。

图5-108　绘制圆形

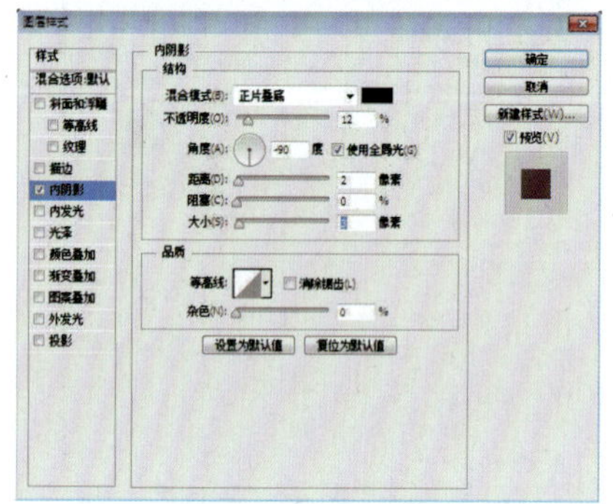

图5-109　设置参数

（9）复制“平滑发光层”，将图层命名为“大渐变层”，并清除图层样式；双击图层，进行“渐变叠加”“内阴影”设置，参数如图5-110、图5-111所示，效果如图5-112所示。

（10）复制图层“大渐变层”，命名为“小渐变层”，并清除图层样式；双击图层，进行“内阴影”“渐变叠加”参数设置，如图5-113、图5-114所示，效果如图5-115所示。

（11）完成图层样式设置后，按Ctrl+T组合键，进行自由缩放，效果如图5-116所示。

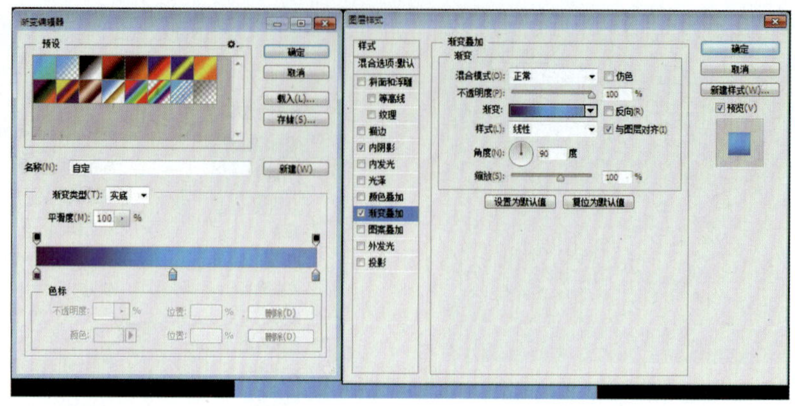

图5-110　设置参数

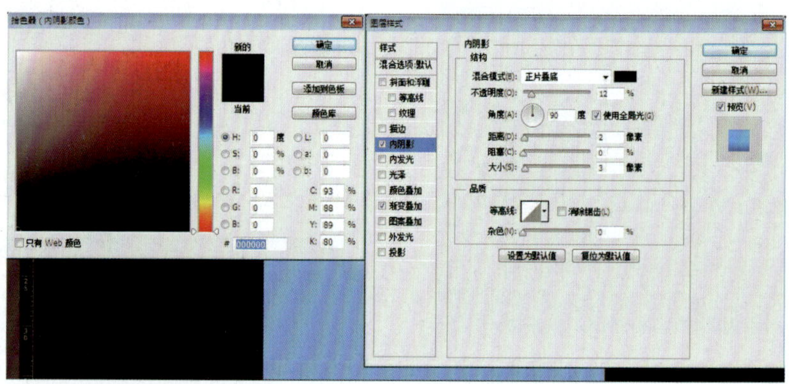

图5-111　设置参数

图5-112　设置后效果

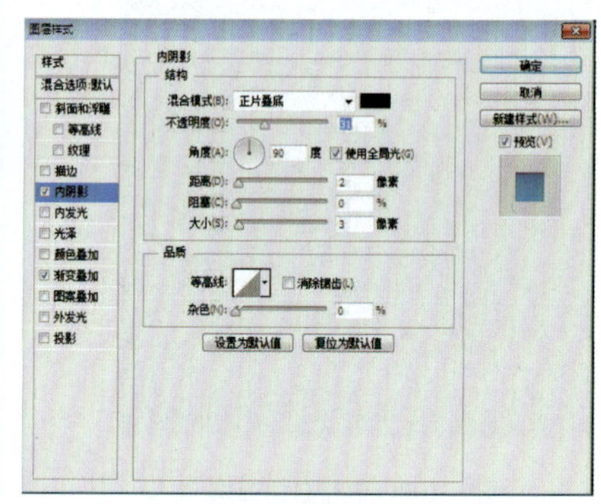

图5-113　设置参数

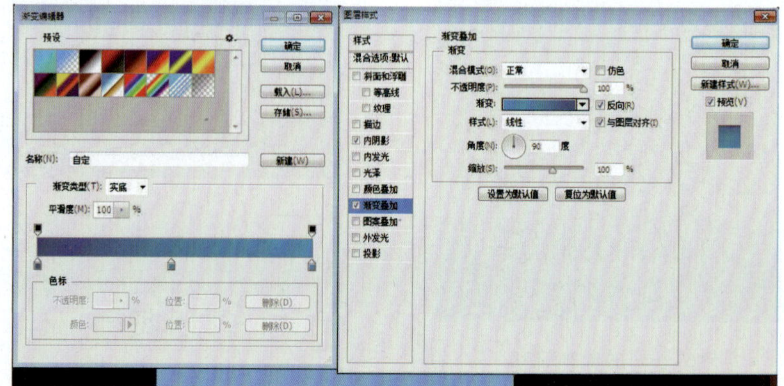

图5-114　设置参数

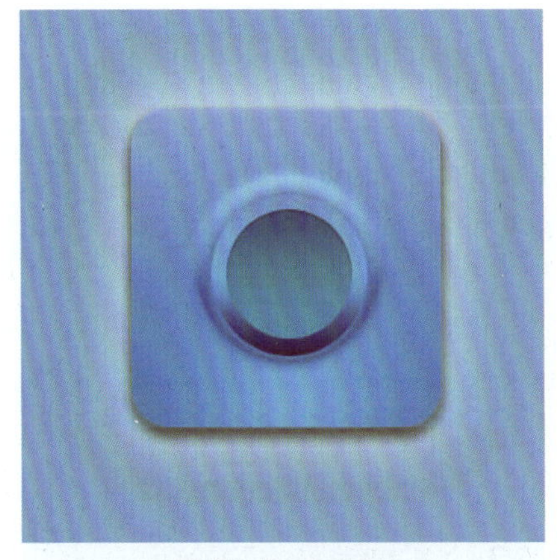

图5-115 效果图

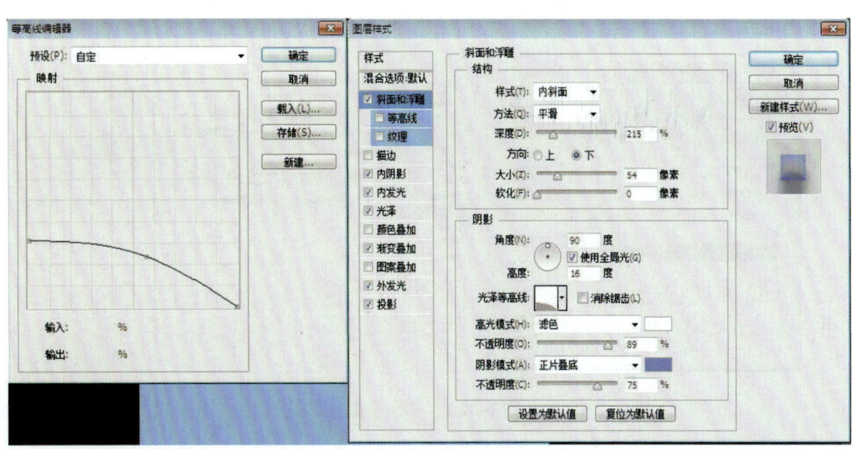

图5-117 参数设置

图5-116 设置后效果图

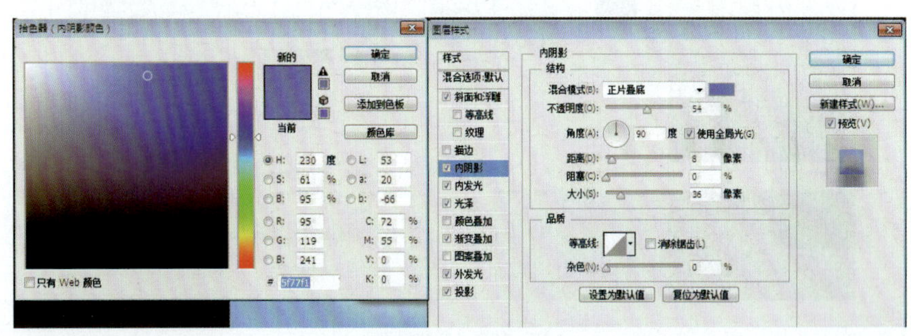

图5-118 参数设置

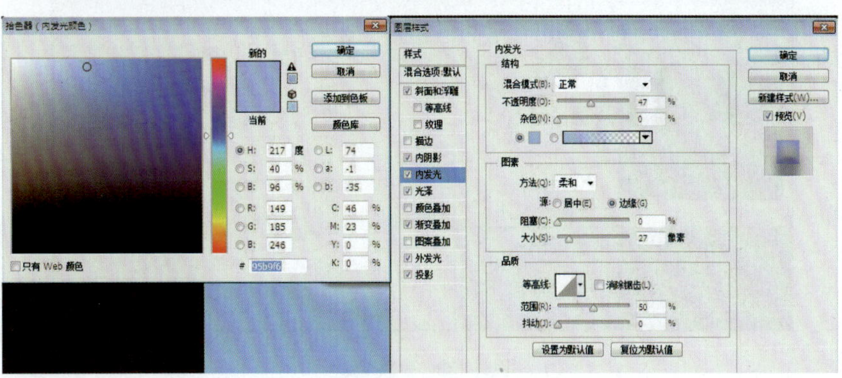

图5-119 参数设置

(12)使用“椭圆工具”，画一个比“小渐变层”小一点的圆，颜色为80b5e1，图层命名为“球体”。双击图层，对“斜面和浮雕”“内阴影”“内发光”“光泽”“渐变叠加”“外发光”“投影”等效果按如图5-117～图5-123所示的参数进行设置。

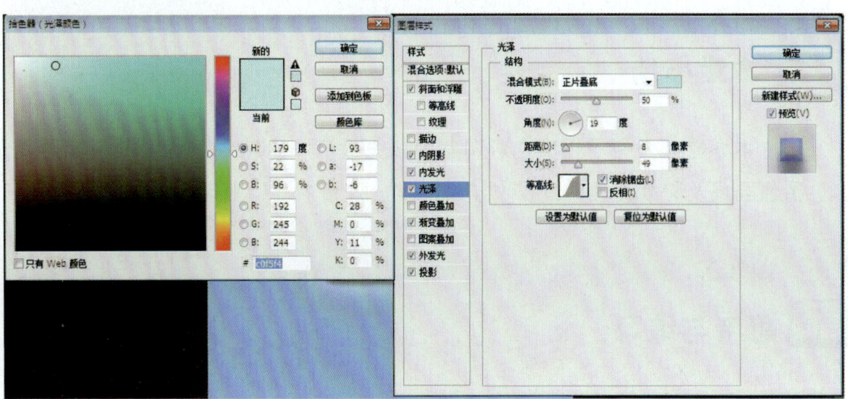

图5-120 参数设置

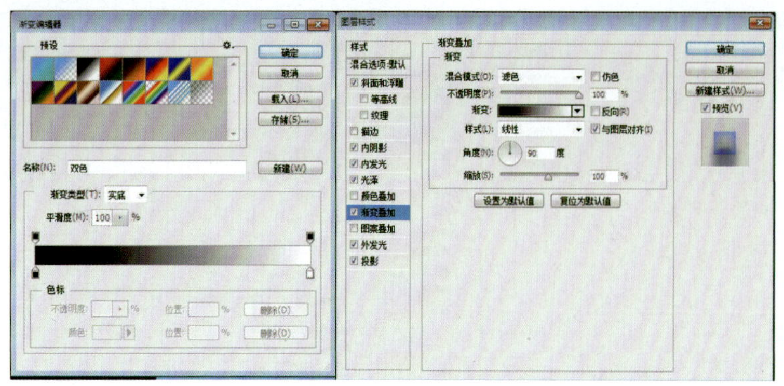

图5-121 参数设置

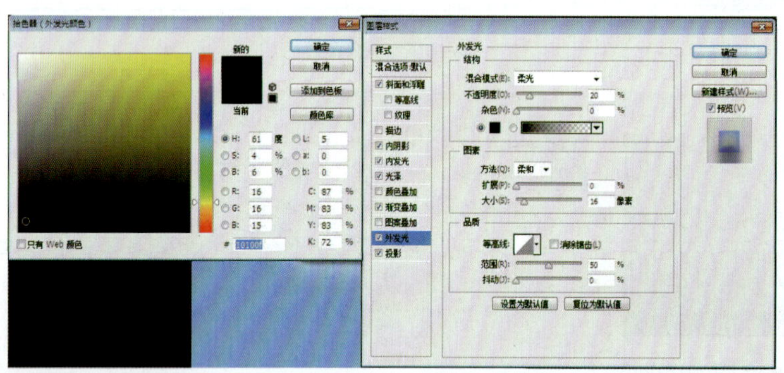

图5-122 参数设置

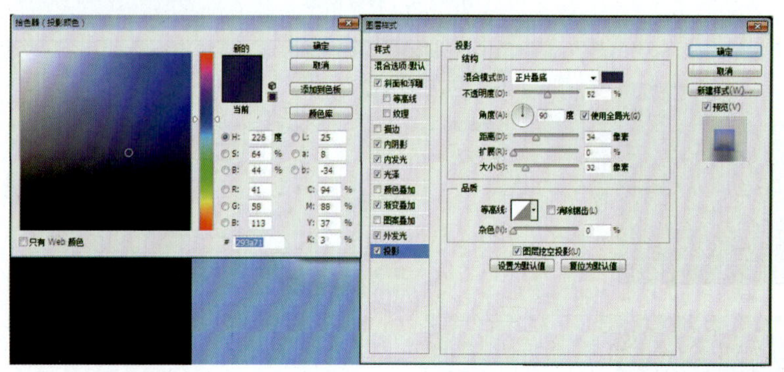

图5-123 参数设置

（13）最终效果如图5-124所示。

图5-124 最终效果

蓝色按钮图标设计

本章小结

本章重点介绍了图像色彩调整的相关知识，通过本章的学习，读者可掌握色彩调整的常用工具及命令，在进行图像合成及特效处理的过程中能够制作出效果丰富的画面效果。

思考与练习

1. 图像色彩调整的常用命令有哪些？
2. 运用本章介绍的相关知识制作一个图标。

第6章 创建与编辑

◆本章知识点

1. 横排与竖排文字　　2. 创建路径文字
3. 变形文字　　4. 编辑文字
5. 转换文字

◆学习目标

1. 掌握文字的类型和属性，学会输入和编辑文字
2. 能够创建文字和转换文字对象

6.1 文字类型

6.1.1 点文字

点文字是Photoshop中使用最为广泛的一类文字，用于创建和编辑较少内容的文本信息，如标题文字。点文字在输入的过程中长度会增加，但不会自动换行，可按Enter键换到下一行，然后继续输入。

6.1.2 段落文字

段落文字是一类以段落文字文本框来确定文字位置与换行情况的文字，当用户改变文本框时，文本会根据文本框的形状自动换行。其主要应用于内容较多的文字，如宣传品中的正文部分。

6.2 输入文字

6.2.1 输入横排文字和直排文字

“横排文字工具” 是最常用的文字工具，选择该工具后在页面单击鼠标左键就可以在页面中输入文字，添加横向排版的文字效果，按下Enter键可以换行，如图6-1所示。“直排文字工具” 可以在图像中添加纵向排版的文字效果，使用方法和“横排文字工具” 相似，如图6-2所示。

图6-1　横排文字

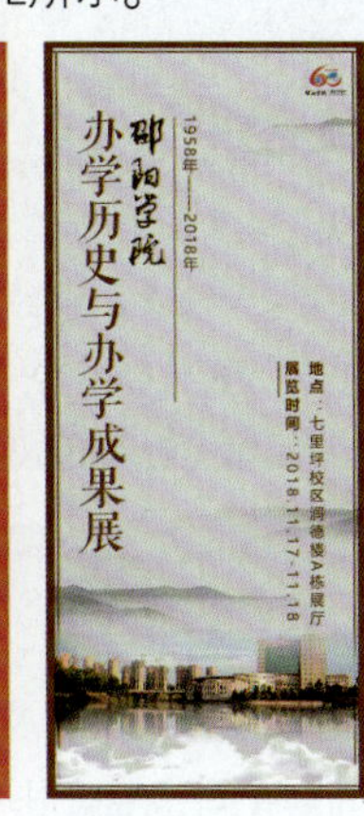

图6-2　直排文字

6.2.2 输入段落文字

选择“横排文字工具”T或“直排文字工具”IT在画面中单击并移动鼠标指针拖拽出一个文本框，松开鼠标左键时，画面中会出现一个闪烁的光标，此时可以输入文字，当文字到达文本框边界时会自动换行，如图6-3、图6-4所示。如果在段落文本框中输入的文字超出文本框的范围，超出的文字将被隐藏，此时在段落文本框的右下角位置将会出现一个小的“田”字符号，向下拖拽文本框可以将内容显示完全。

图6-3 创建段落文本框

图6-4 输入段落文本

创建段落文字后，可以根据需要调整文本框的大小，文本随着文本框大小的变化自动重新排列，如图6-5、图6-6所示。

图6-5 调整文本框大小前

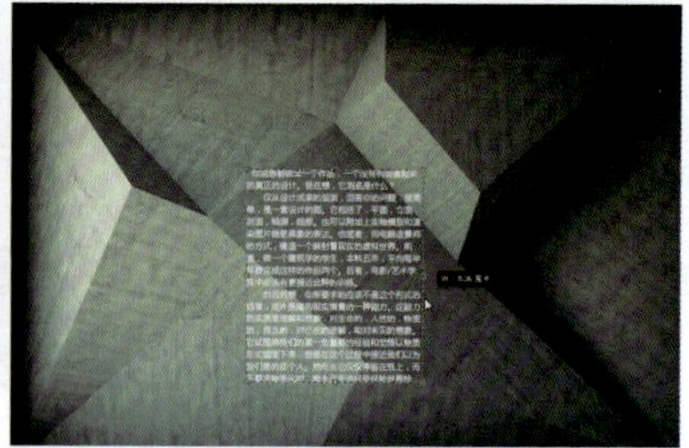

图6-6 调整文本框大小

将鼠标指针移动至文本框四周的控制点上，按住鼠标左键并拖动，可以对文本框进行旋转、缩放等操作，如图6-7所示。

➢ Tips：单击并拖动鼠标指针定义文字区域的同时按住Alt键，会弹出“段落文字大小”对话框，在对话框中输入“宽度”和“高度”值，可以精确定义文字区域的大小，如图6-8所示。

图6-7 旋转文本框

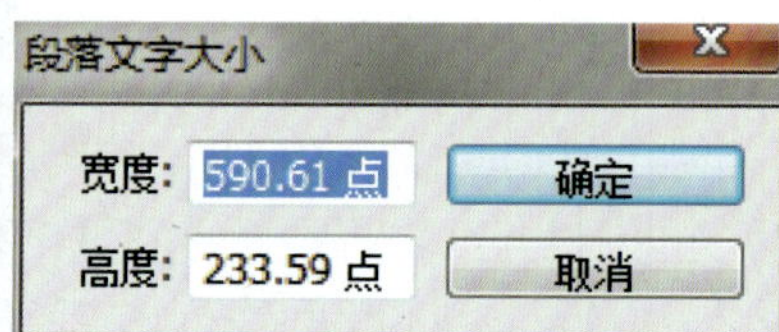

图6-8 定义段落文本框大小

6.2.3 输入选区文字

“横排文字蒙版工具”和“直排文字蒙版工具”可以创建横排或直排的文字选区。选择其中一个工具，在画面单击就可以进入蒙版，此时出现半透明的红色蒙版，退出文字编辑状态后，文字以选区形式显示，如图6-9、图6-10所示。也可以像创建段落文字一样，单击并拖拽出一个矩形文本框，在此范围内输入文字，创建文字选区。文字选区可以和其他选区一样移动、复制、填充和描边。

图6-9 创建选区文字过程中

图6-10 创建选区文字后

6.3 设置文字属性

6.3.1 设置文字属性

设置文字属性可以通过文字工具属性栏（见图6-11）和“字符”面板

完成。

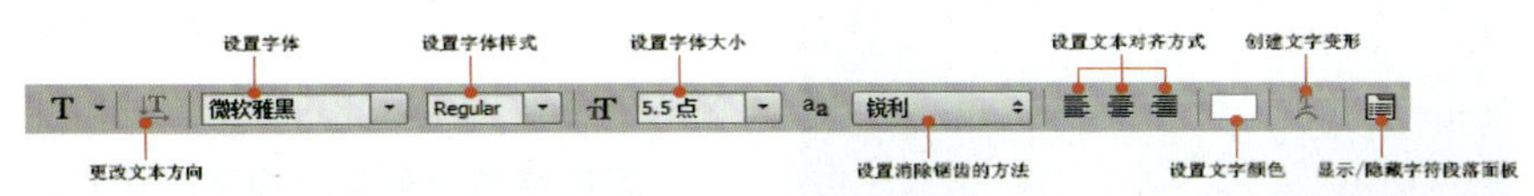

图6-11 文字工具属性栏

1. 文字工具属性栏的功能

（1）更改文本方向。当前文字为横排文字时，单击“更改文本方向”按钮可转换为直排文字；文字为直排文字时则转换为横排文字。

（2）设置字体。选择需要处理的文字，在文字工具属性栏的“设置字体”选项的下拉列表中选择需要的字体，所选择的文字字体会随之改变。

（3）设置字体样式。文字工具属性栏的“设置字体样式”选项只对部分字体有效。可以在此设置“Regular”（规则的）、“Bold”（粗体）、“Italic”（斜体）、“BoldItalic”（粗斜体）等。

（4）设置字体大小。选择需要设置字体大小的文字，在文字工具属性栏的“设置字体大小”选项中，通过选择和直接输入数值的方式设置字体的大小。

（5）消除文字锯齿。在文字工具属性栏的“设置消除锯齿的方式”选项中，可以为文字消除锯齿选择一种方法，有“锐利”“犀利”“浑厚”“平滑”4种选择。如果没有设置消除锯齿，那么文字的边缘就会产生硬边和锯齿。选择“锐利”，使文字边缘有清晰的轮廓；选择“犀利”，使文字显得更鲜明；选择“浑厚”，使文字更为粗重；选择“平滑”，使文字变得更为平滑。设置消除文字锯齿的效果如图6-12、图6-13所示。

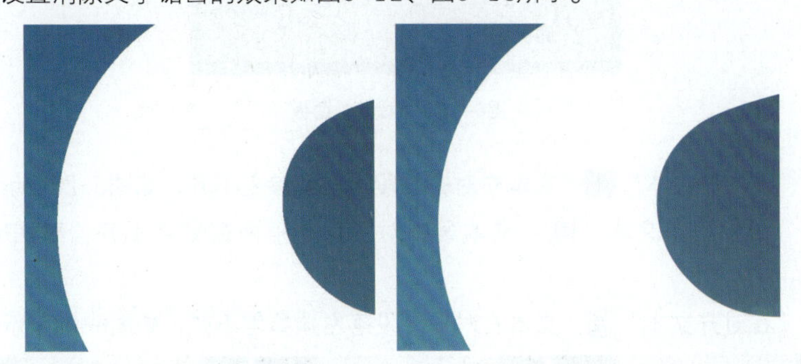

图6-12 没有设置消除锯齿　　图6-13 消除锯齿“锐利”

（6）设置文本对齐。文字工具属性栏提供了3种文本的对齐方式，即左对齐、右对齐、居中对齐，是根据输入文字光标的位置为基准的文本对齐方式。

（7）设置文字颜色。单击文字工具属性栏中“设置文字颜色”选项的颜色色块，在弹出的“拾色器”对话框中选择想要的字体颜色即可。

> Tips：较小的文字如果包含多种颜色，容易产生套印不准，从而导致文字模糊。如常用的默认黑色就要慎用，Photoshop默认的黑色不是纯粹的黑色，而是四色叠加的黑色（C93 M88 Y89 K80），设计师如需使用黑色应该使用（C0 M0 Y0 K100），再将图层模式设置为“正片叠底”，这样能有效地避免套色不准的现象。

（8）创建文字变形。单击文字工具属性栏中的“创建文字变形”按钮，弹出“文字变形”对话框，可以创建变形文字，这一部分的内容在后面进行了详细地介绍。

2. 字符面板

单击文字工具属性栏中“显示/隐藏字符段落面板”按钮，可以打开“字符”面板，如图6-14所示。

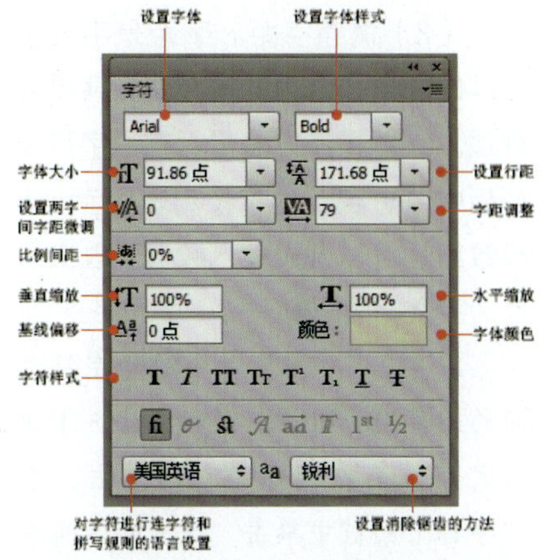

图6-14 “字符”面板

“字符”面板中与文字工具属性栏相同的功能在此不重复介绍，仅介绍文字工具属性栏中没有的常用功能。

（1）调整行距。行距是各文字行之间的距离，数值越大，行距越大。设置行距的具体操作方法是：选择需要调整行距的文字，在“字符”面板中单击旁的下拉列表，可以选择数值也可以直接输入数值来改变所选文字行与行之间的距离，如图6-15、图6-16所示。

图6-15 行距—自动

图6-16　行距—12点

（2）调整字距。字距是字与字之间的距离，合理的间距使阅读更为舒适。具体操作方法是：在“字符”面板中单击旁的下拉列表，可以选择数值也可以直接输入数值来改变所选文字之间的距离。

➢ Tips：如果需要对两字符之间的距离进行微调有两种方法。①使用文字工具在两字符之间单击，在“字符”面板中单击“设置两字间字距微调”选项右侧的下拉列表，从中选择数值或直接输入数值。②使用文字工具在两字符之间单击后，按Alt+←组合键和Alt+→组合键进行两字字距微调。

（3）更改字符长宽比例。输入文字后，选择需要调整的文字，在“字符”面板中的“垂直缩放”选项和“水平缩放”选项的输入框中输入数字，就可以改变文字的长宽比例，如图6-17、图6-18所示。

图6-17　正常比例

图6-18　分别更改长宽比例后

6.3.2　设置段落属性

“段落”面板用来设置段落属性，如图6-19所示。

如需单独设置某一段落的格式，可以用文字工具在该段落任意位置单击；如需设置全部段落格式，则需在“图层”面板中选择该文本图层。

1. 设置段落的对齐

“段落”面板最上面一排的按钮用来设置段落的对齐方式，有以下几种方式。

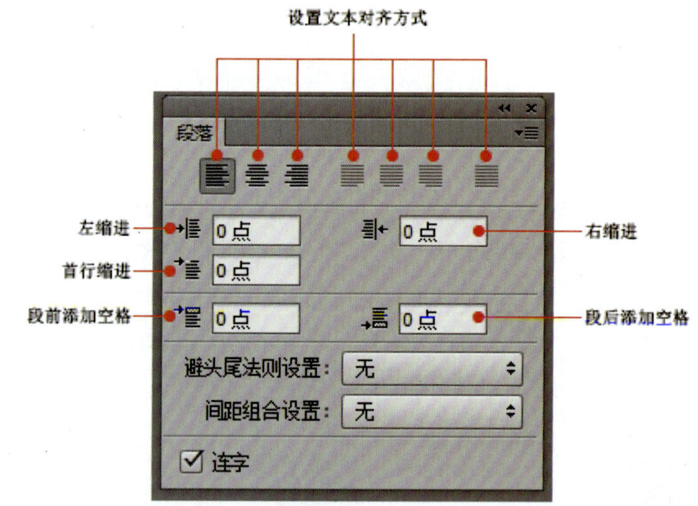

图6-19　“段落”面板

“左对齐文本”：文本左对齐，段落右端参差不齐，如图6-20所示。

“居中对齐文本”：文本居中对齐，段落两端参差不齐，如图6-21所示。

“右对齐文本”：文本右对齐，段落左端参差不齐，如图6-22所示。

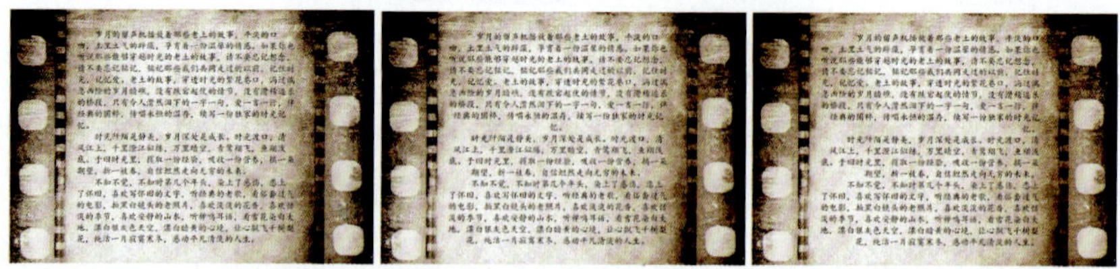

图6-20　左对齐文本　　图6-21　居中对齐文本　　图6-22　右对齐文本

“最后一行左对齐”每自然段最后一行左对齐，其他行左、右两端强制对齐，如图6-23所示。

“最后一行居中对齐”：每自然段最后一行居中对齐，其他行左、右两端强制对齐，如图6-24所示。

“最后一行右对齐”：每自然段最后一行右对齐，其他行左、右两端强制对齐，如图6-25所示。

“全部对齐”：在字符间添加间距，使文本两端强制对齐，如图6-26所示。

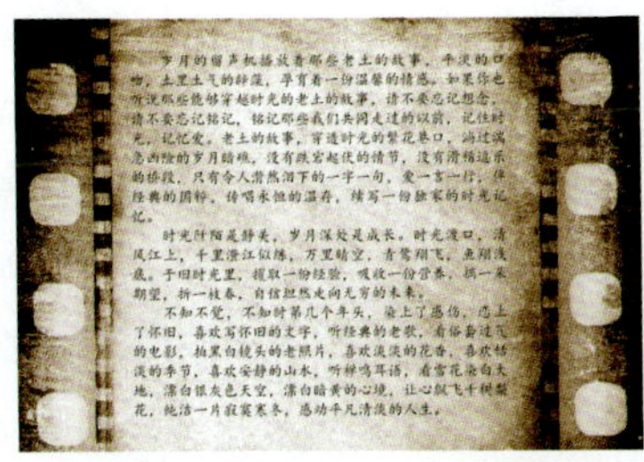
图6-23 最后一行左对齐图

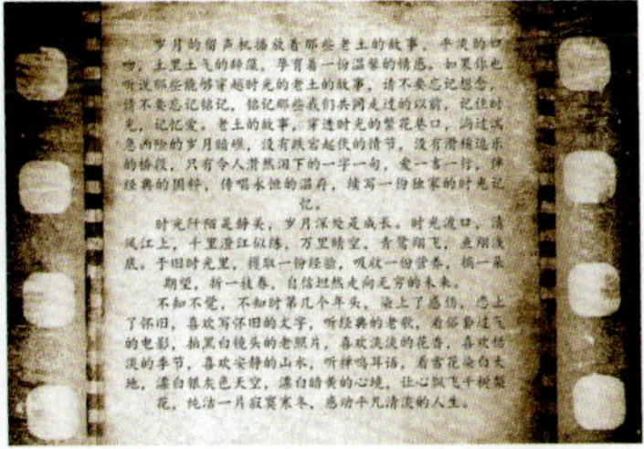
图6-24 最后一行居中对齐图

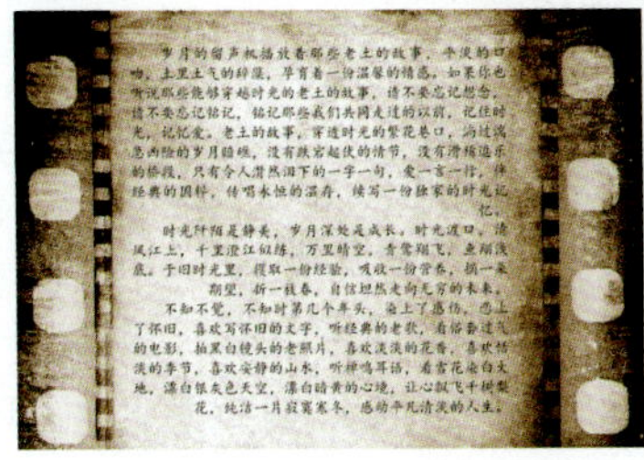
图6-25 最后一行右对齐

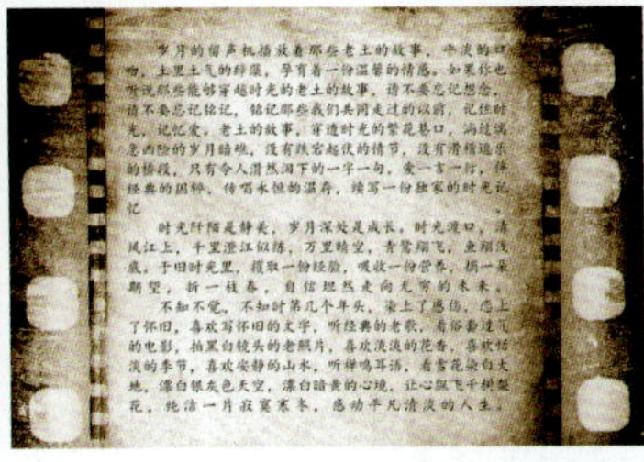
图6-26 全部对齐

2. 设置段落的缩进

缩进指定文字与文本框边框之间或与包含该文字的行之间的间距量。缩进只影响选定的一个或多个段落，因此可以轻松地为各个段落设置不同的缩进。

具体操作如下：如果希望影响该文字图层中的所有段落选择文字图层，或者选择要影响的段落，在“段落”面板中，为缩进选项输入值。

左缩进：从段落的左边缩进。对于直排文字，此选项控制从段落顶端的缩进，如图6-27所示。

右缩进：从段落的右边缩进。对于直排文字，此选项控制从段落底部开始的缩进，如图6-27所示。

首行缩进：缩进段落中的首行文字。对于横排文字，首行缩进与左缩进有关；对于直排文字，首行缩进与顶端缩进有关。若要创建首行悬挂缩进，则输入一个负值，如图6-28所示。

图6-27 左、右各缩进20点

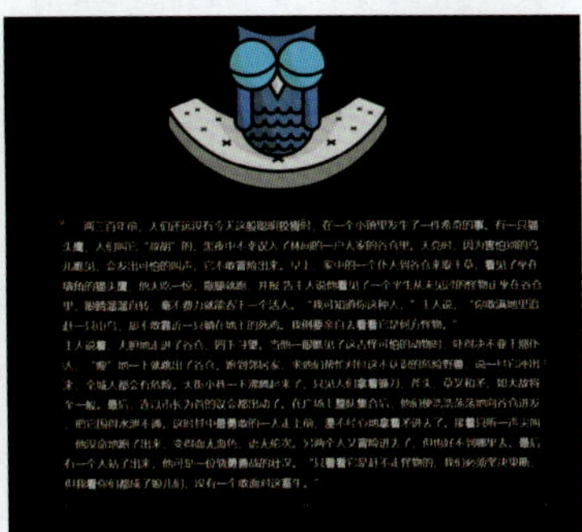
图6-28 第一段首行缩进20点

3. 设置段落的间距

“段落”面板中的“段前添加空格”按钮和“段后添加空格”按钮可以控制段落间的距离，如图6-29所示。

图6-29 第二段段前设置20点

4. 设置避头避尾法则

在段落排版中，对行首和行尾可使用的标点是有限制的，称为避头尾。如行首不允许逗号、句号、问号、感叹号等；行尾不允许前引号、前括号、前书名号等。我们可以通过“段落”面板中的“避头避尾法则设置”选项选择是严格还是宽松地遵照避头避尾法则，如图6-30、图6-31所示。

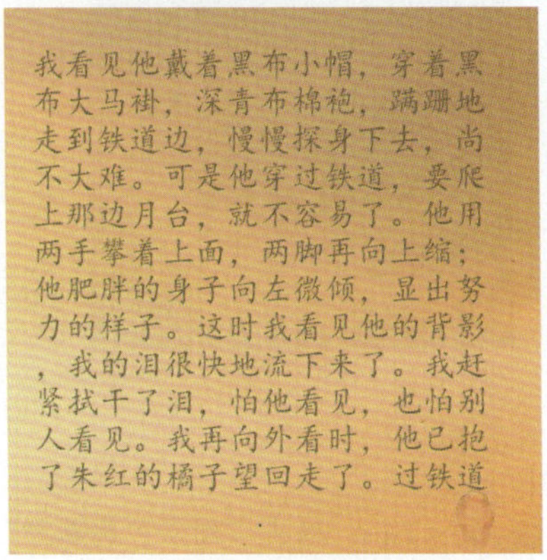

我看见他戴着黑布小帽，穿着黑
布大马褂，深青布棉袍，蹒跚地
走到铁道边，慢慢探身下去，尚
不大难。可是他穿过铁道，要爬
上那边月台，就不容易了。他用
两手攀着上面，两脚再向上缩；
他肥胖的身子向左微倾，显出努
力的样子。这时我看见他的背影
，我的泪很快地流下来了。我赶
紧拭干了泪，怕他看见，也怕别
人看见。我再向外看时，他已抱
了朱红的橘子望回走了。过铁道

图6-30 没有设置避头避尾法则

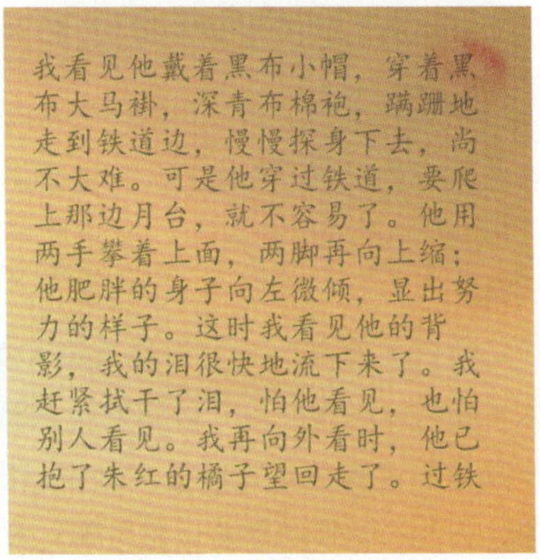

我看见他戴着黑布小帽，穿着黑
布大马褂，深青布棉袍，蹒跚地
走到铁道边，慢慢探身下去，尚
不大难。可是他穿过铁道，要爬
上那边月台，就不容易了。他用
两手攀着上面，两脚再向上缩；
他肥胖的身子向左微倾，显出努
力的样子。这时我看见他的背
影，我的泪很快地流下来了。我
赶紧拭干了泪，怕他看见，也怕
别人看见。我再向外看时，他已
抱了朱红的橘子望回走了。过铁

图6-31 设置避头避尾法则

6.4 编辑文字

6.4.1 选择文字

在对已经输入的文字进行更改和调整前，必须先选中文字。使用T“横排文字工具”单击文本，则自动选择“文字”图层，并进入文字编辑模式。在文本中按住鼠标左键并拖动，可以选择一个或多个字符，选中的字符成反色显示。如图6-32、图6-33所示。按下Shift键的同时单击鼠标左键，可以将置入点到鼠标单击处之间的字符选中，如图6-34所示。

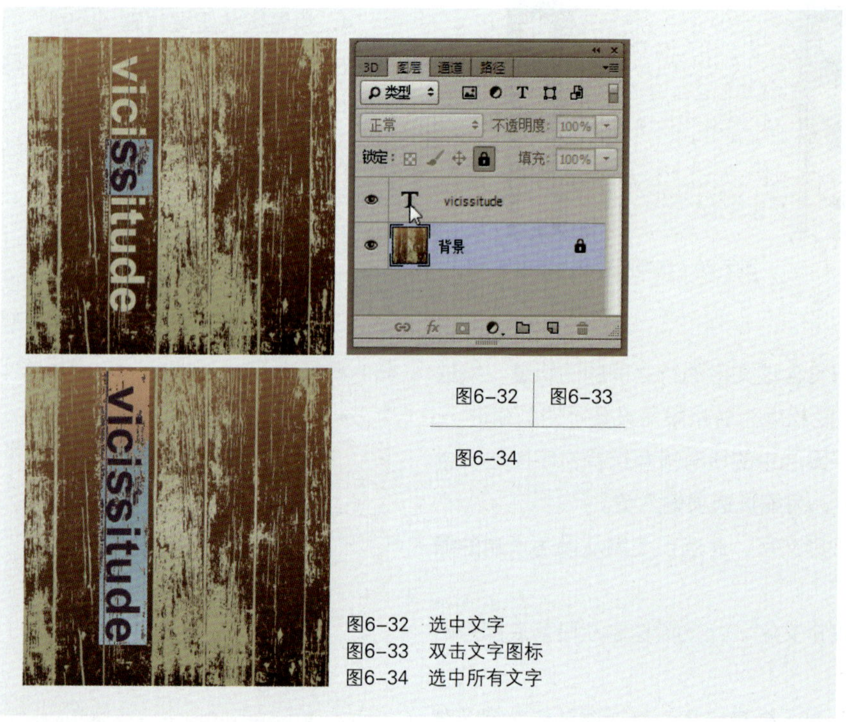

图6-32 选中文字
图6-33 双击文字图标
图6-34 选中所有文字

➢ Tips：双击“图层”面板中“文字”图层的T图标，可以快速地选择图层中的所有字符。按Esc键可退出文字的选中状态。

6.4.2 更改文字排列方向

执行“类型”→“文本排列方向”→“横排/竖排”命令，或单击文字工具属性栏中的“更改文本方向”按钮可以切换文本方向。

6.4.3 切换点文字和段落文字

执行“类型”→“转换为段落文本”命令，可以将点文本转换为段落文本；执行“类型”→“转换为点文本”命令，可以将段落文本转换为点文本。但是需要注意的是，段落文本中超出文本框边界的文字在转换过程中将被删除，因此在转换前需要调整段落文本的文本框大小，确保所有的文字都显示出来，这样才不会丢失文字。

6.5 创建变形文字

由于设计需要，设计师常常需要对文字进行变形、旋转等编辑，Photoshop中的文字图层可以和普通图层一样进行“自由变换”。此外，用户还可以通过“变形文字”功能对文字进行变形，将文字扭曲成波浪形、扇形等形状，从而创建更为丰富的文字效果。

6.5.1 创建变形文字样式

1. 创建变形文字

输入文字后，执行“类型”→“文字变形”命令，或单击文字工具属性栏中的“创建文字变形”按钮，弹出“变形文字”对话框，选择相应样式后，调整数值文字即可产生想要的变形效果，如图6-35～图6-37所示。

图6-35 输入文字

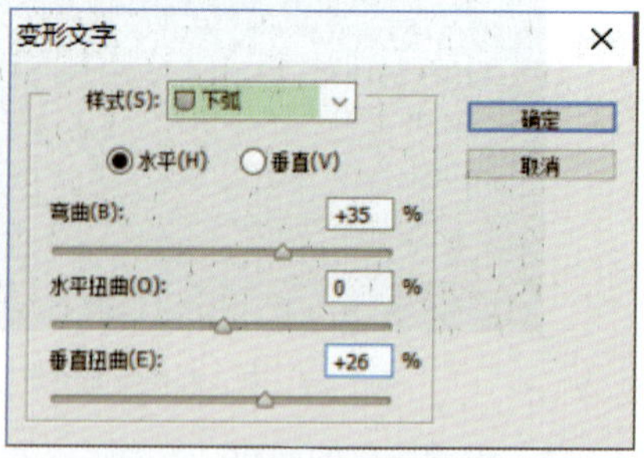

变形文字
样式(S): 下弧
◉水平(H) ○垂直(V)
弯曲(B): +35 %
水平扭曲(O): 0 %
垂直扭曲(E): +26 %
确定
取消

图6-36 “变形文字”对话框

图6-37 文字变形后效果

2. “变形文字”样式

在该选项的下拉列表中，Photoshop提供了15种变形样式，如图6-38～图6-40所示。

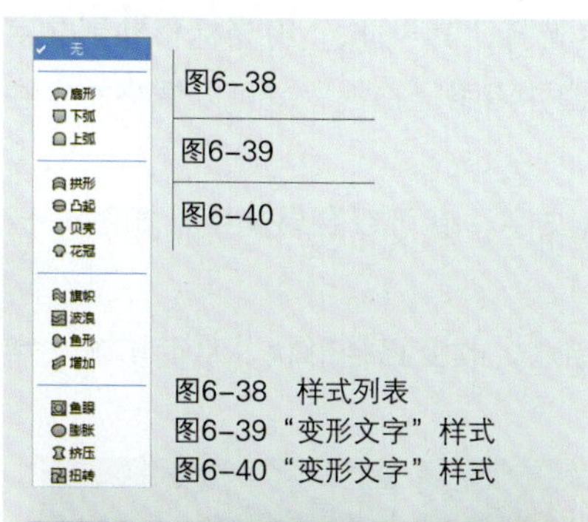

图6-38
图6-39
图6-40

图6-38 样式列表
图6-39 “变形文字”样式
图6-40 “变形文字”样式

水平/垂直：选择“水平”，文字扭曲的方向为水平方向，如图6-41所示。选择“垂直”，文本扭曲的方向为垂直方向，如图6-42所示。

图6-41 文本扭曲方向—水平

图6-42 文本扭曲方向—垂直

弯曲：可设置文本的弯曲程度，范围为-100%～100%。

水平扭曲/垂直扭曲：可对文本应用水平方向或垂直方向的透视效果，如图6-43、图6-44所示。

图6-43 “水平扭曲”效果

图6-44 “垂直扭曲”效果

6.5.2 编辑变形文字效果

1. 重置变形

如果对变形效果不满意需要微调，或者想要更换其他变形效果，还可以再次进行修改。执行“类型”→“文字变形”，再次打开“变形文字”对话框，在对话框中修改数值或者在“样式”选项下拉列表中选择其他样式选项，设置后即可更改文字的变形效果，如图6-45、图6-46所示。

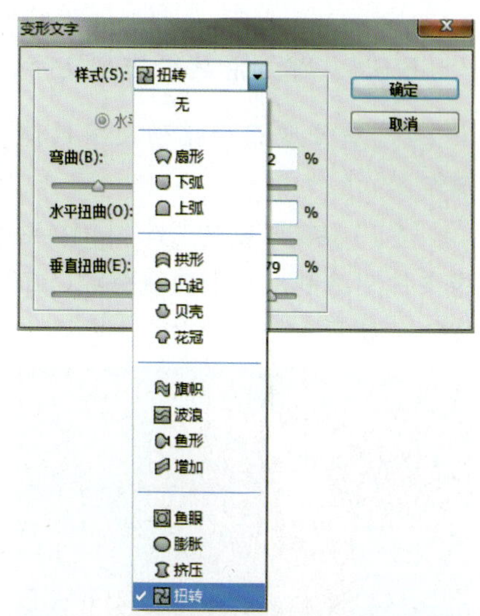

图6-45 更改变形文字

图6-46 更改变形文字后效果

2. 取消变形

在“变形文字”对话框的“样式”下拉列表中选择“无”，单击确定后即可将文字恢复为变形前状态。

6.6 创建路径文字

在Photoshop中，用户可以通过将

文字沿路径排列，使文字产生特殊的排列效果。在开放路径上文字沿路径边缘排列，还可以将文字排列在封闭的路径内，形成类似段落文本框的效果。当路径形状改变时，文字的排列方式也会随之改变，因此文字的处理方式更为灵活。

6.6.1 输入沿路径排列文字

1. 沿开放路径排列文字具体操作

（1）使用“钢笔工具”在图像文件中绘制出一条曲线路径，如图6-47所示。

图6-47 绘制路径

（2）选择“横排文字工具”，设置好字体、字号和颜色后将光标放在路径上时，光标会变成形状。在路径上单击设置文字插入点，然后输入文字，文字就会沿着路径的形状进行排列。按下Ctrl+Enter组合键结束操作。在“路径”面板的空白处单击即可隐藏路径，如图6-48所示。

图6-48 沿路径排列文字

2. 沿封闭路径排列文字具体操作

（1）使用“钢笔工具”绘制出一个封闭路径，本处绘制了一个五角星形状，如图6-49所示。

（2）选择“横排文字工具”，将光标移动到五角星形的路径之内时，光标显示为，表示在封闭区域内排版文字，此时输入文字就会按五角星的形状排版，如图6-50所示。

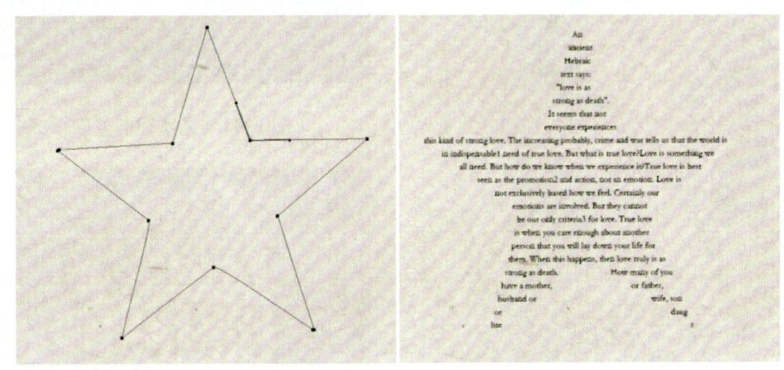

图6-49 创建封闭路径　　图6-50 按封闭路径形状排列文字

6.6.2 调整文字排列位置

选择“直接选择工具”或者“路径选择工具”，将光标移动到文字上，这时光标会变成形状。单击鼠标左键并沿路径拖拽，就可以调整文字在路径上的位置，如图6-51所示。

单击鼠标左键并向路径的另一侧拖拽文字，就可以翻转文字，如图6-52所示。

使用“路径选择工具”拖动路径锚点，改变路径形状，从而影响文字的排列形状，如图6-53所示。

图6-51 调整文字排列位置

图6-52 翻转文字

图6-53 拖移路径锚点

6.6.3 调整文字与路径距离

在“字符”面板中调整“设置基线偏移”选项的参数，可以调整路径与文字之间的距离，如图6-54～图6-56所示。

图6-54 基线偏移10点

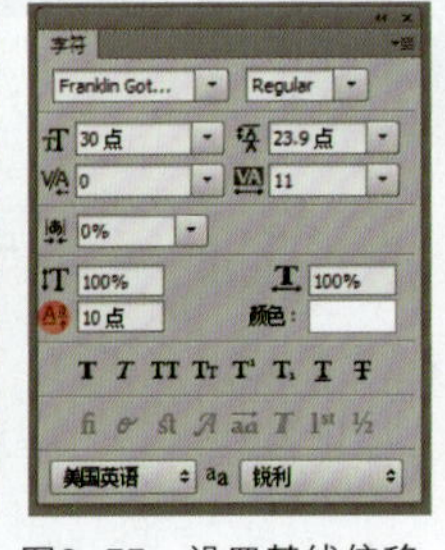

图6-55 设置基线偏移

图6-56 基线偏移-10点

6.7 转换文字对象

6.7.1 将文字转换为路径

选择一个文字图层，执行“类型”→“创建工作路径”命令，可以将文字转化为与文字外形相同的工作路径，原本的文字图层依然保留，如图6-57～图6-60所示。

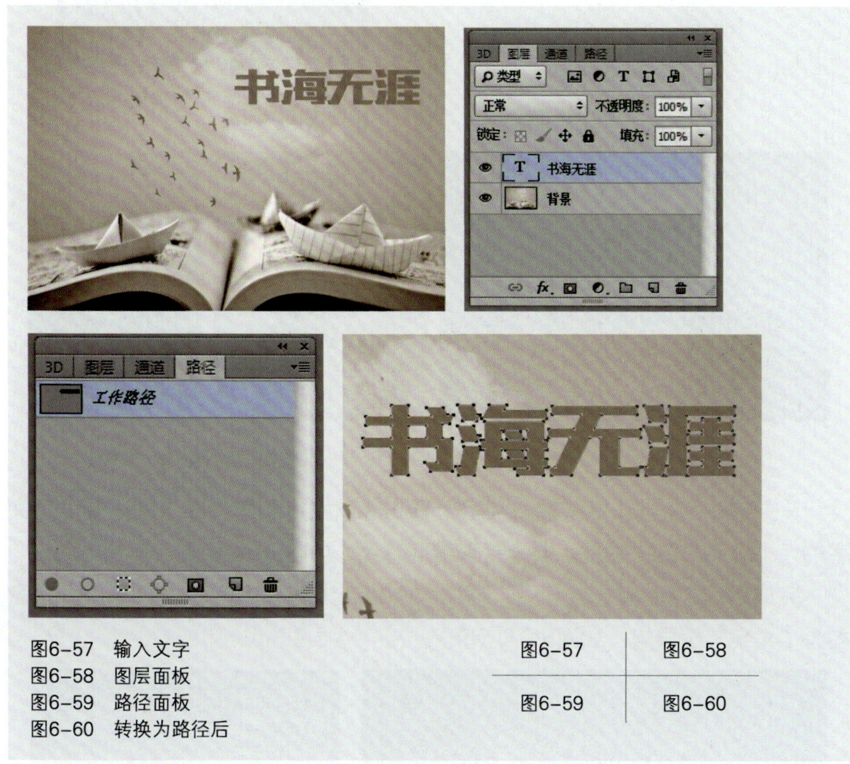

图6-57 输入文字
图6-58 图层面板
图6-59 路径面板
图6-60 转换为路径后

6.7.2 将文字转换为形状

执行“类型”→“转换为形状”命令，可以将文字转化为形状图层。文字被转换为带有矢量蒙版的路径，用户可以使用路径编辑工具对锚点进行编辑，也可用“直接选择工具”选择和拖拽锚点，从而改变文字的形状，如图6-61～图6-63所示。

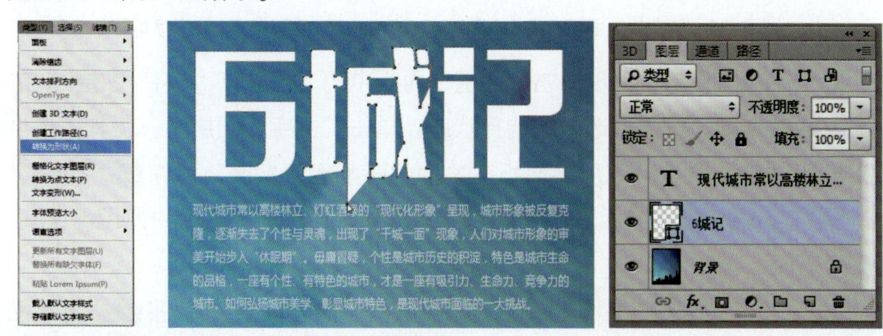

图6-61 菜单命令　图6-62 拖拽锚点　图6-63 转换为形状后图层面板

6.7.3 将文字转换为图像

使用文字工具输入文字后，会自动在“图层”面板创建文字图层。文字图层能够保留文字的属性，但在编辑时受到一定的限制，如不能使用滤镜、无法应用绘画工具等。因此必须将文字图层转换为图像图层才能对文字做进一步的编辑。用户可以通过执行“类型”→“栅格化文字图层”命令，也可以在“图层”面板上的文字图层单击鼠标右键，执行“栅格化文字图层”命令，将文字转化为图像。如图6-64～图6-66所示。

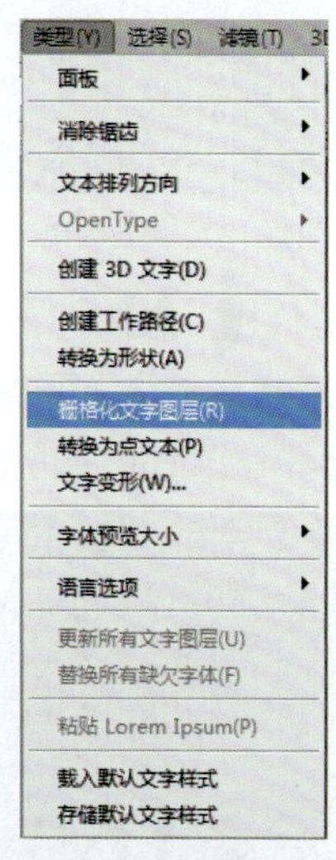

图6-64 菜单命令

图6-65 栅格化前

图6-66 栅格化后

6.8 实战演练

6.8.1 文字之城

实战演练的最终效果如图6-67所示。

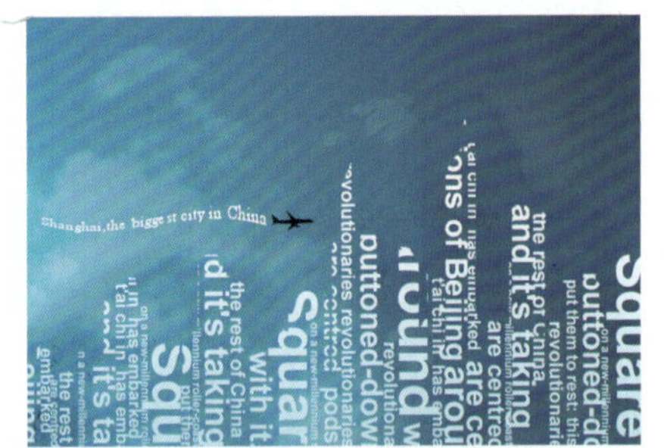

图6-67 最终效果

（1）执行“文件”→“打开”命令，打开素材文件“第6章\素材文件\城市.jpg”，如图6-68所示。

图6-68 素材文件

（2）使用“魔棒工具”在黑色城市的剪影部分单击，如果一次无法选取全部剪影，按Shift键的同时继续单击剩余的黑色剪影，直到全部剪影被选中，如图6-69所示。按Ctrl+J组合键创建通过选区复制的图层，如图6-70所示。

图6-69 选取黑色城市剪影

图6-70 建立通过复制的图层

（3）使用“直排文字工具”输入文字，如图6-71所示。

执行“窗口”→“字符”命令，调出“字符”面板，设置文字的大小、字体以及字间距，如图6-72所示。

继续输入文字，并调整文字的大小和位置，使其与城市轮廓基本吻合，如图6-73所示。

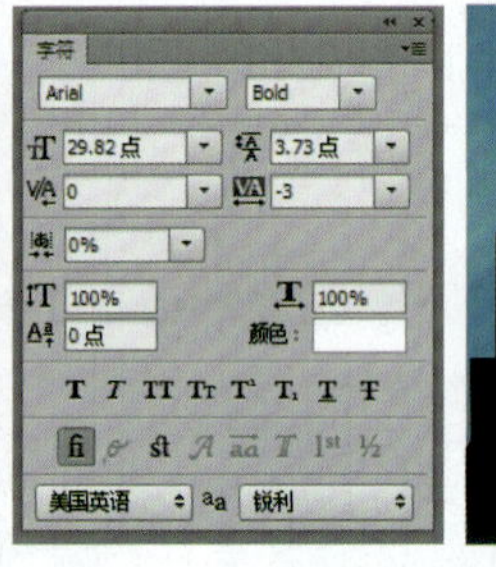

图6-71 输入文字　　图6-72 设置文字　　图6-73 继续输入文字

（4）按上述方法继续输入文字，直到填满城市轮廓。在这期间要注意文字的大小对比和疏密关系，要看起来错落有致，如图6-74所示。

完成后选中所有的文字图层，按Ctrl+G组合键将其编为一个图层组，并命名为“文字”图层组，如图6-75所示。

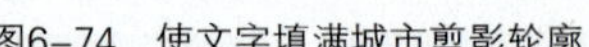

图6-74 使文字填满城市剪影轮廓　　图6-75 将文字编组

（5）按住Ctrl键的同时单击“图层”面板中的“图层1”，将“图层1”的图层内容载为选区。保持选区的选择状态，单击“文字”图层组，将其变成当前工作图层组。单击“图层”面板下方的“添加图层蒙版”按钮，为“文字”图层组添加图层蒙版，将超出城市剪影的文字部分隐藏，如图6-76、图6-77所示。

（6）将“图层1”拖拽到“图层”面板的“删除图层”按钮，将该图层删除。单击“背景”图层，将该图层设置为当前工作图层。选择“修补工具”，保持该工具的默认设定，圈选出城市剪影，然后单击区域并按住鼠标左键不要放开，向上拖动到天空位置后松开鼠标，如图6-78所示。原本选择区域的剪影画面，就被天空取代了，如图6-79所示。

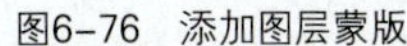

图6-76 添加图层蒙版

图6-77 隐藏超出城市剪影的文字部分

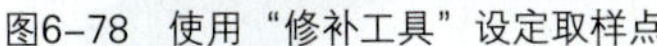

图6-78 使用"修补工具"设定取样点

图6-79 修补部分后效果

（7）使用相同的方法将所有的城市剪影去除，如图6-80所示。

（8）选择"内容感知移动工具"，确定其属性栏中的"模式"是"移动"，如图6-81所示。圈选出飞机，然后单击区域并按住鼠标左键不要放开，向右下方拖动到楼宇位置后松开鼠标，移动飞机位置，如图6-82、图6-83所示。

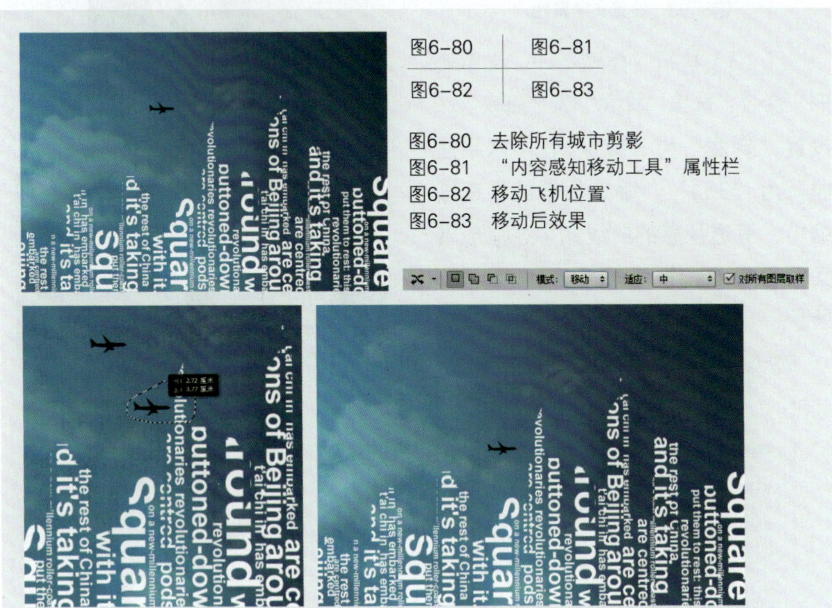

图6-80 去除所有城市剪影
图6-81 "内容感知移动工具"属性栏
图6-82 移动飞机位置
图6-83 移动后效果

（9）双击"图层"面板的"文字"图层组，调出"图层样式"面板，勾选"渐变叠加"选项，设置从浅蓝到白色的线性渐变，并将"缩放"设置为150%，如图6-84、图6-85所示。

（10）我们调整画面的整体色调，让它看起来更为通透。单击"图层"面板底部的"创建新的填充或调整图层"按钮，选择"照片滤镜"命令，在弹出的"照片滤镜"调整面板中将"滤镜"设置为"蓝"，设置"浓度"为"25%"，为图像添加"照片滤镜"调整图层，如图6-86～图6-88所示。

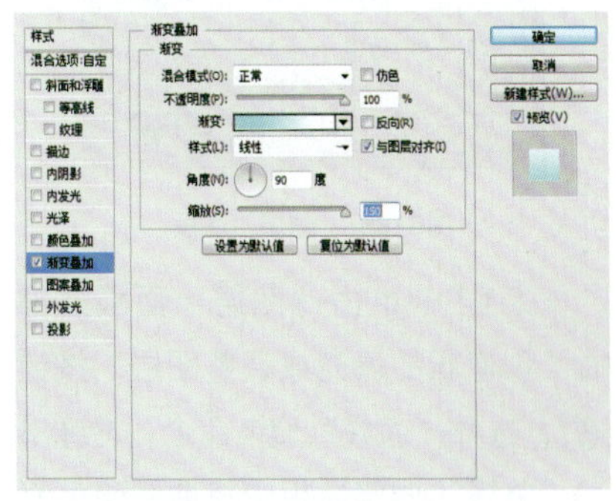

图6-84 设置"渐变叠加"图层样式

图6-85 设置渐变后效果

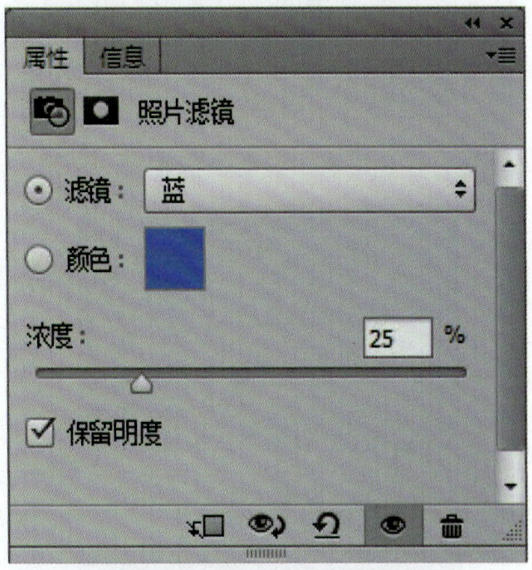

图6-86 设置"照片滤镜"

图6-87 设置照片滤镜后效果

图6-88 “图层”面板

（11）单击“图层”面板底部的“创建新的填充或调整图层”按钮 ，选择“曲线”调色命令，在弹出的“曲线”调整面板中将曲线向上移动，使画面变亮，如图6-89～图6-91所示。

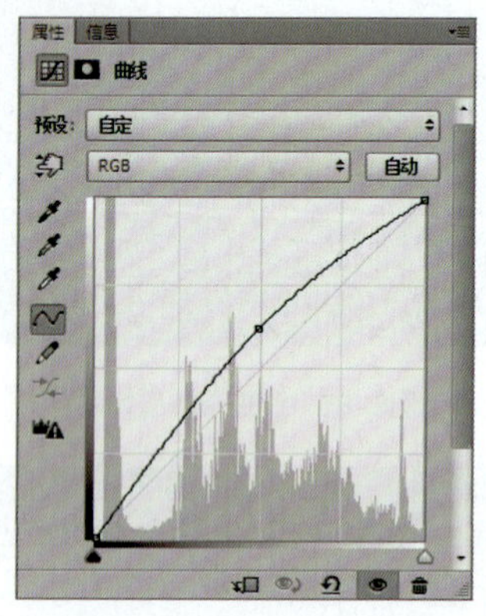

图6-89 设置“曲线”

图6-90 设置“曲线”后效果

图6-91 “图层”面板

（12）使用“横排文字工具” 在飞机机尾后面输入文字。执行“窗口”→“字符”命令，调出“字符”面板，设置文字的字体、大小和字间距，如图6-92、图6-93所示。

图6-92 输入文字

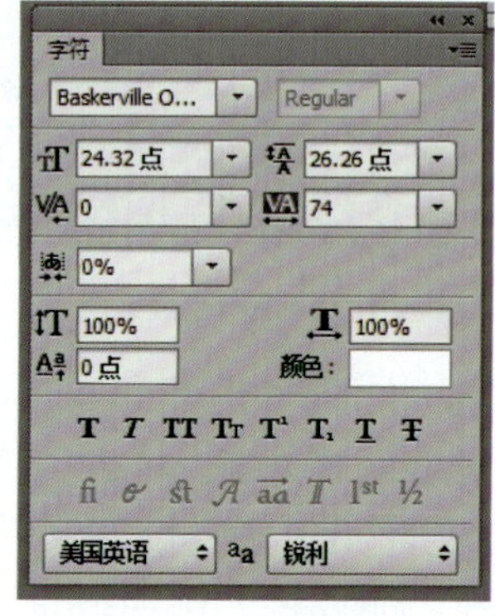

图6-93 设置文字属性

（13）执行“类型”→“文字变形”命令，选择“样式”为“旗帜”，设置“弯曲”为“67%”，“水平扭曲”为“35%”，确定后得到了逐渐缩小、有透视感的曲线文字，完成本案例的最终制作，如图6-94、图6-95所示。

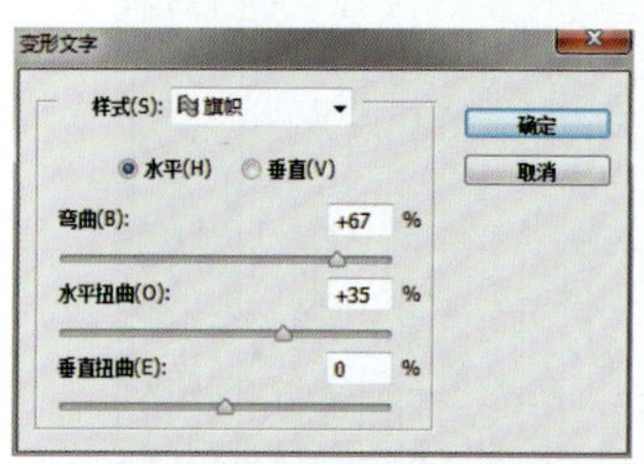

图6-94 设置文字变形的参数

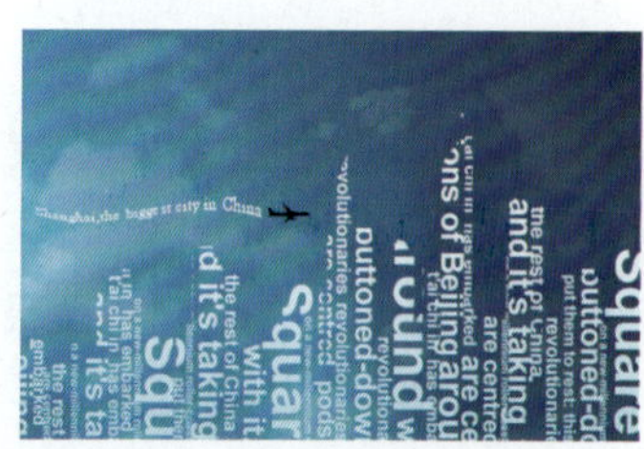

图6-95 文字变形后效果

6.8.2 个性文字人像

本案例是制作个性文字人像效果，主要应用文字工具、画笔工具和图层混合模式来打造漂亮的人物效果，在制作时要注意运用细节来使画面效果更具真实质感。

（1）执行“文件”→“打开”命令，打开素材文件“人物”，并在该图层下方新建图层，填充白色，如图6-96所示。执行“图像”→“调整”→“阈值”命令，设置阈值色阶数值为“160”，如图6-97、图6-98所示。

图6-96 打开素材文件

图6-97 设置阈值

图6-98 阈值后效果

（2）新建空白图层，使用“文字工具” 输入文字，调整文字的字体和大小，如图6-99所示。

将除该图层外其他的图层隐藏，使用“矩形选框工具” 框选文字，执行“编辑”→“定义画笔预设”命令，将设置好的文字定义为画笔后将该图层隐藏。将人物图层前的眼睛图标 开启，在该图层上新建图层，选择任意色彩，使用 “画笔工具”在画布上涂抹，涂抹时根据需要随时调整画笔的大小和透明度，直到底部人物图层的黑色区域中覆盖的文字效果令人满意，如图6-100所示。

按Ctrl键的同时单击人物图层，将人物载入选区。将刚刚新建的图层设置为当前图层，并单击图层面板下方的“添加图层蒙版”按钮 ，将选区外的图形隐藏，如图6-101所示。

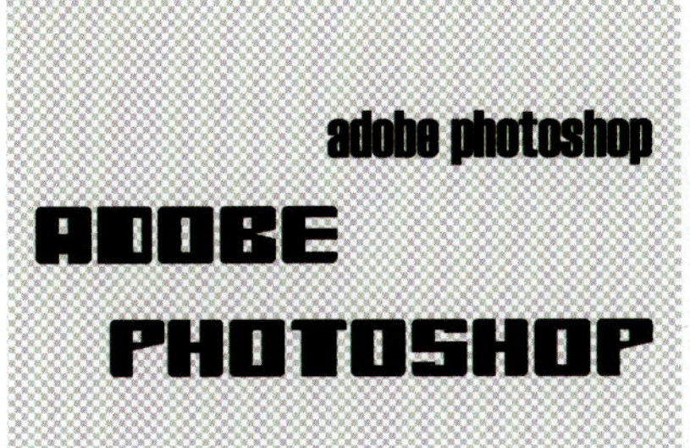

图6-99 输入文字

图6-100 绘制画面

图6-101 添加图层蒙版

（3）单击图层面板下方的“创建新的填充或调节图层”按钮 添加“渐变填充”调节图层，如图6-102所示。修改图层混合模式为“变亮”，得到从黄色到蓝色的渐变图像，如图6-103、图6-104所示。

（4）为了使画面更为丰富，最后添加文字装饰完成最终效果，如图6-105所示。

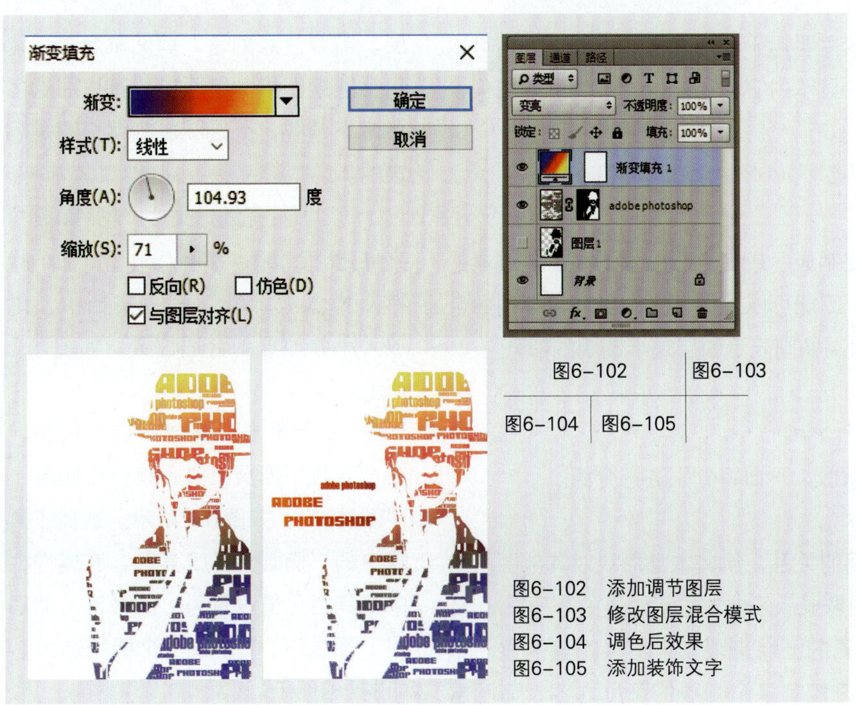

图6-102 图6-103 图6-104 图6-105

图6-102 添加调节图层
图6-103 修改图层混合模式
图6-104 调色后效果
图6-105 添加装饰文字

本章小结

本章重点介绍了Photoshop软件的文本工具及文字的编辑功能。通过本章的学习，读者应熟练掌握文字的各种编辑方法，并灵活运用文字工具创建特殊的文字效果。

思考与练习

1. 如何调整段落文本的行距？

2. 如何将点文字转换为段落文字？

3. 用文字工具在图像文件中输入点文字，并将其分别转换为工作路径和形状。

第7章

蒙版与通道

◆本章知识点

1. 蒙版的应用方法
2. 图层蒙版、矢量蒙版、剪贴蒙版及快速蒙版的应用技巧
3. 通道的基本操作方法

◆学习目标

1. 熟悉并掌握不同类型蒙版的使用方法和应用技巧
2. 掌握通道的基本操作

7.1 蒙版

蒙版是一种非破坏性的编辑工具，其主要用于合成图像。例如，我们可以用蒙版将部分图像遮住，从而控制画面的显示内容，这样做并不会删除图像，而只是将其隐藏起来。

7.1.1 认识蒙版

蒙版是一种遮盖图像的工具，可以控制显示或者隐藏图像的内容。遮罩的黑色部分表示为使图层图像透明的部分，因此可以见到下方图层；遮罩的白色部分表示图层不透明的部分；灰色的遮罩图像则表示图层是半透明的部分。

7.1.2 蒙版类型

在Photoshop CC中有以下4种类型的蒙版，下面将分别进行介绍。

1. 剪贴蒙版

剪贴蒙板是一类通过图层与图层之间的关系，用其本身形状对其他图层图像的显示和隐藏进行控制，控制图层中图像显示区域与显示效果的一种蒙版。

剪贴蒙版可以用一个图层中包含像素的区域来限制它上层图像的显示范围。它最大的优点是可以通过一个图层来控制多个图层的可见内容，而图层蒙版和矢量蒙版都只能控制一个图层。需要注意的是，剪贴蒙版中只能包括连续图层。蒙版中的基底图层名称带下画线，上层图层的缩览图是缩进的。

（1）打开素材文件“第7章\素材文件\模特.jpg、绿叶.jpg”，把“模特”拖入“绿叶”图片文档中，缩放大小并放置到合适位置，如图7-1所示。

（2）单击“新建图层”按钮，在“背景”图层上方创建一个图层：“图层2”，如图7-2所示。选择工具箱中的“椭圆选区工具”，在属性栏中将其羽化值设置为：20像素；然后在“图层2”中创建一个椭圆选区，如图7-3所示。

图7-1 “模特”拖入“绿叶”图片文档

图7-2 创建图层2　　图7-3 创建“椭圆选区”

（3）按Alt+Delete组合键，填充前景色（黑色）；之后按Ctrl+D组合键，取消选区，如图7-4所示。

图7-4 填充前景色

（4）选择“图层1”，执行“图层”→“创建剪贴蒙版”命令或按Alt+Ctrl+G组合键，将该图层与下面图层创建为一个剪贴蒙版组，如图7-5所示；最终效果如图7-6所示。

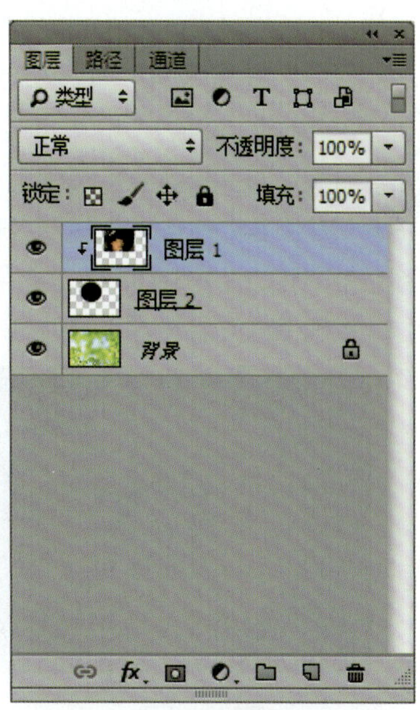

图7-5 创建剪贴蒙版

图7-6 创建剪贴蒙版组后效果

2. 快速蒙版

快速蒙版是一种与选区密不可分的蒙版，快速蒙版模式可以将任何选区作为蒙版进行编辑，而无须使用“通道”面板，在查看图像时也可如此。将选区作为蒙版来编辑的优点是几乎可以使用任何photoshop工具或滤镜修改蒙版。使用快速蒙版时，通过用黑、白、灰三类颜色画笔来做选区，白色画笔可画出被选择区域（未受保护区），黑色画笔可画出不被选择区域（受保护区），灰色画笔画出半透明选择区域。受保护区域和未受保护区域以不同颜色进行区分，当离开快速蒙版模式时，未受保护区域成为选区。

快速蒙版可以与绘图工具结合起来创建选区，适合用于需要快速制作选区同时对选择对象边缘精度容错度较高的情况。

（1）打开素材文件“第7章\素材文件\花朵.jpg”，如图7-7所示。

（2）选择“图层1”，单击工具箱底部的“以快速蒙版模式编辑”按钮，进入快速蒙版模式的编辑状态下；然后选择“画笔工具”，在视图中的向日葵图像上使用黑色进行涂抹，将花朵图像全部遮盖，涂抹过的地方会有颜色的变化。涂抹时如果超过花朵边缘，那么可将前景色设置为白色，反向涂抹，以确保与花朵的边缘一致，如图7-8所示。

图7-7 原图

图7-8 画笔涂抹后效果

（3）单击工具箱中的“以快速蒙版模式编辑”按钮，退出快速蒙版模式，此时未遮盖的区域成为选区，如图7-9所示。

（4）打开“历史记录”调板，单击其顶部显示文档初始状态的快照，将文件还原为刚打开时的状态。之后，使用“钢笔工具”沿花朵图像绘制工作路径，接着按下Ctrl+Enter组合键，将路径转换为选区，如图7-10、图7-11所示。

图7-9 快速蒙版模式后

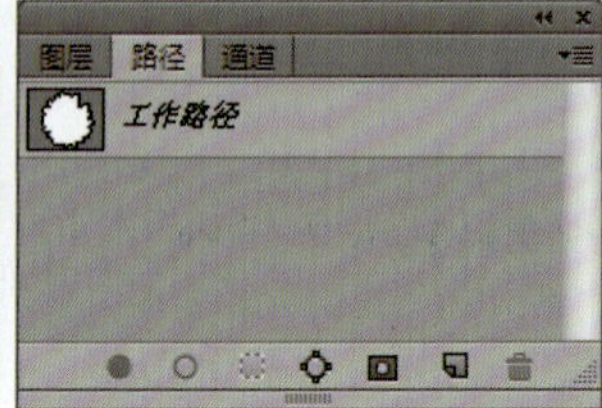

图7-10 工作路径

图7-11 将路径转换为选区

（5）保持选区浮动状态，单击工具箱中的“以快速蒙版模式编辑”按钮进入快速蒙版模式的编辑状态，选区外的区域被覆盖50%透明的红色，其效果如图7-12所示。

图7-12 进入快速蒙版模式后的效果

3. 图层蒙版

图层蒙版通过蒙版中的灰度信息来控制图像的显示区域，它可以控制填充图层、调整图层及智能滤镜的有效范围，是使用最为频繁的一类蒙版。同时，图层蒙版也是通道的另一种表现形式，可用于为图像添加遮罩效果。灵活运用蒙版与选区，可以制作出丰富多彩的图像效果。

图层蒙版可以很好地控制图层区域的显示或隐藏，可以在不破坏图像的情况下反复编辑图像，直至得到所需要的效果，使修改图像和创建复杂选区变得更加方便。

在图层蒙版中，纯白色对应的图像是可见的，纯黑色会遮盖图像，灰色区域会使图像呈现出一定程度的透明效果。

（1）打开素材文件“第7章\素材文件\马.jpg、绘图.jpg”，使用移动工具把“绘图.jpg”拖入“马.jpg”文档里，生成“图层1”，如7-13所示；接下来，将图层的不透明度设置为50%，如图7-14所示。

（2）在图层面板中选中“图层1”，然后按Ctrl+T组合键进行自由变换，并将其调整到合适的大小，效果如图7-15所示。

（3）单击图层面板中的“创建蒙版”按钮，为“图层1”添加蒙版；按D键，将前景色调整为黑色，然后选择画笔工具，在“图层1”上涂抹，如图7-16所示。

（4）将“图层1”的不透明度调整为100%，效果如图7-17所示。

图7-13 原图

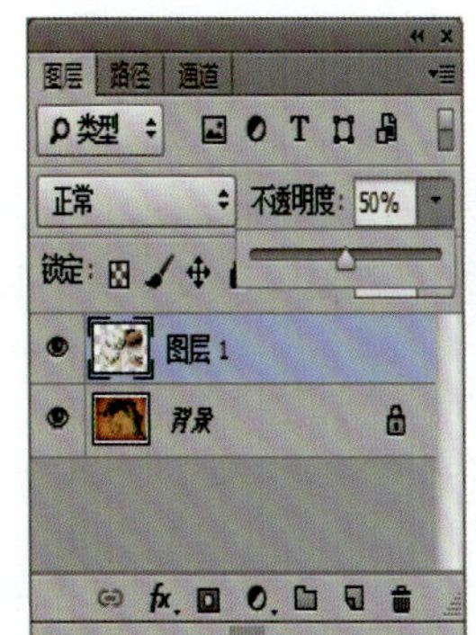

图7-14 设置图层不透明度

图7-15 调整后效果

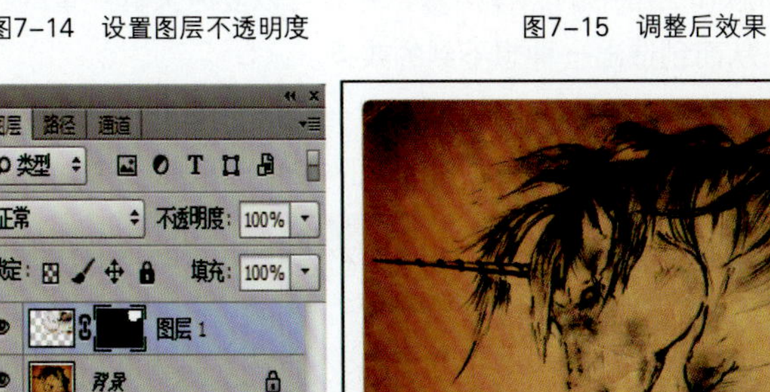

图7-16 添加蒙版

图7-17 最终效果

4. 矢量蒙版

矢量蒙版，顾名思义，就是可以任意放大或缩小的蒙版。矢量蒙版是通过形状控制图像显示区域的，它仅能作用于当前图层，它是图层蒙版的另一种类型，两者可以共存。矢量蒙版中创建的形状是矢量图，可以使用钢笔工具和形状工具对图形进行编辑修改，从而改变蒙版的遮罩区域，也可以对它任意缩放而不必担心产生锯齿。

矢量图：就是不会因放大或缩小操作而影响清晰度的图像。一般的位图包含的像素点在放大或缩小到一定程度时会失真，而矢量图的清晰度不受这种操作的影响。

蒙版：可以对图像实现部分遮罩的一种图片，遮罩效果可以通过具体的软件设定。

矢量蒙版是由钢笔、自定义形状工具等矢量工具创建的蒙版，矢量蒙版与分辨率无关，而且可以得到平滑的轮廓，所以常用来制作Logo、字体设计、按钮或其他Web设计元素。

（1）打开素材文件“第7章\素材文件\石子.jpg、螃蟹.jpg”，在螃蟹文档中用矩形选框工具绘制合适的选区；选择工具箱中的移动工具，将所选的“螃蟹”拖曳至“石子”文档中，软件默认生成“图层1”；之后按Ctrl+T组合键，调整图像的位置与大小，并将其图层透明度设置为60%，如图7-18所示。

图7-18 “螃蟹”放入“石子”后的效果

（2）首先将“图层1”的透明度设置为82%，然后选择“钢笔工具”，把螃蟹的外轮廓勾勒出来，执行“图层”→“矢量蒙版”→“当前路径”命令，为图像添加矢量蒙版，如图7-19所示。

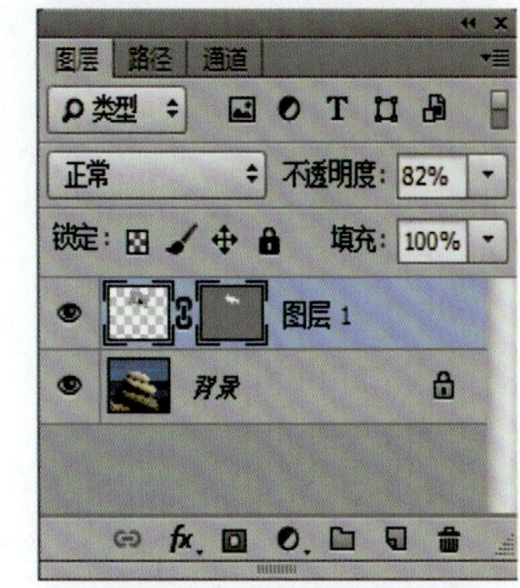

图7-19 添加矢量蒙版

（3）选中“图层1”，然后选择钢笔工具，再单击工具属性栏中“建立-选区”，弹出一个“建立选区”的对话框，设置参数，如图7-20所示。

（4）单击图层面板上的“添加图层样式”按钮，在弹出的下拉菜单中选择“投影”选项，在弹出的“图层样式”对话框中进行参数设置，如图7-21、图7-22所示。

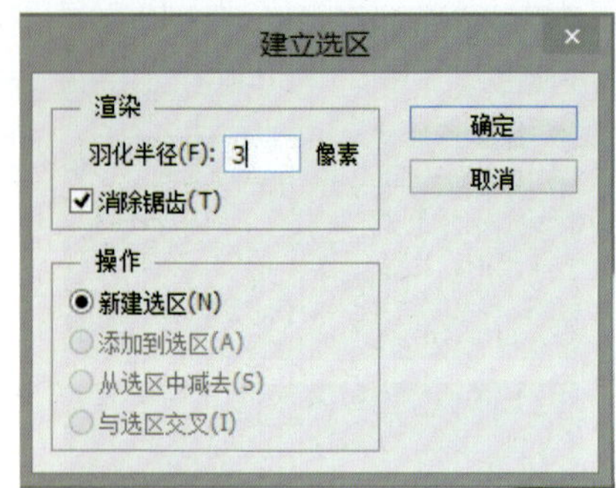

图7-20 建立选区对话框

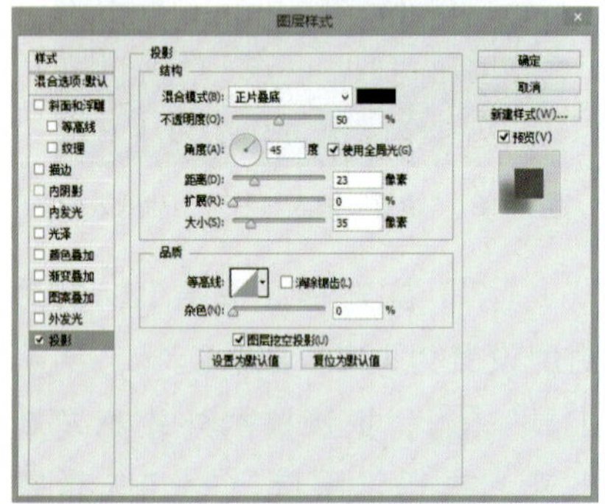

图7-21 图层样式对话框

图7-22 投影

（5）按Ctrl+D组合键取消选区，最终效果如图7-23所示。

图7-23 最终效果

7.2 通道

通道是Photoshop中一个很重要的概念，简单地说，通道是用来保存颜色信息和选区的载体。通道可以选择一些较为复杂的物体并保存选区，此外还可以管理各种单色通道并对单色通道进行各种调整。

7.2.1 认识通道

通道是Photoshop CC的高级功能，它与图像内容、色彩和选区有关，主要用来存储图像的色彩信息和图层中的选择信息，并且可以复原失真严重的图像以及对图像进行合成，从而创造出一种想不到的效果。

“通道”面板可以创建、保存和管理通道。当我们打开一个图像时，Photoshop会自动创建该图像的颜色信息通道，如图7-24所示。

图7-24 通道面板

7.2.2 通道的类型

1. 颜色通道

颜色通道又称原色通道，它主要用于存储图像的颜色数据。RGB图像有3个颜色通道，如图7-25所示；CMKY图像有4个颜色通道，如图7-26所示；Lab图像有3个颜色通道，如图7-27所示。

图7-25 RGB图像通道　图7-26 CMKY图像通道　图7-27 Lab图像通道

2. 专色通道

专色通道设置只是用来在屏幕上显示模拟效果，对实际打印输出并无影响。此外，如果在新建专色通道之间制作了选区，那么新建通道后，将在选区内填充专色通道，在进行专色印刷、烫金、烫银等特殊印刷工艺时将用到此类通道，以便单独输出。

3．Alpha通道

有的通道不仅可以保存颜色信息，还可以保存选区的信息，此类通道称为Alpha通道，其主要用于创建和存储选区。创建并保存选区后，其将以一个灰度图像的形式保存在Alpha通道中，在需要的时候可以载入选区。

7.2.3 通道的应用

1．创建通道

“通道”面板用于创建和管理通道，通道的许多操作都是在“通道”面板中进行的。

（1）打开素材文件“第7章\素材文件\黄昏海滩.jpg”文件，单击“通道”面板，如图7-28所示。

图7-28 通道面板

（2）单击面板右上角的三角形按钮，在弹出的菜单中，选择“新建通道”选项，弹出“新建通道”对话框，单击“确定”按钮，创建一个新的Alpha通道，如图7-29所示。单击“通道”面板“Alpha 1”通道左侧“指示通道可见性”图标，可将其显示，如图7-30所示。

（3）执行操作后，即可显示Alpha 1通道后，此时图像编辑窗口中的图像效果也随之改变，最终效果如图7-31所示。

图7-29 新建通道

图7-30 显示Alpha 1通道

图7-31 最终效果

2．复制与删除通道

复制与删除通道操作可以制作不同的图像效果。

（1）打开素材文件“第7章\素材文件\彩色铅笔.jpg”文件，展开“通道”面板，选择“蓝”通道，如图7-32所示。

（2）在蓝色通道上单击鼠标右键，选择“复制通道”选项，在弹出的“复制通道”对话框中单击“确定”按钮，即可复制“蓝”通道，如图7-33所示。

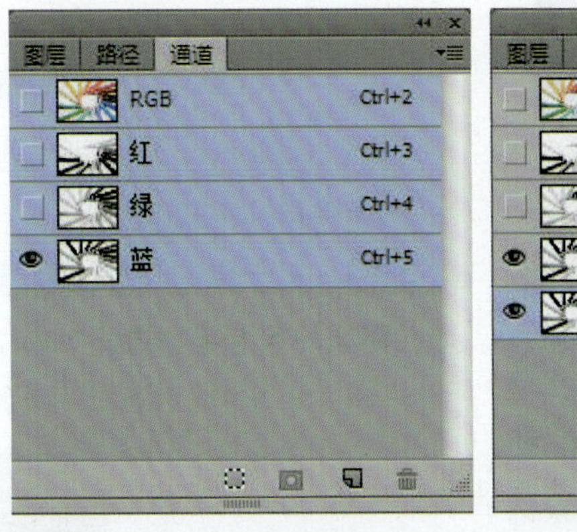

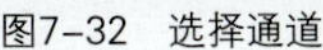

图7-32 选择通道

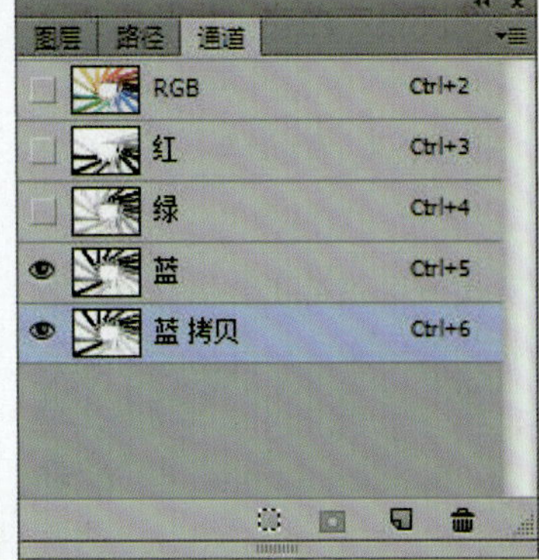

图7-33 复制通道

（3）单击“蓝拷贝”通道和RGB通道左侧的“指示通道可见性”图标，显示所有通道，此时图像编辑窗口中的图像效果也随之改变，效果如图7-34所示。

图7-34　显示所有通道后效果

（4）选择“蓝拷贝”通道，单击鼠标左键并将其拖曳至面板底部的“删除当前通道”按钮上，即可删除选择的通道，如图7-35所示，此时图像编辑窗口中的图像效果也随之改变，最终效果如图7-36所示。

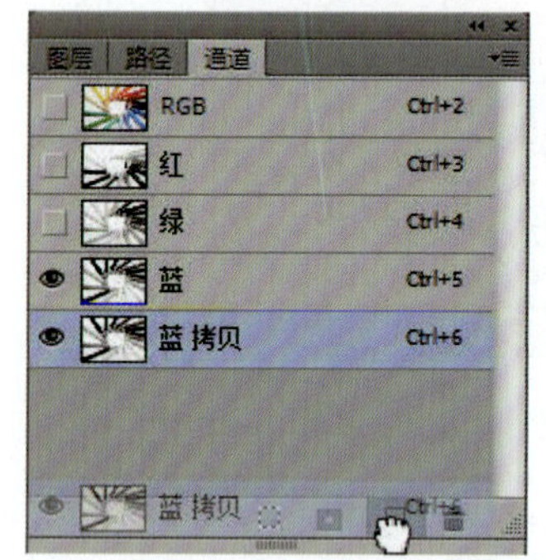

图7-35　删除通道

图7-36　最终效果

3. 分离和合并通道

分离通道可以将拼合图像的通道分离为单独的图像，分离后原文件会被关闭，每一个通道均以灰度颜色模式成为一个独立的图像文件。

（1）打开素材文件“第7章\素材文件\水果拼盘.jpg”文件，展开“通道”面板，单击通道面板右上角的三角形按钮，在弹出的菜单中选择“分离通道”选项，执行操作后，即可将RGB模式图像的通道分离为3幅灰色图像，效果如图7-37所示。

图7-37　分离通道后

（2）单击“通道”面板右上角的三角形按钮，选择“合并通道”选项，将弹出“合并通道”对话框，保持默认设置，如图7-38所示，单击“确定”按钮，弹出“合并通道”对话框，保存默认值，依次单击“下一步”按钮，如图7-39所示。

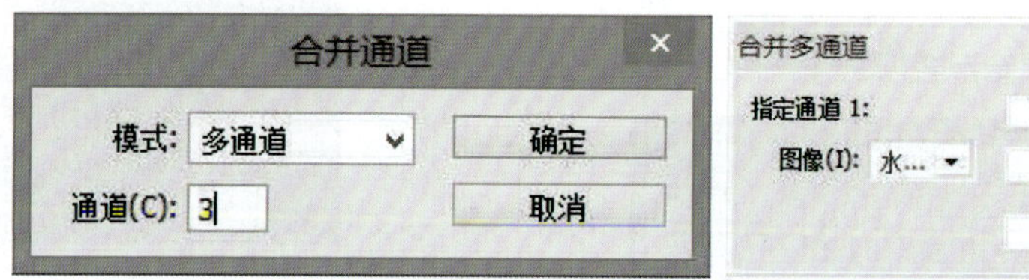

图7-38　合并通道对话框　　图7-39　合并多通道对话框

（3）单击“确定”按钮，即可完成通道的合并。将全部通道显示，此时图像编辑窗口中的图像效果也随之发生改变，最终效果如图7-40所示。

图7-40　最终效果

4. 保存选区至通道

（1）打开素材文件“第7章\素材文件\猕猴桃.jpg”文件，选取工具栏中的“磁性套索工具”，创建一个选区，如图7-41所示。

图7-41　创建选区

（2）执行“窗口”→“通道”命令，展开“通道”面板，单击面板底部的“将选区存储为通道”按钮 ，如图7-42所示。

图7-42 选区存储为通道

（3）执行操作后，即可保存选区到通道。单击Alpha 1通道左侧的“指示通道可见性”图标 ，即可显示Alpha 1通道，如图7-43所示。

图7-43 显示Alpha 1通道后效果

5. 利用通道运算进行图像合成

（1）运用“应用图像”命令合成图像。

运用“应用图像”命令可以将所选图像中一个或多个图层、通道与其他具有相同图层和通道进行合成，产生特殊的合成效果。

①打开素材文件“第7章\素材文件\蓝色羽毛.jpg、风景.jpg”文件，把“蓝色羽毛.jpg”拖拽到“风景.jpg”文档中，如图7-44～图7-46所示。

图7-44 风景原图
图7-45 蓝色羽毛原图
图7-46 风景为背景图层

②执行“图像”→“应用图像”命令，设置“应用图像”对话框参数，如图7-47所示。

③单击“确定”按钮，效果如图7-48所示。

（2）运用“计算”命令合成图像。

①打开素材文件“第7章\素材文件\狼.jpg、城市剪影.jpg”文档，把“城市剪影.jpg”拖拽到“狼.jpg”文档中，如图7-49、图7-50所示。按Ctrl+T组合键调整“城市剪影”大小，如图7-51所示。

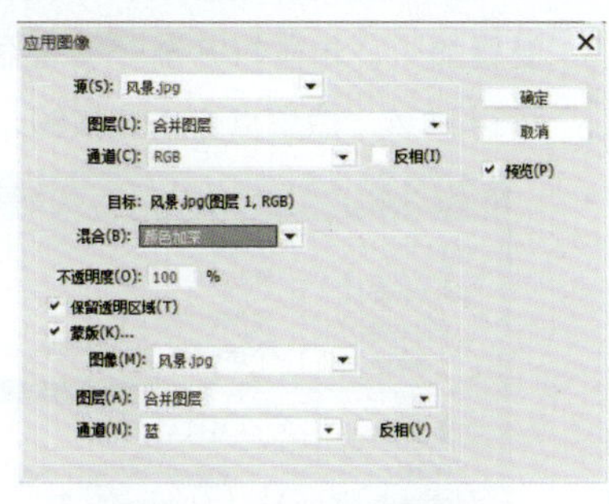

图7-47 应用图像对话框

图7-48 最终效果

图7-49 狼原图

图7-50 城市剪影原图

图7-51　调整图层大小后

②执行“图像”→“计算”命令，设置“计算”对话框参数，如图7-52所示。

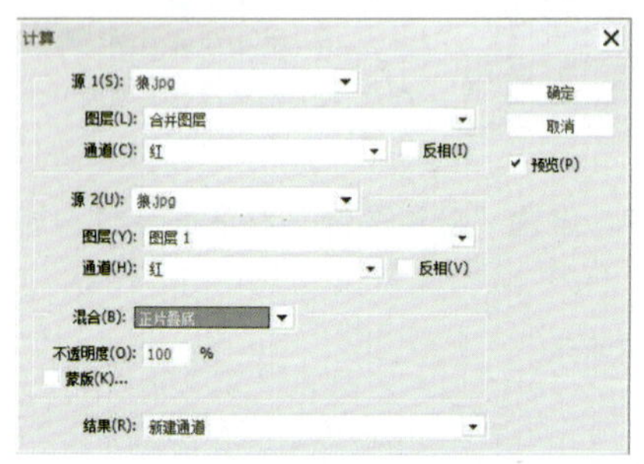

图7-52　“计算”对话框

③单击“确定”按钮，最终效果如图7-53所示。

图7-53　最终效果

7.3　实战演练

7.3.1　利用Photoshop来制作照相机镜头UI图标

（1）打开Photoshop创建新文件，参数设置如图7-54所示。

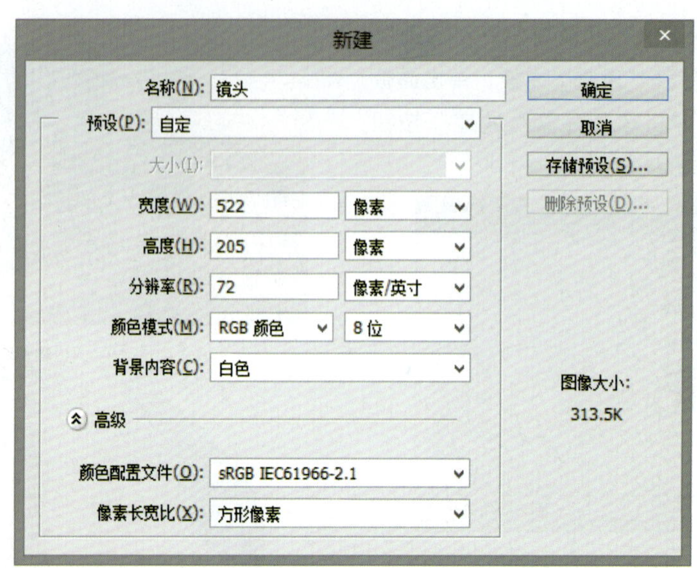

图7-54　新文件设置

（2）双击背景图层解锁，弹出对话框如图7-55所示。

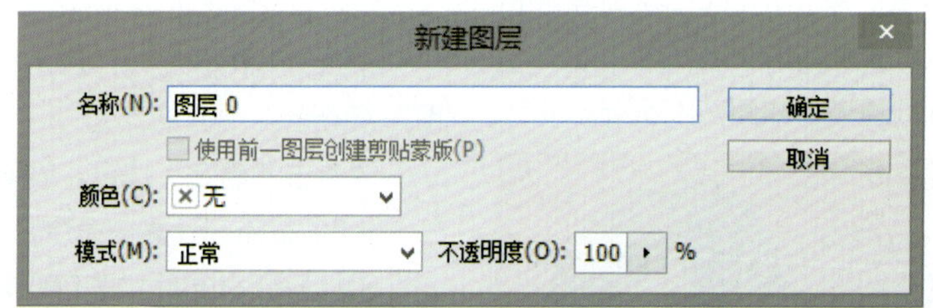

图7-55　新建图层

（3）双击图层弹出“图层样式”面板，为图层0添加图层样式，勾选“渐变叠加”，单击打开渐变编辑器，分别设置下端左、右两侧滑标颜色为202020和343434，然后点击确定按钮，如图7-56所示。

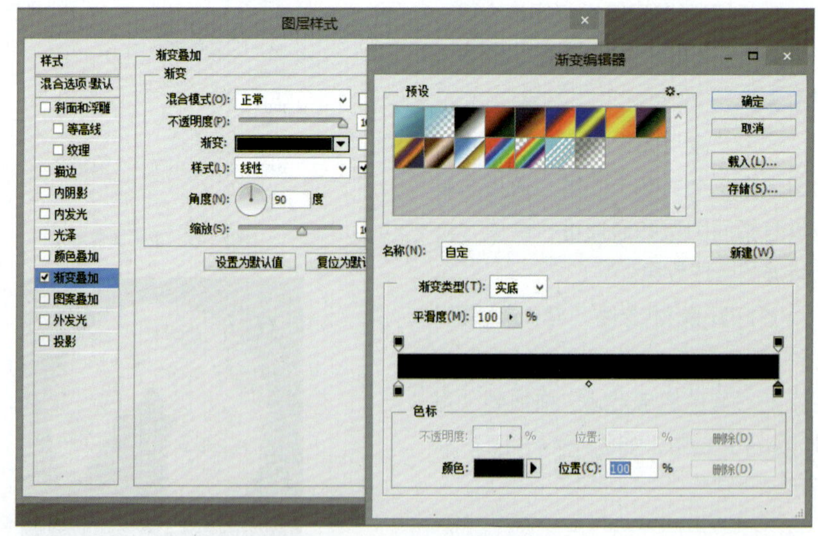

图7-56　渐变叠加图层样式

（4）选择工具栏中的椭圆工具，选择“形状”模式，按住Shift键同时拖动鼠标左键，画一个正圆，并填充颜色cccaca，如图7-57所示。

图7-57 图层涂抹

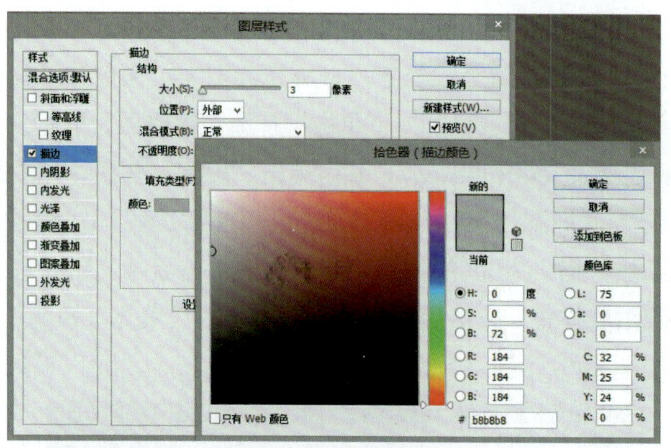

图7-58 “椭圆1”图层样式

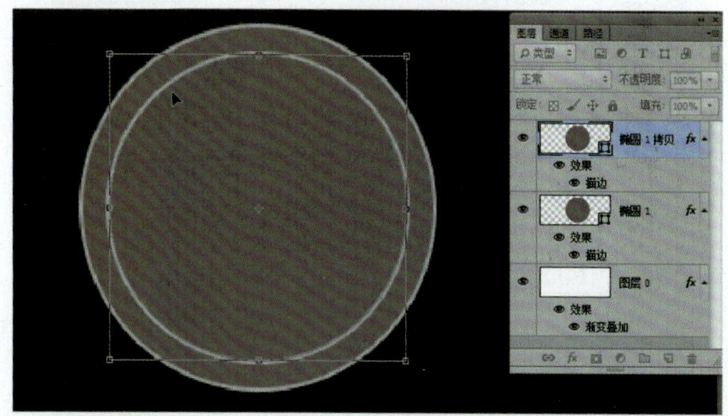

图7-59 “椭圆1拷贝”效果

（5）“双击”椭圆1图层，弹出“图层样式”面板，勾选“描边”，设置大小为2，位置为“外部”，填充类型选择颜色，描边颜色为b8b8b8，如图7-58所示。

（6）复制椭圆1图层，按Ctrl+T组合键将“椭圆1拷贝”图层缩小85%的像素，如图7-59所示。

（7）双击“椭圆1拷贝”图层的缩览图，更改“椭圆1拷贝”的颜色为9a9a9a，效果如图7-60所示。

（8）双击“椭圆1拷贝”图层，弹出“图层样式”面板，勾选“描边”，设置大小为2，位置为“外部”，填充类型为“颜色”，输入dfdfdf，效果如图7-61所示。

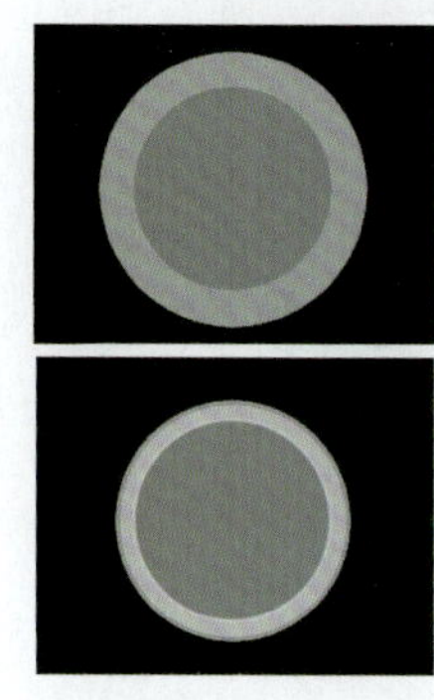

图7-60 更改“椭圆1拷贝”颜色效果

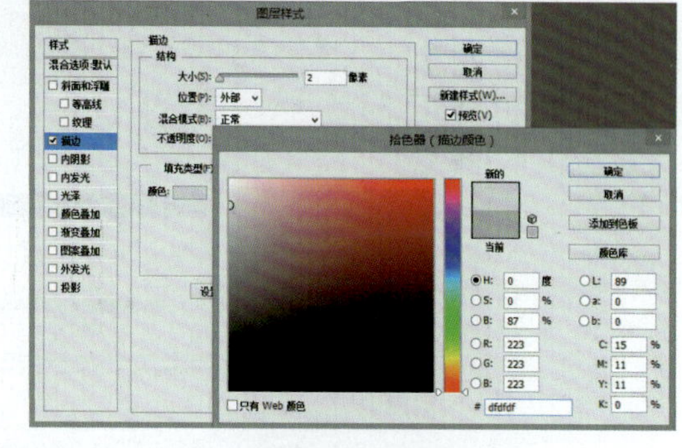

图7-61 “椭圆1拷贝”图层描边效果

（9）复制“椭圆1拷贝”图层，得到“椭圆1拷贝2”图层，按Ctrl+T组合键进行缩放，缩小为95%像素，如图7-62所示。

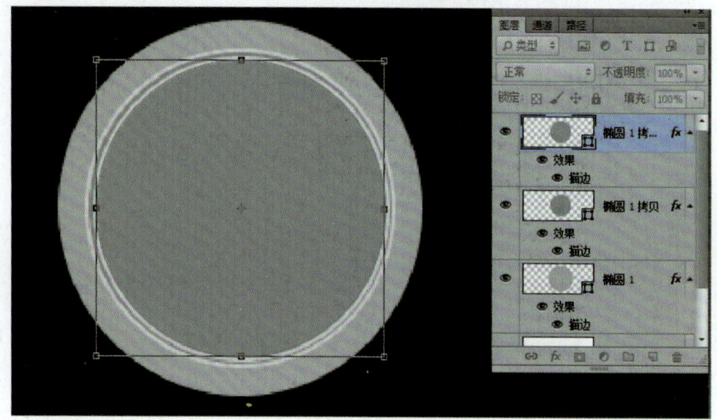

图7-62 椭圆1拷贝2

（10）双击“椭圆1拷贝2”图层，弹出“图层样式”面板，勾选“描边”，设置大小为4，位置为“外部”，填充类型为“颜色”，输入dfdfdf，如图7-63所示；勾选“渐变叠加”，单击打开渐变编辑器，分别设置下端左、右两侧滑标颜色为3a3e40和424647，然后单击“确定”按钮，如图7-64所示。

（11）复制“椭圆1拷贝2”图层，得到“椭圆1拷贝3”图层，按Ctrl+T组合键进行缩放，缩小为90%的像素，在图层上单击鼠标右键，在弹出的面板中选择“清除图层样式”，然后把图层面板右侧的“填充”改为0，如图7-65所示。

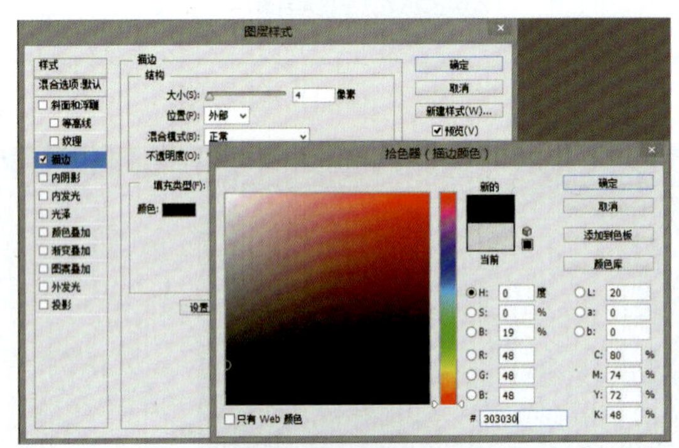

图7-63　“描边”效果设置

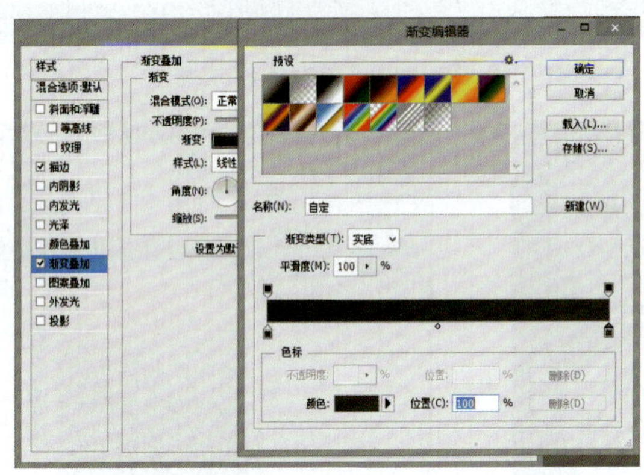

图7-64　“渐变叠加效果”设置

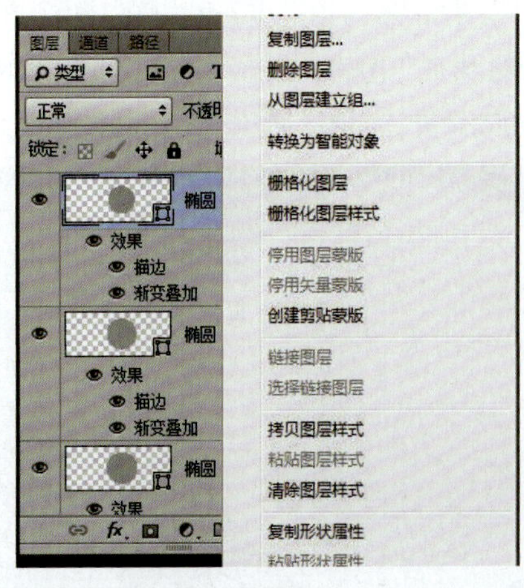

图7-65　清除图层样式

（12）双击“椭圆1拷贝3”图层，弹出“图层样式”面板，勾选描边，大小为2，位置选择“内部”，填充类型为“渐变”，并打开渐变编辑器，分别设置下端左、右两侧滑标颜色，颜色为131313和ededed，如图7-66所示。

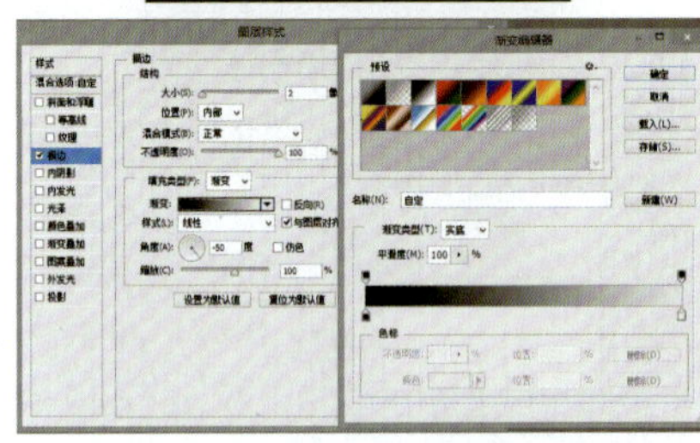

图7-66　“椭圆1拷贝3”描边效果

（13）单击图层面板下方的“创建新组”按钮，添加两个组，分别命名为“外环”和“内圈”，并将图层分别放入两个组内，效果如图7-67所示。

（14）复制“椭圆1拷贝3”图层，得到“椭圆1拷贝4”图层，按Ctrl+T组合键进行缩放，缩小为95%像素；双击该图层弹出“图层样式”面板，将描边大小更改为1，效果如图7-68所示。

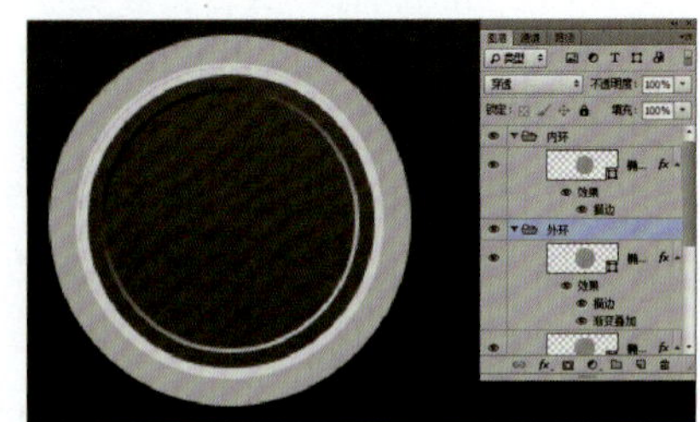

图7-67　创建新组效果

图7-68　修改后的效果

（15）再次复制图层，重复上一步骤两次，并将“内圈”组的不透明度更改为50%，效果如图7-69所示。

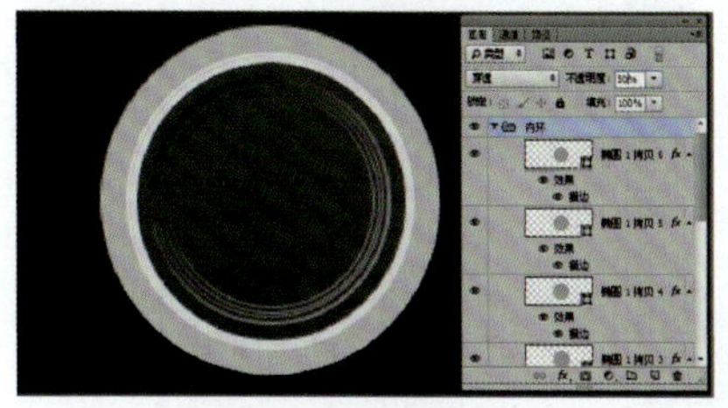

图7-69 修改后的效果

（16）点击图层面板下方的“创建新组”按钮，建立一个新组，命名为“内部”，复制“椭圆1拷贝2”放入该组内，并调整图层样式。勾选“描边”，设置大小为7，位置为内部，颜色为060606；勾选“渐变叠加”，角度改为-74，颜色分别调整为050505和232526，如图7-70所示。

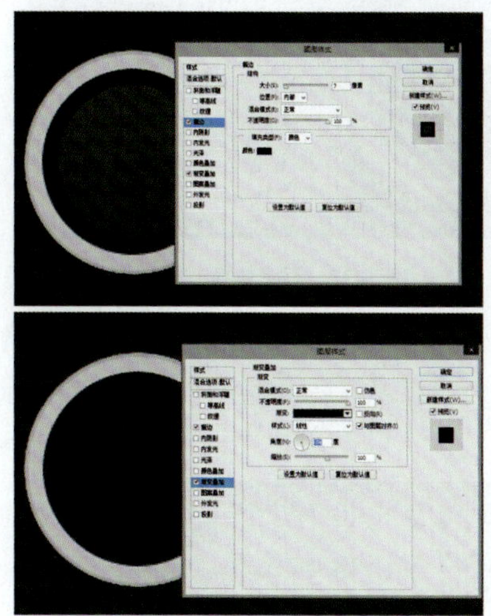

图7-70 调整描边与渐变叠加

（17）按Ctrl+T组合键将“椭圆1拷贝7”缩小为82%，然后复制一层，按Ctrl+T组合键将新复制图层缩小为75%，效果如图7-71所示。

（18）双击“椭圆1拷贝8”修改并添加图层样式，勾选“描边”，设置大小为5，位置为内部，不透明度更改为35，填充类型改为渐变，将角度改为-56，渐变颜色分别为000000和868686；勾选“渐变叠加”，角度改为135°，颜色分别调整为dcdcdc和343434；勾选“斜面与浮雕”，样式为内斜面，方法为雕刻清晰，深度为100%，方向为上，大小为5像素，阴影角度为-54°，不要勾选使用全局光，高度调为43，将高光模式的不透明度改为43%。如图7-72所示。

图7-71 两次缩放后的效果

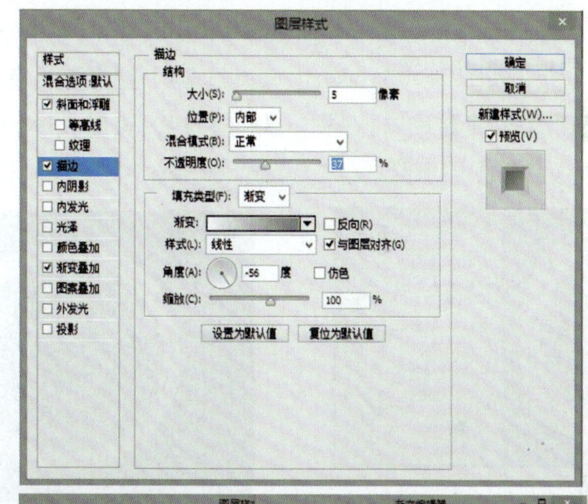

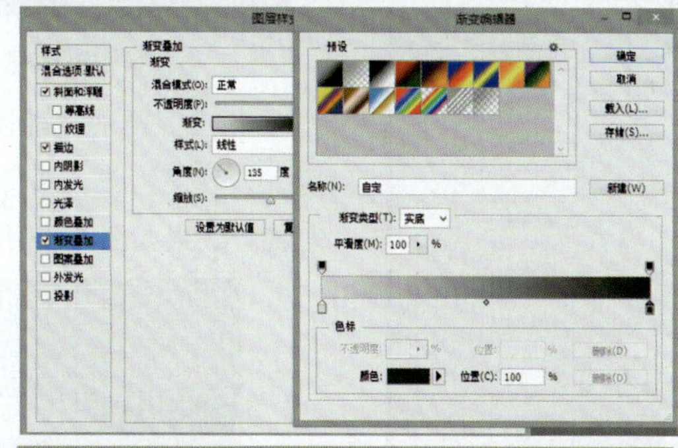

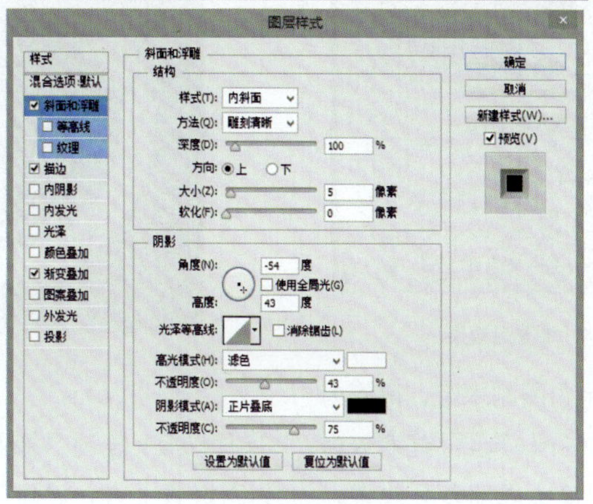

图7-72 图层样式调整

（19）复制“椭圆1拷贝8”图层，得到“椭圆1拷贝9”，然后清除图层样式，将其填充颜色修改为212121，并按Ctrl+T组合键缩放为95%，效果如图7-73所示。

图7-73 调整后效果

（20）复制内环组，并将其放置在最上部，按Ctrl+T缩放为55%，如图7-74所示，按Enter键确定后，将组内的“椭圆1拷贝3”图层删除。

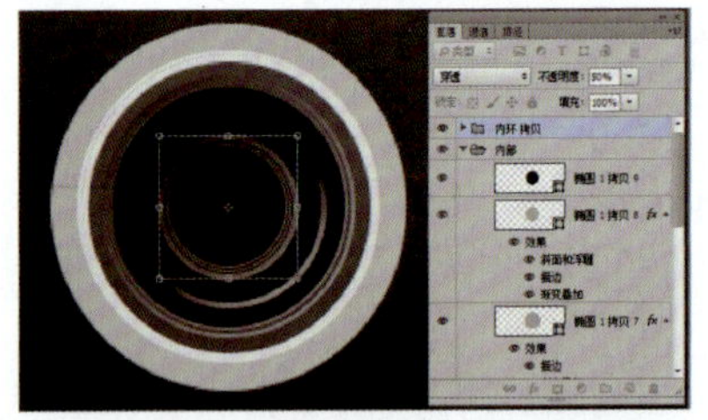

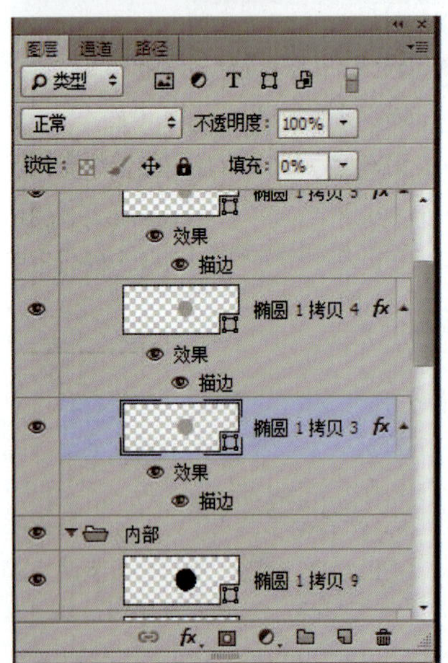

图7-74 调整后效果

（21）复制内圈副本组，得到内圈副本2组，按Ctrl+T组合键缩放为95%，最终得到镜头内部多环效果，如图7-75所示。

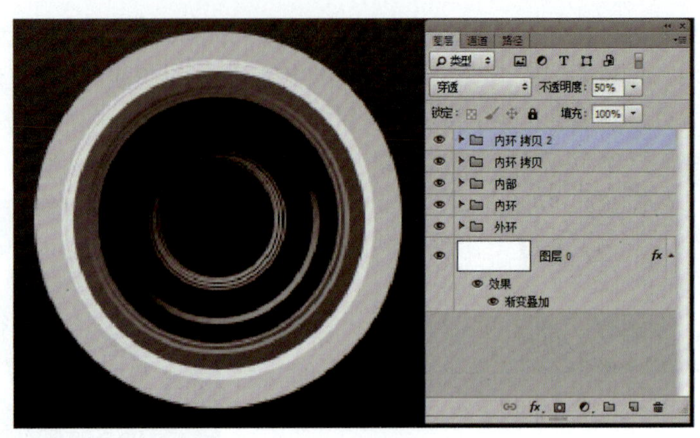

图7-75 调整后效果

（22）按Ctrl+R组合键调出标尺，分别从横向和纵向拉一条参考线，确定镜头中心位置，如图7-76所示。

（23）在最上方新建一个图层，选择工具栏中的“画笔工具”，颜色设置为717779，设置大小为15像素，硬度为0%，设置好后再镜头中心处单击鼠标左键，效果如图7-77所示。

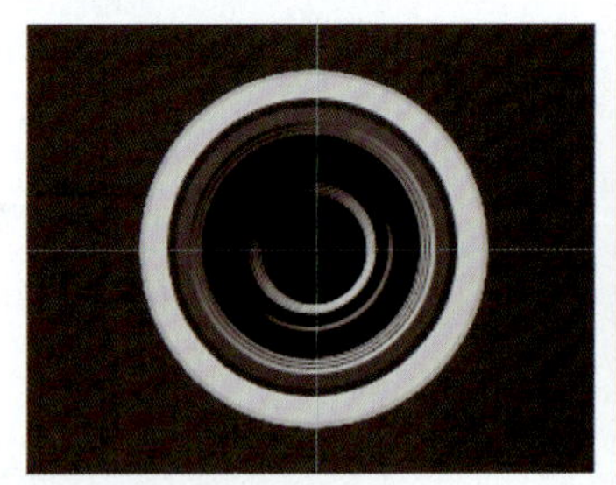

图7-76 参考线

图7-77 画笔效果

（24）再次新建图层，设置画笔大小为8像素（大小可依据实际情况确定），硬度为0%，颜色设置为ffffff纯白色，设置好后再镜头中心处单击鼠标左键，效果如图7-78所示。

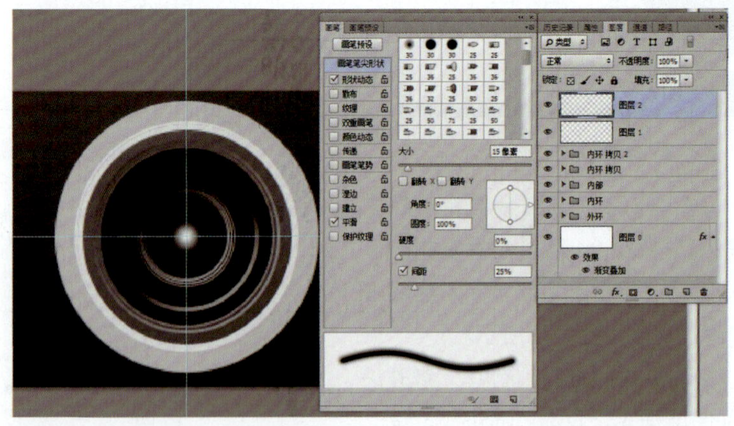

图7-78 “画笔”效果

（25）复制“椭圆1拷贝9”图层，得到“椭圆1拷贝10”图层，将其拉到图层最上方，设置其填充颜色为42c9f6，更改其模式为绿色，不透明度为30%，效果如图7-79所示。

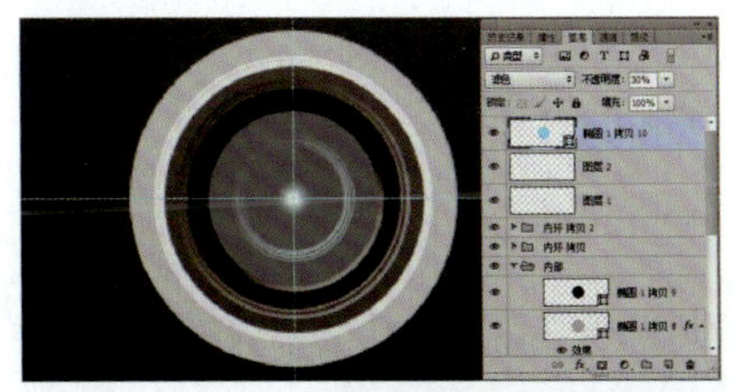

图7-79 修改后的效果

（26）在最上方新建一个图层，填充000000黑色，执行“滤镜”→“渲染”→“镜头光晕”命令，设置亮度为20%，选择105毫米聚焦（L），然后更改其图层混合模式为滤色，将最亮的光点移到镜头中心，效果如图7-80所示。

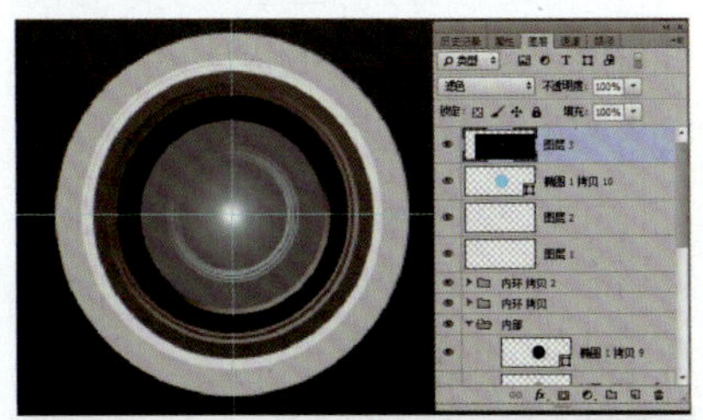

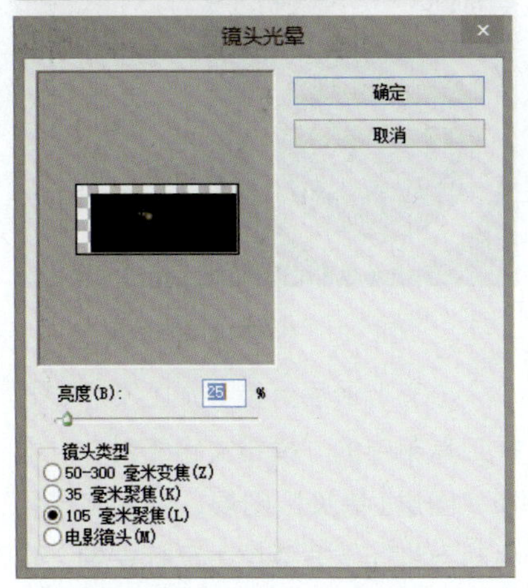

图7-80 "镜头光晕"效果

（27）为图层3添加蒙版，选择工具栏中的“画笔工具”，选择黑色，在蒙版中涂抹，擦去画面中多余的光斑和光线，效果如图7-81所示。

（28）执行“图像”→“调整”→“色相/饱和度”命令（或者按Ctrl+U组合键），勾选“着色”，设置色相为256，饱和度为56，明度为-38（此步骤可根据实际效果设置参数），效果如图7-82所示。

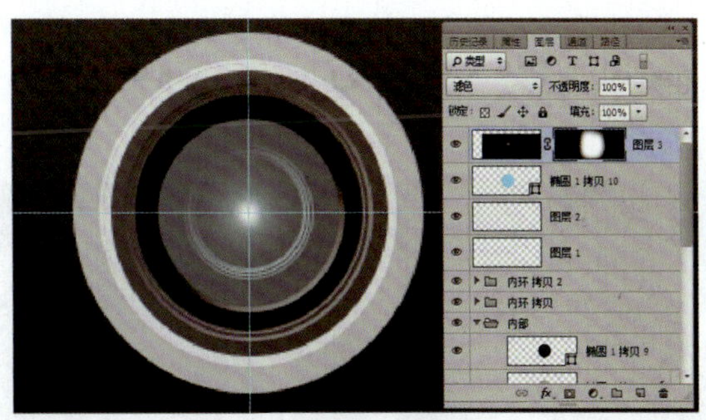

图7-81 添加蒙版效果

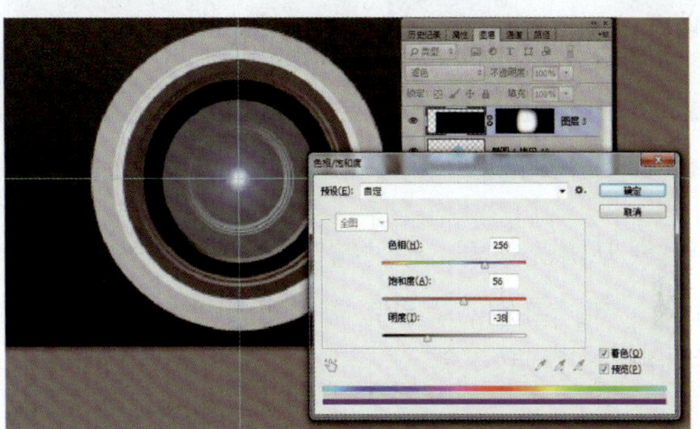

图7-82 “色相/饱和度”效果

（29）再次新建图层，选择画笔工具，设置大小依次为3～7像素，硬度为75%，在镜头上依次单击鼠标左键，绘制五个光点，效果如图7-83所示。

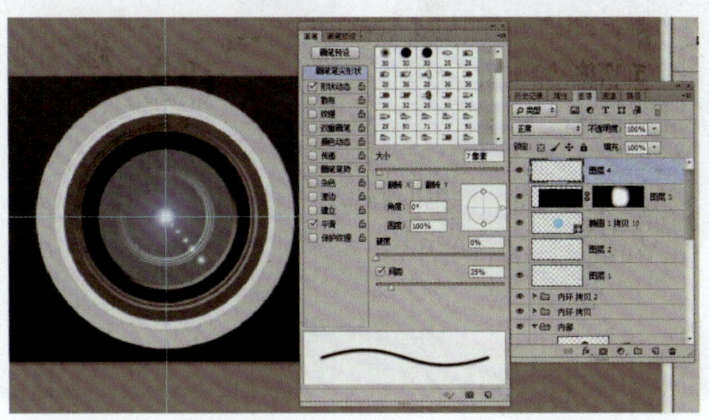

图7-83 画笔制作光点效果

（30）新建图层，结合“椭圆选框工具”和“套索”工具，绘制如图7-84所示选区。选择工具栏中的“渐变工具”，选择“前景色到透明渐变”模式，在镜头上拉出渐变高光效果，效果如图7-85所示。

图7-84 选区制作效果

图7-85 填充渐变效果

（31）制作镜头另一侧的高光效果，新建图层，绘制如图7-86所示选区。选择工具栏中的“渐变工具”，在镜头上拉出渐变高光效果，效果如图7-87所示。

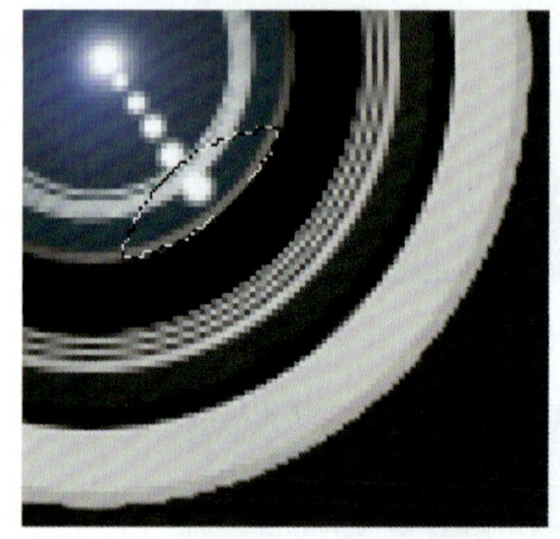

图7-86 选区制作效果

图7-87 填充渐变效果

（32）制作外环高光效果，在“椭圆1”图层上方新建一个图层，结合“椭圆选框工具”和“套索”工具，制作如图7-88所示选区，并填充白色000000，效果如图7-89所示。

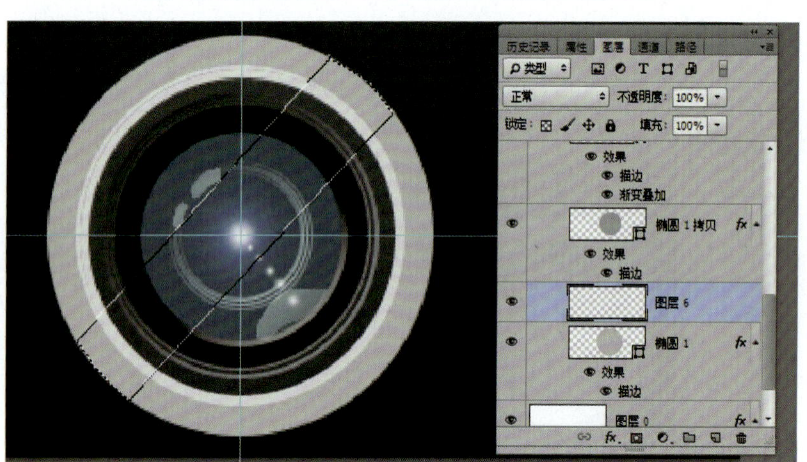

图7-88 选区制作效果

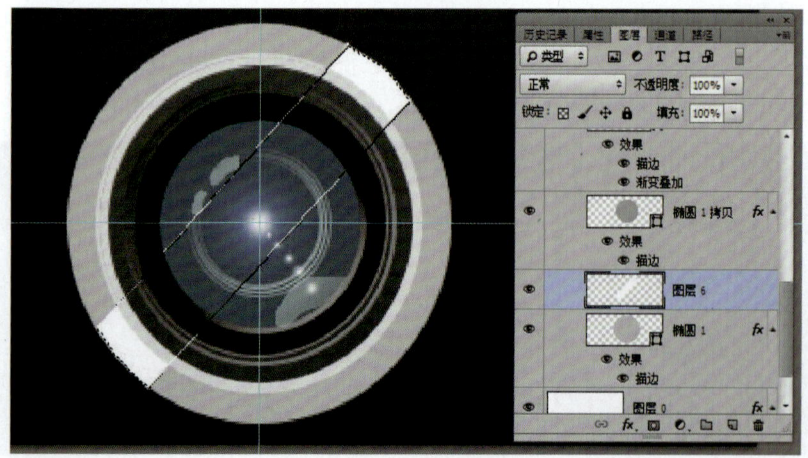

图7-89 填充渐变效果

（33）对该图层执行“滤镜”→“模糊”→“高斯模糊”命令，半径设置为8，效果如图7-90所示。

图7-90 高斯模糊效果

（34）执行“图层”→“创建剪贴蒙版”命令或按Alt+Ctrl+G组合键，将该图层与下面图层创建为一个剪贴蒙版组，然后按Ctrl+T组合键对高光的位置和大小进行微调，如图7-91所示。

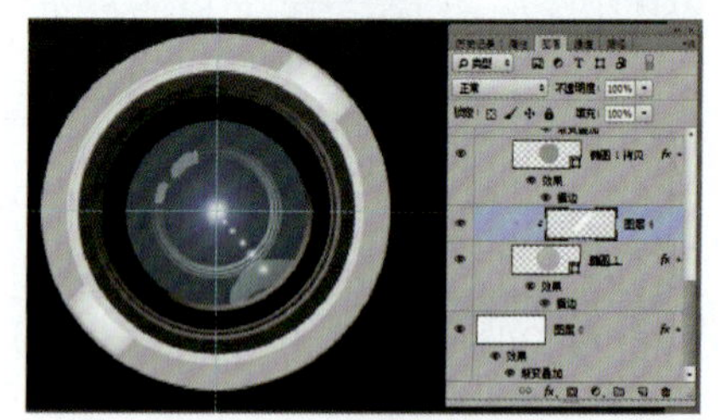

图7-91 创建剪贴蒙版效果

（35）最后为镜头加上文字，选择工具箱中的“横排文字工具”，选择“图层1拷贝”图层，然后将鼠标移动到路径上方并单击鼠标左键，使文字沿路径排列。输入文字，效果如图7-92所示。

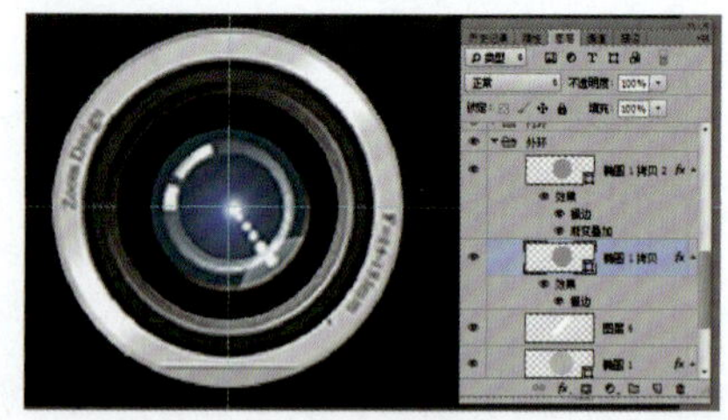

图7-92 文字输入效果

（36）在“图层0”上方新建一个图层，在镜头下方用“椭圆选框工具”绘制一个椭圆选区，填充黑色后，执行“滤镜”→“模糊”→“高斯模糊”命令，模糊效果根据实际效果确定，效果如图7-93所示。

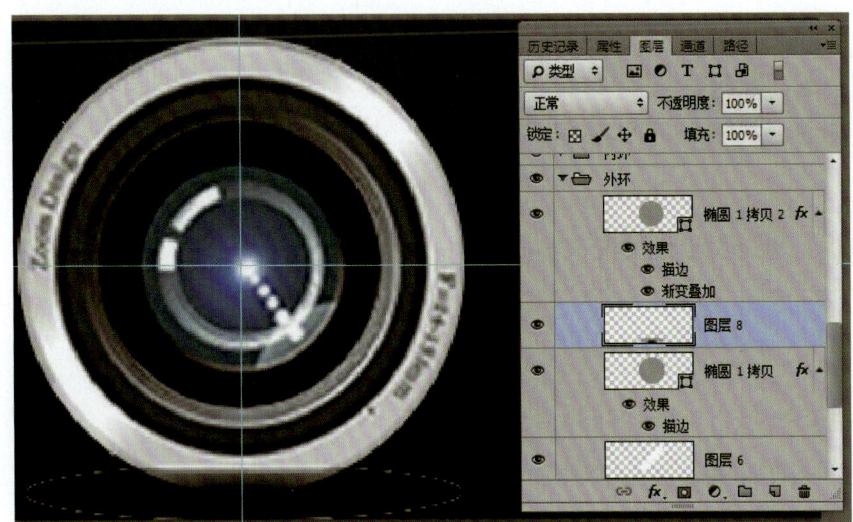

图7-93 阴影制作效果

（37）镜头UI图表制作最终效果如图7-94所示。

图7-94 最终效果

制作相机镜头图标

本章小结

通道类似喷涂时的模版，其在文件区域中可以设定颜色变化、执行滤镜命令或进行其他的一些编辑操作。熟练掌握通道的使用方法及功能特点对图片的绘制具有举足轻重的作用。

思考与练习

1．通道分哪几类？颜色通道的作用是什么？

2．Alpha通道的作用是什么？

第8章 滤　镜

◆本章知识点

1. Photoshop相关滤镜的基本概念
2. Photoshop滤镜的应用技巧

◆学习目标

1. 了解常用滤镜的应用技巧
2. 掌握各个滤镜组的作用
3. 掌握外挂滤镜的作用。

8.1 认识滤镜

滤镜是Photoshop软件的主要功能之一。使用滤镜不仅能修改图像内容、遮盖图像缺点，还能在原图像的基础上创作出令人意想不到的各式各样的画面效果。滤镜原本是摄影镜头前的玻璃片，它能够使摄影作品产生特殊的效果；Photoshop软件中的滤镜是一种插件，用来控制图像中的像素。当图像中的像素位置或颜色发生改变时，图像也随之发生改变，并根据滤镜命令的不同生成各种特殊的画面效果。

8.1.1 滤镜库

“滤镜库”将Photoshop中提供的部分滤镜整合在一起，通过单击相应的滤镜命令图标，可以在对话框的“预览”窗口中看到应用该滤镜后的效果。

8.1.2 智能滤镜

“智能滤镜”是Photoshop中的一个强大功能。在使用Photoshop时，如果要对智能对象图层应用滤镜，就必须将智能对象图层栅格化，然后才可以应用智能滤镜效果，但如果用户要修改智能对象中的内容，那么需要重新应用滤镜，这样就在无形中增加了操作的复杂程度，而智能滤镜就是为了解决这一难题而产生的；同时，使用智能滤镜，还可以对所添加的滤镜进行反复的修改。

1. 智能滤镜的优势

智能滤镜是一种非破坏性的滤镜，它作为图层效果保存在“图层”面板上，不仅能够随时调整滤镜的参数，还能够被隐藏或删除，它兼有滤镜和智能对象两种功能的特点。

2. 智能滤镜的相关操作

下面介绍创建智能滤镜的操作方法：

（1）打开素材文件“第8章\素材文件\蝴蝶.jpg”，执行“滤镜”→“转化为智能滤镜”命令，这时“背景”图层转化“智能对象”图层，并在图层缩览图上显示图标，如图8-1所示。

（2）执行“滤镜”→“模糊”→“高斯模糊”命令，在对话框中进行如图8-2所示的设置，为图像添加滤镜效果。

图8-1 智能对象图层

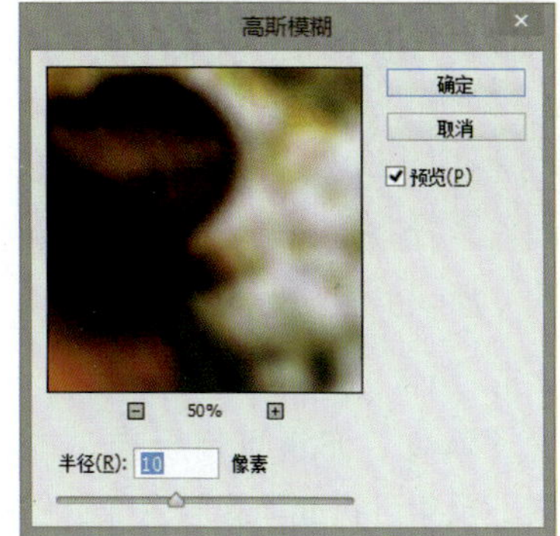

图8-2 “高斯模糊”对话框

（3）在“图层”面板中双击智能滤镜，可以在弹出的对话框中对滤镜选项进行设置。双击滤镜右边的“双击以编辑滤镜混合选项”图标，如图8-3所示；在弹出的“混合选项”对话框中编辑智能滤镜混合选项，将“高斯模糊”数值调整为30像素，如图8-4所示；历史记录如图8-5所示。

图8-3 双击以编辑滤镜混合选项

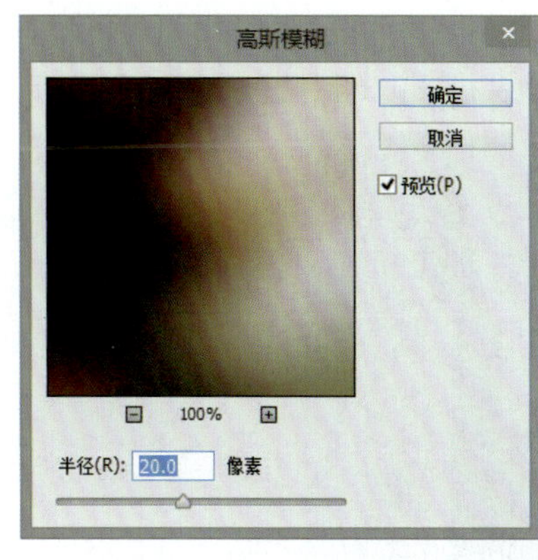

图8-4 调整高斯模糊像素

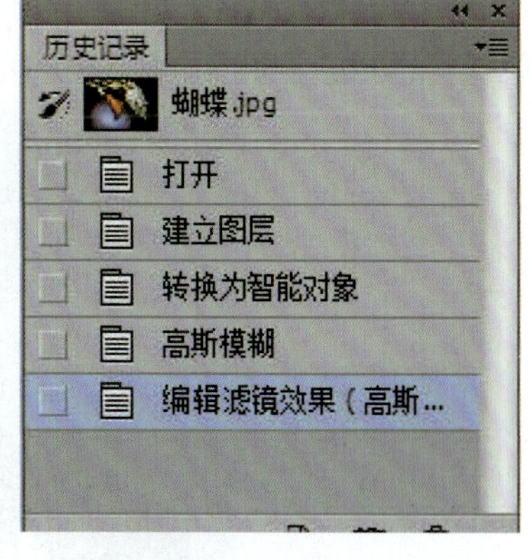

图8-5 历史记录

（4）执行“图层”→“智能滤镜”→“消除智能滤镜”命令，将把智能对象图层上的智能滤镜删除。

8.1.3 特殊滤镜

1. 自适应广角

“自适应广角”滤镜可以修复超广角常见的变形现象，因此，运用该滤镜可以对镜头所产生的变形进行处理，得到一张完全没有变形的照片。

（1）打开素材文件“第8章\素材文件\变形的建筑.jpg”，如图8-6所示。

图8-6 原图

（2）执行“滤镜”→“自适应广角”命令，打开“自适应广角”对话框，在左侧工具栏中选择“约束工具”，然后在图像中有变形的起始位置单击鼠标左键，之后继续移动鼠标指针到变形终点位置，操作完成后，画面中出现了一条线，这条线会自动沿着变形曲面计算广角变形，从而对画面进行修复，效果如图8-7所示。

（3）运用同样的方法对变形位置进行校正，效果如图8-8、图8-9所示。

图8-7 变形修复

图8-8 变形位置矫正

图8-9 应用“自适应广角”修复的效果

2. 镜头校正

“镜头校正”滤镜可修复常见的镜头瑕疵，该滤镜在RGB或灰度模式下只能用于8位\通道或16位\通道图像。

（1）打开素材文件“第8章\素材文件\教堂.jpg”，如图8-10所示，执行“滤镜”→“镜头校正”命令，打开“镜头校正”对话框，如图8-11所示。

图8-10　原图

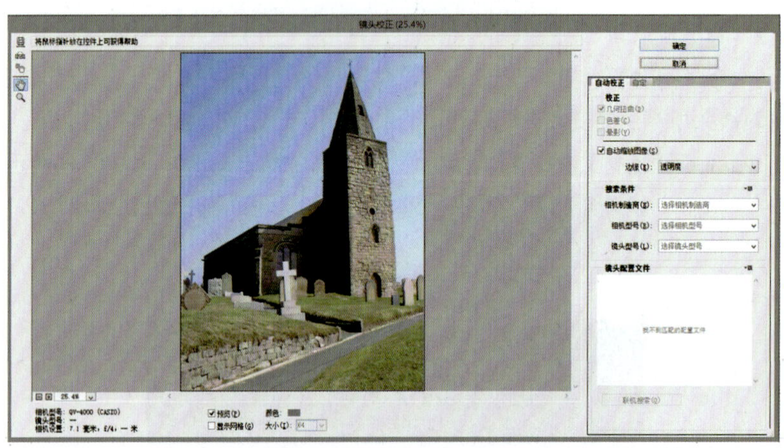

图8-11“镜头校正”对话框

（2）调整“镜头校正”对话框，从左边拉出一条直线，如图8-12所示；单击“确定”按钮，效果如图8-13所示。

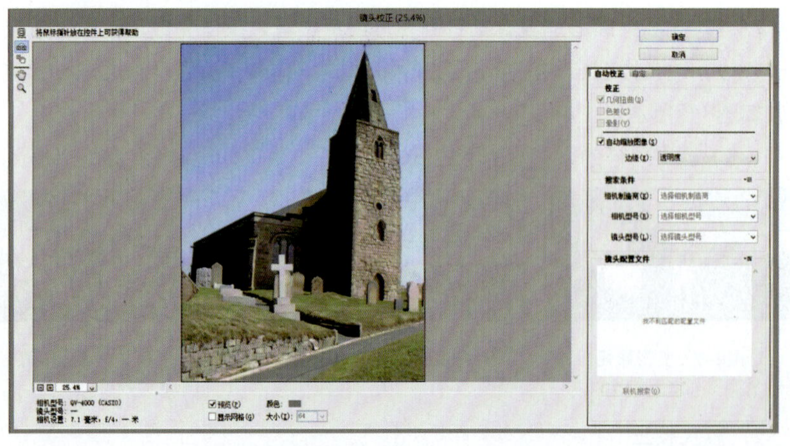

图8-12　“镜头校正”调整

图8-13“镜头校正”后的效果

3. 液化

“液化”滤镜可用于推、拉、旋转、反射、折叠和膨胀图像的任意区域。根据画面效果需要，我们所创建的扭曲可以是细微的也可以是剧烈的，这就是“液化”命令的强大之处；另外，“液化”滤镜可应用于8位\通道或16位\通道图像。

（1）打开素材文件“第8章\素材文件\模特1.jpg”，如图8-14所示。

图8-14　原图

（2）执行“滤镜”→“液化”命令，打开“液化”对话框，首先调整画笔大小和压力大小，然后在下颚处涂抹，我们会发现女子的脸型瘦了一些，效果如图8-15所示。

（3）继续调整画笔大小和压力，分别对眼睛及嘴巴处进行涂抹，让人物的眼睛变大，嘴唇变丰厚，效果如图8-16所示。

（4）继续调整画笔大小，分别对眼睛及嘴巴处进行涂抹，让人物的眼睛变小，嘴唇变薄，效果如图8-17所示。还可以通过液化滤镜调整人物其他部位（如胳膊），达到人物瘦身效果。

图8-15 “液化”对话框

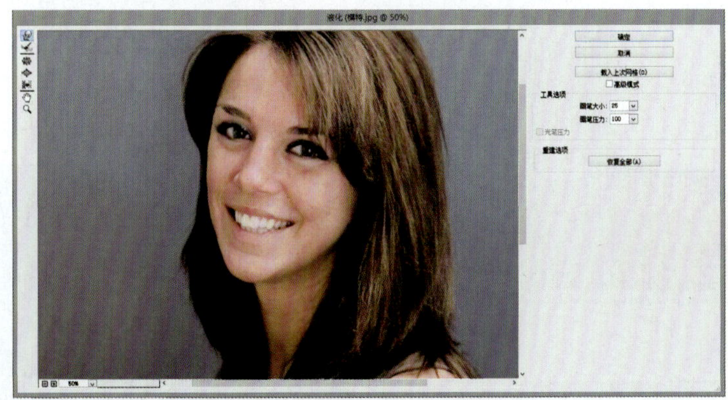

图8-16 “液化”效果

图8-17 最终效果

4. 油画

“油画”滤镜可将图片处理成油画风格。

（1）打开素材文件“第8章\素材文件\街舞.jpg”，如图8-18所示。

（2）执行“滤镜”→“油画”命令，打开“油画”对话框，调整参数，如图8-19所示；最终效果如图8-20所示。

图8-18 原图

图8-19 “油画”对话框

图8-20 “油画”效果

5. 消失点

“消失点”滤镜可以自定义透视参考框，从而将图像复制、转换或移动到透视结构上。我们可以根据需要，在图像中指定编辑位置，并进行绘画、仿制、复制、粘贴以及变换等编辑操作。

（1）打开素材文件“第8章\素材文件\猫咪.jpg”，如图8-21所示。

图8-21 原图

（2）执行“滤镜”→“消失点”命令，打开“消失点”对话框，单击“创建平面工具”按钮，创建一个透视矩形框，如图8-22所示。

图8-22 创建透视矩形框

（3）选取选框工具，首先在透视矩形框中双击创建选区，然后按住Alt键的同时单击鼠标左键并拖拽，效果如图8-23、图8-24所示。

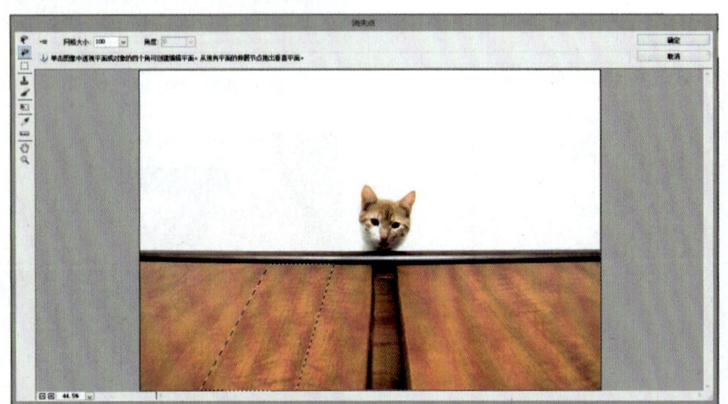

图8-23 选区

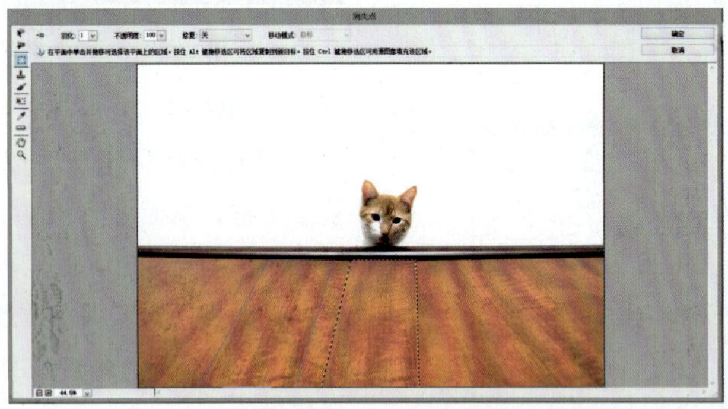

图8-24 拖拽后效果

（4）单击“变换工具”按钮，调出变换控制框，拖拽鼠标至上方，单击“确定”按钮，效果如图8-25所示。

图8-25 “消失点”效果

8.2 滤镜组

8.2.1 风格化

“风格化”滤镜可以通过置换像素及查找来增加图像的对比度，在选区中生成绘画或印象派的效果，它是完全模拟真实艺术手法进行创作的。

1. 查找边缘

“查找边缘”滤镜能够自动搜索图像像素对比度变化剧烈的边界，并将高反差区变暗，其他区域介于两者之间，硬边变为线条，柔边变粗，使画面形成一个清晰的轮廓。

打开素材文件“第8章\素材文件\建筑物1.jpg”，如图8-26所示，执行“滤镜”→“风格化”→“查找边缘”命令，效果如图8-27所示。

图8-26 原图

图8-27 “查找边缘”效果

2. 等高线

“等高线”滤镜类似“查找边缘”滤镜，主要作用是勾画图像的色阶范围。

打开素材文件“第8章\素材文件\建筑物2.jpg”，如图8-28所示，执行“滤镜”→“风格化”→“等高线”命令，等高线对话框如图8-29所示；最终效果如图8-30所示。

图8-28 原图

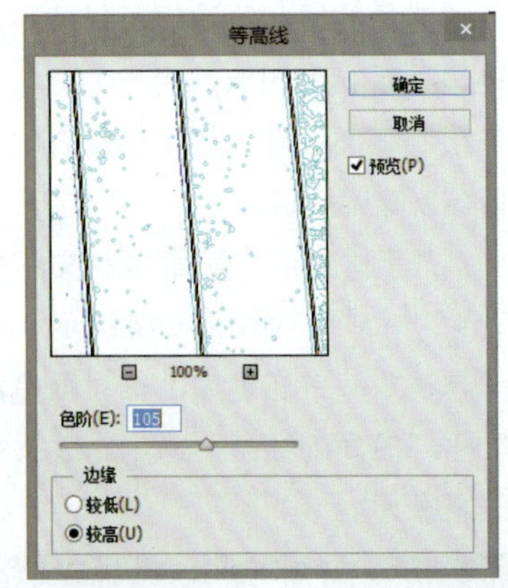

图8-29 “等高线”对话框

图8-30 “等高线”效果

3. 风

“风”滤镜可在图像中增加一些细节的水平线来模拟风吹效果。

打开素材文件“第8章\素材文件\红色玩具车.jpg”，如图8-31所示；执行“滤镜”→“风格化”→“风”命令，反复执行几次后效果如图8-32所示。

图8-31 原图

图8-32 “风”效果

4. 浮雕效果

“浮雕效果”滤镜可通过勾画图像或选区的轮廓以及降低周围色值来使画面产生凸起或凹陷的浮雕效果。

打开素材文件“第8章\素材文件\橙子.jpg”，如图8-33所示，执行“滤镜”→“风格化”→“浮雕效果”命令，效果如图8-34所示。

图8-33 原图

图8-34 “浮雕”效果

5. 扩散

“扩散”滤镜可以使图像中相邻的像素按规定的方式有机移动，形成一种类似于透过磨砂玻璃观察对象时的模糊效果。

打开素材文件“第8章\素材文件\教堂内部空间.jpg”，如图8-35所示，执行“滤镜”→“风格化”→“扩散”命令，效果如图8-36所示。

图8-35 原图

图8-36 “扩散”效果

6. 拼贴

“拼贴”滤镜可将指定的图像分为块状，并使其偏离其原来的位置，产生不规则瓷砖拼凑的图像效果。

打开素材文件“第8章\素材文件\光线.jpg”，如图8-37所示，执行“滤镜”→“风格化”→“拼贴”命令，效果如图8-38所示。

图8-37　原图

图8-38　“拼贴”效果

图8-43　“凸出”效果

7. 曝光过度

“曝光过度”滤镜可以混合负片和正片图像，模拟出摄影中因增加光线强度而产生的过度曝光效果。

打开素材文件“第8章\素材文件\教堂局部.jpg”，如图8-39所示，执行“滤镜”→“风格化”→“曝光过度”命令，效果如图8-40所示。

图8-39　原图

图8-40　“曝光过度”效果

8. 凸出

“凸出”滤镜可以将图像分成一系列大小相同且有机重叠放置的立方体或锥体，从而产生3D效果。

打开素材文件“第8章\素材文件\彩色手印.jpg”，如图8-41所示，执行“滤镜”→“风格化”→“凸出”命令，在弹出的对话框中输入数值，如图8-42所示；单击“确定”按钮，效果如图8-43所示。

图8-41　原图

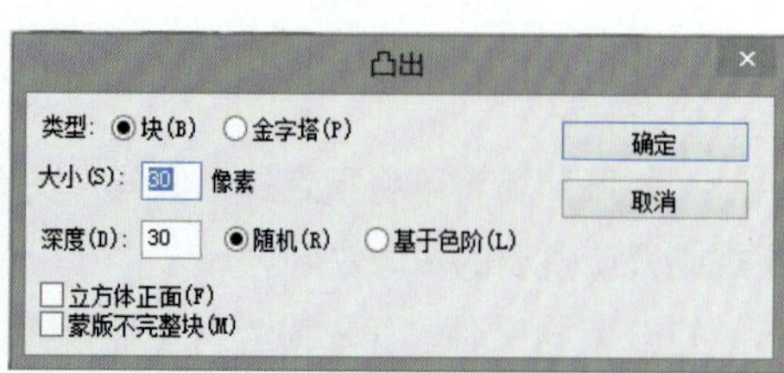

图8-42　凸出对话框

8.2.2 画笔描边

“画笔描边”滤镜组可以使用不同的画笔和油墨进行描边，从而创建出具有绘画效果的图像外观。

1. 成角的线条

“成角的线条”滤镜可以使用成角描边重新绘制图像，用一个方向的线条绘制亮部区域，再用相反方向的线条绘制暗部区域。

打开素材文件“第8章\素材文件\白色花朵.jpg”，如图8-44所示，执行“滤镜”→“滤镜库”→“画笔描边”→“成角的线条”命令，效果如图8-45所示。

图8-44　原图

图8-45　“成角的线条”效果

2．墨水轮廓

“墨水轮廓”滤镜能够以钢笔画的风格，用纤细的线条在原细节上重绘图像。

打开素材文件“第8章\素材文件\模特2.jpg”，如图8-46所示，执行“滤镜”→“画笔描边”→“墨水轮廓”命令，效果如图8-47所示。

图8-46 原图

图8-47 “墨水轮廓”效果

3．喷溅

“喷溅”滤镜能够模拟喷枪，使图像产生笔墨喷溅的艺术效果。

打开素材文件“第8章\素材文件\老妇人.jpg”，如图8-48所示，执行“滤镜”→“画笔描边”→“喷溅”命令，效果如图8-49所示。

图8-48 原图

图8-49 “喷溅”效果

4．喷色描边

“喷色描边”滤镜可以使用图像的主导色用成角的、喷溅的颜色线条重新绘制图像。

打开素材文件“第8章\素材文件\年轻女性.jpg”，如图8-50所示，执行“滤镜”→“画笔描边”→“喷色描边”命令，效果如图8-51所示。

图8-50 原图

图8-51 “喷色”描边效果

5．强化的边缘

“强化的边缘”滤镜可以强化图像的边缘。

打开素材文件“第8章\素材文件\眼镜.jpg”，如图8-52所示，执行“滤镜”→“画笔描边”→“强化的边缘”命令，效果如图8-53所示。

图8-52 原图

图8-53 “强化的边缘”效果

6．深色线条

“深色线条”滤镜可以用短而紧密的深色线条绘制暗部区域，用长的白色线条绘制亮部区域。

打开素材文件“第8章\素材文件\彩色药丸.jpg”，如图8-54所示，执行

"滤镜"→"画笔描边"→"深色线条"命令，效果如图8-55所示。

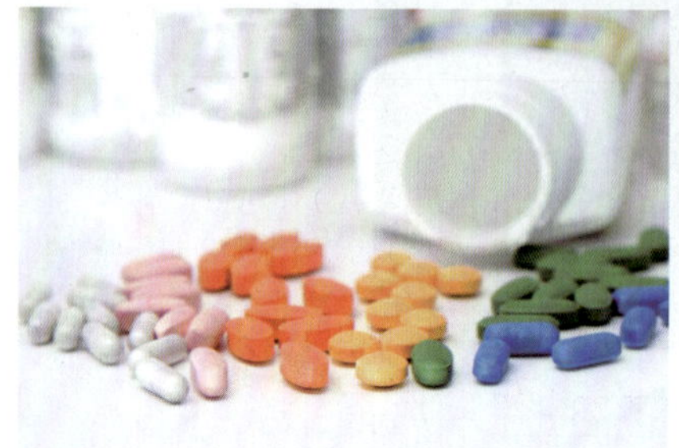

图8-54　原图

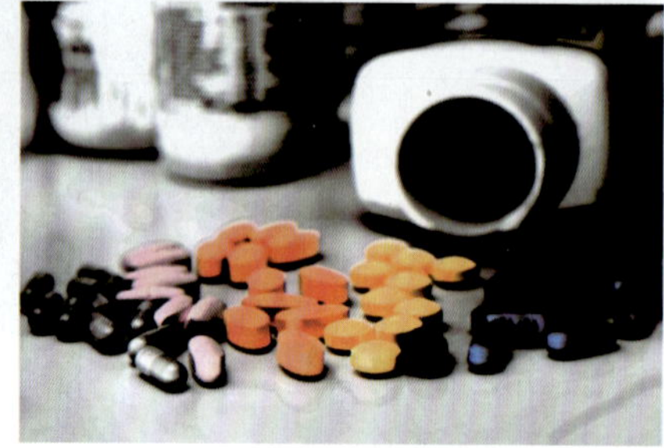

图8-55　"深色线条"效果

7. 烟灰墨

"烟灰墨"滤镜可以绘制日本画风格的绘画图像。

打开素材文件"第8章\素材文件\漂流瓶.jpg"，如图8-56所示，执行"滤镜"→"画笔描边"→"烟灰墨"命令，效果如图8-57所示。

图8-56　原图

图8-57　"烟灰墨"效果

8. 阴影线

"阴影线"滤镜可以保留原始图像的细节和特征。

打开素材文件"第8章\素材文件\彩色珠子.jpg"，如图8-58所示，执行"滤镜"→"画笔描边"→"阴影线"命令，效果如图8-59所示。

图8-58　原图

图8-59　"阴影线"效果

8.2.3　模糊

Photoshop包括6种模糊滤镜效果，模糊滤镜可以使图像中过于清晰或对比度过于强烈的区域产生模糊效果。

1. 场景模糊

"场景模糊"滤镜可以对图片进行焦距调整，对图片全局或多个局部进行模糊处理。

打开素材文件"第8章\素材文件\室内女孩.jpg"，如图8-60所示，执行"滤镜"→"模糊"→"场景模糊"命令，效果如图8-61所示。

图8-60　原图

图8-61　"场景模糊"效果

2．光圈模糊

“光圈模糊”滤镜类似相机镜头对焦，焦点周围的图像会相应模糊。简单来说就是在画面中指定一个保持清晰的区域，由软件将区域外围做模糊处理。

打开素材文件“第8章\素材文件\时尚模特.jpg”，如图8-62所示；执行“滤镜”→“模糊”→“光圈模糊”命令，画面中央会出现一个可以自由拖动的椭圆形区域，该区域的形状和大小可以自由改变，它用来界定清晰/模糊的范围；当然除了改变区域外，还可以改变模糊的量，数字越大则模糊程度越重。设置调整参数后效果如图8-63所示。

图8-62 原图

图8-63 “光圈模糊”效果

3．移轴模糊

“移轴模糊”滤镜与光圈模糊并没有本质上的区别，只是控制区域由椭圆形变成了平行线。中央圆圈上下共4条直线定义了从清晰（原图）到模糊区的过渡范围，同样可以改变模糊的程度，4条水平直线也可以转动倾斜。

打开素材文件“第8章\素材文件\鸭子.jpg”，如图8-64所示，执行“滤镜”→“模糊”→“移轴模糊”命令，效果如图8-65所示。

图8-64 原图

图8-65 “移轴模糊”效果

4．高斯模糊

“高斯模糊”滤镜可以使图像产生一种朦胧效果。

打开素材文件“第8章\素材文件\树枝与鸟.jpg”，如图8-66所示，执行“滤镜”→“模糊”→“高斯模糊”命令，效果如图8-67所示。

图8-66 原图

图8-67 “高斯模糊”效果

5．动感模糊

“动感模糊”滤镜可以根据指定方向的强度制作模糊图像。

打开素材文件“第8章\素材文件\乌龟.jpg”，如图8-68所示，执行“滤镜”→“模糊”→“动感模糊”命令，效果如图8-69所示。

图8-68 原图

图8-69 “动感模糊”效果

6．表面模糊

“表面模糊”滤镜能够在保留边缘的同时模糊图像，可用来创建特殊效果并消除杂色或颗粒。

打开素材文件“第8章\素材文件\人像.jpg”，如图8-70所示，执行“滤镜”→“模糊”→“表面模糊”命令，效果如图8-71所示。

图8-70 原图

图8-71 “表面模糊”效果

7. 方框模糊

“方框模糊”滤镜可以基于相邻像素的平均值来模糊图像，生成类似方块状的特殊模糊效果。

打开素材文件“第8章\素材文件\蝴蝶2.jpg”，如图8-72所示，执行“滤镜”→“模糊”→“方框模糊”命令，效果如图8-73所示。

图8-72 原图

图8-73 “方框模糊”效果

8. 模糊和进一步模糊

“模糊”和“进一步模糊”滤镜都是对图像进行轻微模糊。

打开素材文件“第8章\素材文件\蜜蜂与花.jpg”，如图8-74所示，执行“滤镜”→“模糊”→“进一步模糊”命令，效果如图8-75所示。

图8-74 原图

图8-75 “进一步模糊”效果

9. 径向模糊

“径向模糊”滤镜可以模拟缩放或旋转的相机产生的模糊效果。

打开素材文件“第8章\素材文件\彩色水母.jpg”，如图8-76所示，执行“滤镜”→“模糊”→“径向模糊”命令，效果如图8-77所示。

图8-76 原图

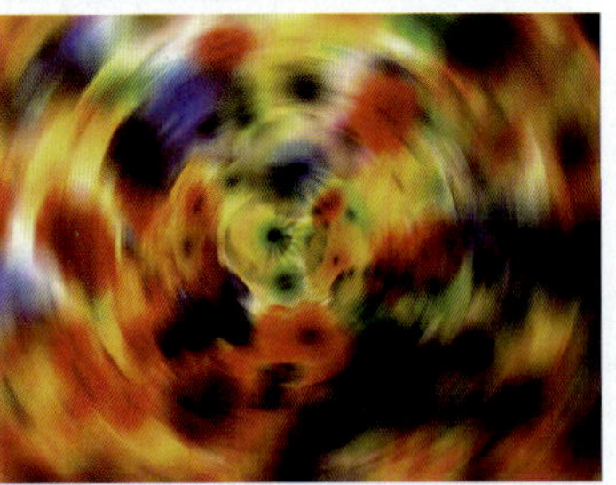

图8-77 “径向模糊”效果

10. 平均

“平均”滤镜可以查找图像的平均颜色，然后以该颜色填充图像，创建平滑的外观。

打开素材文件“第8章\素材文件\颜料瓶.jpg”，如图8-78所示，执行“滤镜”→“模糊”→“平均”命令，效果如图8-79所示。

图8-78 原图

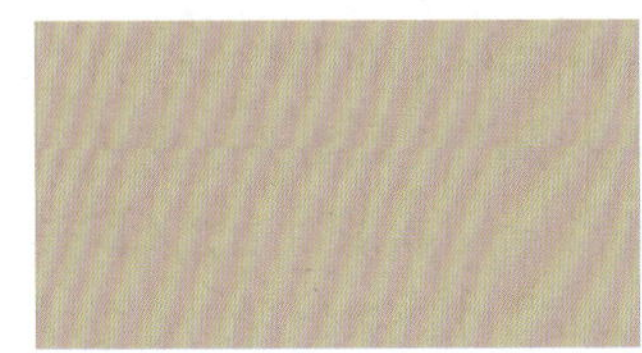

图8-79 “平均”效果

11. 特殊模糊

“特殊模糊”滤镜提供了半径、阈值和模糊品质等设置选项，可以精确地模糊图像。

打开素材文件“第8章\素材文件\覆盆子.jpg”，如图8-80所示，执行“滤镜”→“模糊”→“特殊模糊”命令，调整“特殊模糊”对话框参数，如图8-81所示；单击“确定”按钮，效果如图8-82所示。

图8-80 原图

图8-81 “特殊模糊”对话框

图8-82 “特殊模糊”效果

12. 形状模糊

“形状模糊”滤镜可以使用指定的形状创建特殊的模糊效果。

打开素材文件“第8章\素材文件\蝴蝶2.jpg”，如图8-83所示，执行“滤镜”→“模糊”→“形状模糊”命令，调整“形状模糊”对话框参数，如图8-84所示；单击“确定”按钮，效果如图8-85所示。

图8-83

图8-84 图8-85

图8-83 原图

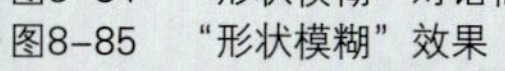

图8-84 “形状模糊”对话框

图8-85 “形状模糊”效果

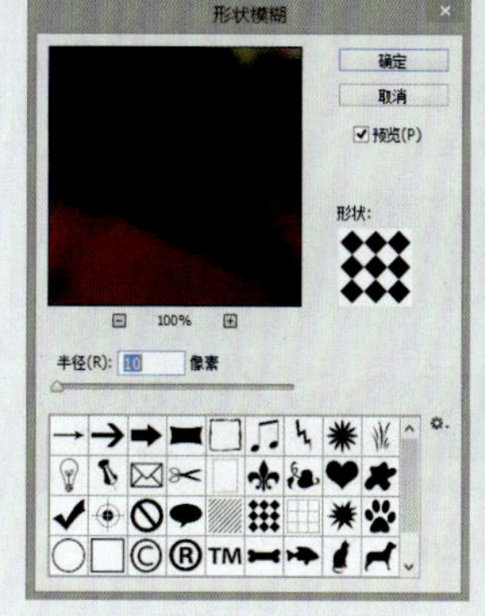

8.2.4 扭曲

扭曲滤镜是Photoshop“滤镜”菜单下的一组滤镜，共12种。这一系列滤镜都是运用几何学的原理把一幅影像变形，以创造出三维效果或其他效果。每一个滤镜都能产生一种或数种特殊效果，但都离不开一个特点：对影像中所选择的区域进行变形、扭曲。

1. 波浪

“波浪”滤镜可以在图像上创建波浪起伏的波浪效果。

打开素材文件“第8章\素材文件\彩色线条.jpg”，如图8-86所示，执行“滤镜”→“扭曲”→“波浪”命令，调整“波浪”对话框参数，如图8-87所示；单击“确定”按钮，效果如图8-88所示。

图8-86 原图

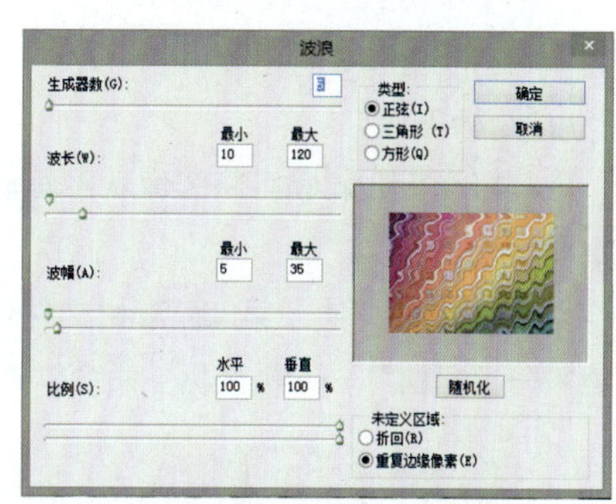

图8-87 “波浪”对话框

图8-88 “波浪”效果

2. 波纹

“波纹”滤镜只能控制波纹的数量和波纹大小。

打开素材文件“第8章\素材文件\巴伯顿雏菊.jpg”，如图8-89所示，执行“滤镜”→“扭曲”→“波纹”命令，调整“波纹”对话框参数，如图8-90所示，单击“确定”按钮，效果如图8-91所示。

图8-89 原图

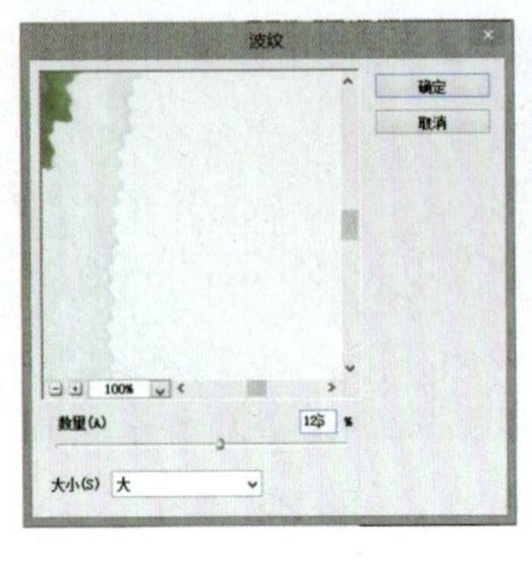

图8-90　“波纹”对话框

图8-91　“波纹”效果

3. 极坐标

“极坐标”滤镜可将图像从平面坐标转换为极坐标，或者从极坐标转换成平面坐标。

打开素材文件“第8章\素材文件\绳索.jpg”，如图8-92所示，执行“滤镜”→“扭曲”→“极坐标”命令，效果如图8-93所示。

图8-92　原图

图8-93　“极坐标”效果

4. 挤压

打开素材文件“第8章\素材文件\彩球.jpg”，如图8-94所示，执行“滤镜”→“扭曲”→“挤压”命令，调整“挤压”对话框参数，如图8-95所示，单击“确定”，效果如图8-96所示。

图8-94　原图

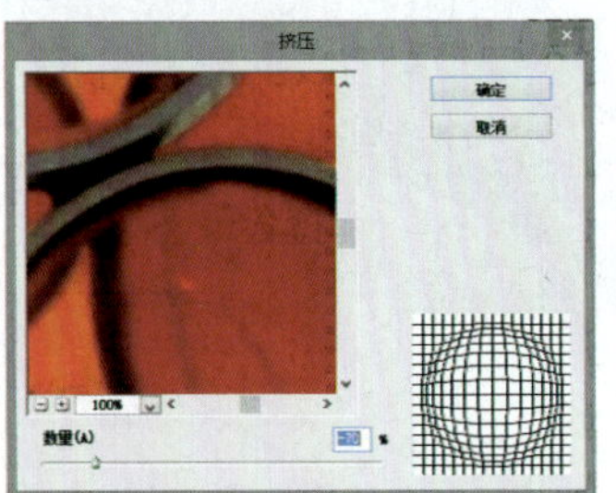

图8-95“挤压”对话框

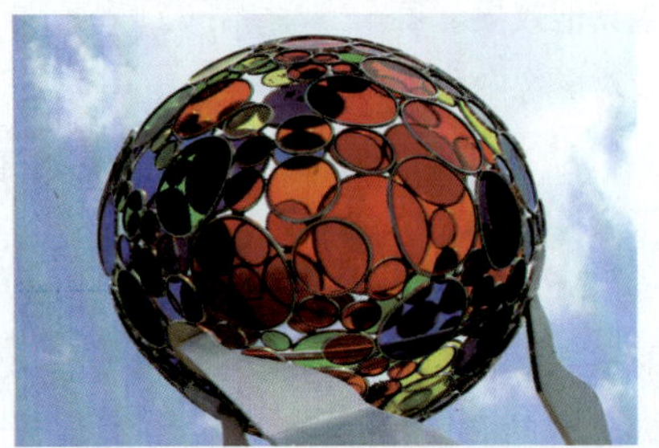

图8-96　“挤压”效果

5. 切变

“切变”滤镜是一种比较灵活的滤镜，我们可以按照自己设定的曲线来扭曲图像。

打开素材文件“第8章\素材文件\沙漠之舟.jpg”，如图8-97所示，执行“滤镜”→“扭曲”→“切变”命令，调整“切变”对话框参数，如图8-98所示，单击“确定”按钮，效果如图8-99所示。

图8-97　原图

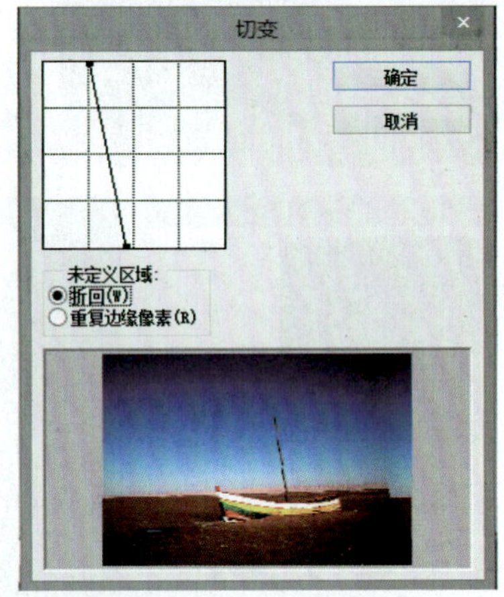

图8-98　“切变”对话框

图8-99　“切变”效果

6. 球面化

“球面化”滤镜可以扭曲图像以及伸展图像以适合选中的曲线，使图像产生3D效果。

打开素材文件“第8章\素材文件\路灯.jpg”，如图8-100所示，执行“滤镜”→“扭曲”→“球面化”命令，效果如图8-101所示。

图8-100 原图

图8-101 “球面化”效果

7. 水波

“水波”滤镜可以制作水波产生的涟漪效果。

打开素材文件“第8章\素材文件\花瓣雨.jpg”，如图8-102所示，执行“滤镜”→“扭曲”→“水波”命令，调整“水波”对话框的参数值，如图8-103所示，效果如图8-104所示。

图8-102 原图

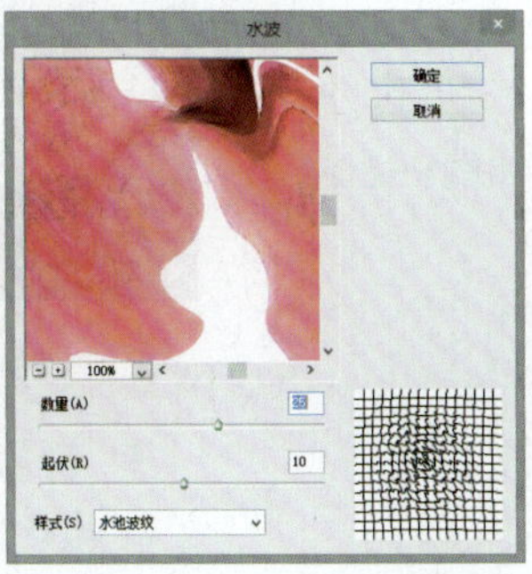
图8-103 “水波”对话框

图8-104 “水波”效果

8. 旋转扭曲

“旋转扭曲”滤镜可以将图像中心进行旋转扭曲。

打开素材文件“第8章\素材文件\黄色花瓣.jpg”，如图8-105所示，执行“滤镜”→“扭曲”→“旋转扭曲”命令，效果如图8-106所示。

图8-105 原图

图8-106 “旋转扭曲”效果

9. 置换

“置换”滤镜可以根据另一张图片的亮度值使现有图像的像素重新排列并产生位移。

(1)打开素材文件“第8章\素材文件\砖墙.jpg”，如图8-107所示。另存“砖墙1.psd”。

图8-107 原图

(2)打开“第8章\素材文件\女孩.jpg”文件，并执行“滤镜”→“扭曲”→“置换”命令，出现“置换“对话框，调整参数，如图8-108所示。

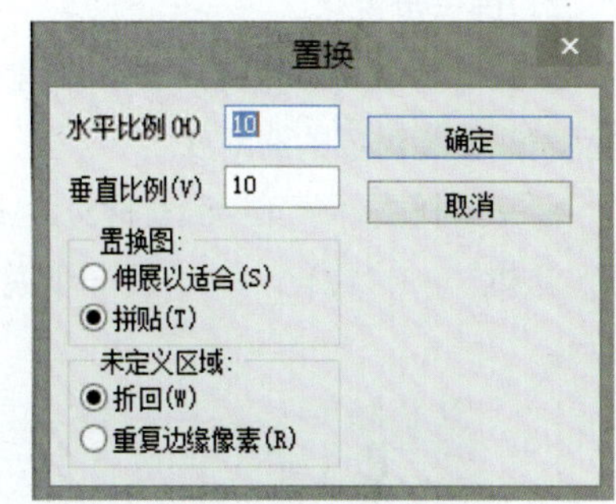

图8-108 “置换”对话框

(3)单击“置换”对话框中的“确定”按钮，选择之前所存储的“砖墙1.psd”文件作为置换源，效果如图8-109所示。

图8-109 “置换”效果

8.2.5 锐化

“锐化”滤镜命令通过增加相邻像素的对比度聚焦模糊的图像，使画面更加鲜明、清晰。

1. USM锐化

“USM锐化”滤镜通过增加图像边缘的对比度来锐化图像，该滤镜可以对摄影、扫描、重新取样或打印过程中产生的模糊效果进行校正。

打开素材文件“第8章\素材文件\水果拼盘.jpg”，如图8-110所示，执行“滤镜”→“锐化”→“USM锐化”命令，调整“USM锐化”对话框的参数值，如图8-111所示，单击“确定”按钮，效果如图8-112所示。

图8-110　原图

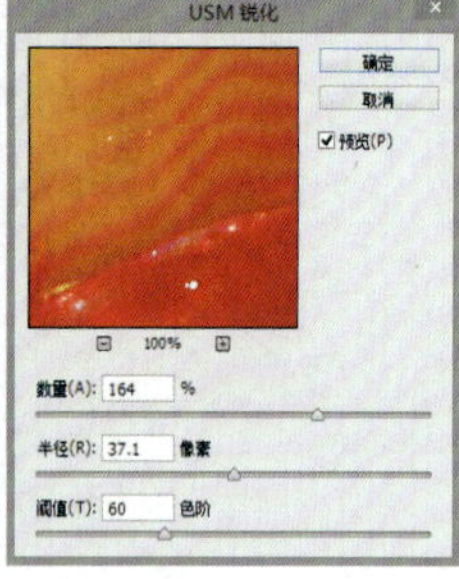

图8-111　“USM锐化”对话框

图8-112　“USM锐化”效果

2. 进一步锐化

“进一步锐化”滤镜的工作原理为聚焦选区，来增大图像或选区像素之间的反差，提高对象的清晰度。

打开素材文件“第8章\素材文件\茶壶和茶杯.jpg”，如图8-113所示，执行“滤镜”→“锐化”→“进一步锐化”命令，反复几次后效果如图8-114所示。

图8-113　原图

图8-114　“进一步锐化”效果

3. 防抖

“防抖”滤镜可以把由于相机拍摄时抖动而产生的图像抖动虚化问题修整清晰。

打开素材文件“第8章\素材文件\雨中的小女孩.jpg”，如图8-115所示，执行“滤镜”→“锐化”→“防抖”命令，调整“防抖”对话框的参数值，如图8-116所示，单击“确定”按钮，效果如图8-117所示。

图8-115　原图

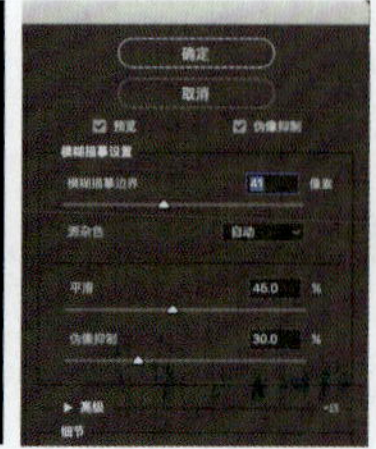

图8-116　“防抖”对话框

图8-117　“防抖”效果

4. 锐化

“锐化”滤镜的效果比“进一步锐化”滤镜的效果弱一些。

打开素材文件“第8章\素材文件\桌球.jpg”，如图8-118所示，执行“滤镜”→“锐化”→“锐化”命令，效果如图8-119所示。

图8-118　原图

图8-119　“锐化”效果

5. 锐化边缘

“锐化边缘”滤镜在保留整体平滑度的基础上只锐化图像的边缘。该滤镜在不指定数值情况下进行锐化。

打开素材文件“第8章\素材文件\高尔夫球.jpg”，如图8-120所示，执行“滤镜”→“锐化”→“锐化边缘”命令，效果如图8-121所示。

6. 智能锐化

“智能锐化”滤镜具有控制功能，它能够进一步改善锐化后图像的边缘细节，从而减少阴影区的噪点及高光区因锐化过度出现的光晕。

打开素材文件“第8章\素材文件\足球.jpg”，如图8-122所示，执行“滤镜”→“锐化”→“智能锐化”命令，调整“智能锐化”对话框的参数值，如图8-123所示，单击“确定”

按钮，效果如图8-124所示。

图8-120 原图

图8-121 “锐化边缘”效果

图8-122 原图

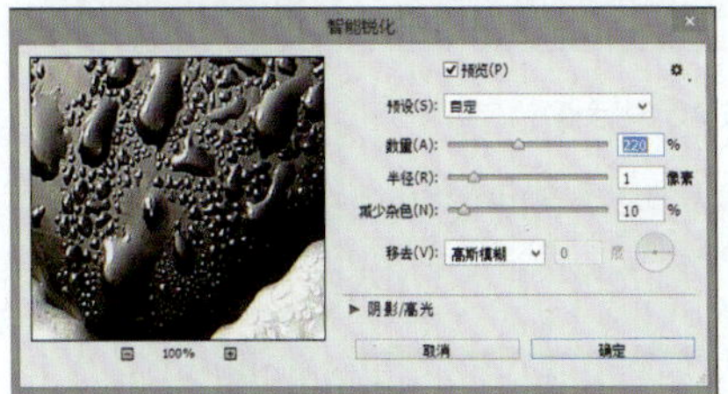

图8-123 “智能锐化”对话框

图8-124 效果

8.2.6 素描

1. 半调图案

“半调图案”滤镜可以在保留连续色调范围的同时，模拟半调网屏效果。

打开素材文件“第8章\素材文件\帆船.jpg”，如图8-125所示，执行“滤镜”→“素描”→“半调图案”命令，调整“半调图案”对话框的参数值，如图8-126所示，单击“确定”按钮，效果如图8-127所示。

图8-125 原图

图8-126 “半调图案”对话框

图8-127 “半调图案”效果

2. 便条纸

“便条纸”滤镜可以简化图像。

打开素材文件“第8章\素材文件\男青年.jpg”，如图8-128所示，执行“滤镜”→“素描”→“便条纸”命令，效果如图8-129所示。

图8-128　原图

图8-129　“便条纸”效果

3. 粉笔和炭笔

“粉笔和炭笔”滤镜可以重绘高光和中间调，并使用粗糙粉笔绘制中间调的灰色背景。

打开素材文件“第8章\素材文件\小鸟.jpg”，如图8-130所示，执行“滤镜”→“素描”→“粉笔和炭笔”命令，调整“粉笔和炭笔”对话框的参数值，如图8-131所示，单击“确定”按钮，效果如图8-132所示。

图8-130　原图

图8-131　“粉笔和炭笔”对话框

图8-132　“粉笔和炭笔”效果

4. 铬黄

“铬黄”滤镜可以渲染图像，创建如擦亮的铬黄表面般的金属效果，高光在反射表面上是高点，阴影是低点。

打开素材文件“第8章\素材文件\女青年.jpg”，如图8-134所示，执行“滤镜”→“素描”→“铬黄”命令，调整“铬黄”对话框的参数值，如图8-135所示，单击“确定”按钮，效果如图8-136所示。

图8-134　原图

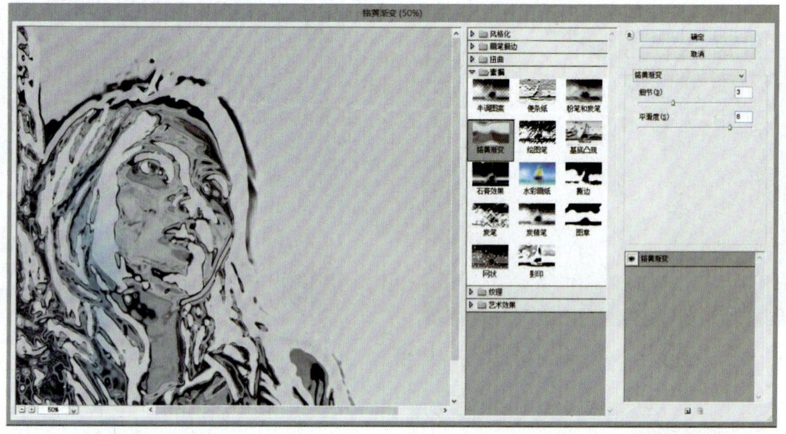

图8-135　“铬黄”对话框

图8-136　“铬黄”效果

5. 绘图笔

"绘图笔"滤镜使用细的、线状的油墨描边来捕捉原图像中的细节，前景为油墨，背景为纸张，以替换图像中的颜色。

下面打开素材文件"第8章\素材文件\马拉松.jpg"，如图8-137所示，执行"滤镜"→"素描"→"绘图笔"命令，调整"绘图笔"对话框的参数值，如图8-138所示，单击"确定"按钮，效果如图8-139所示。

图8-137 原图

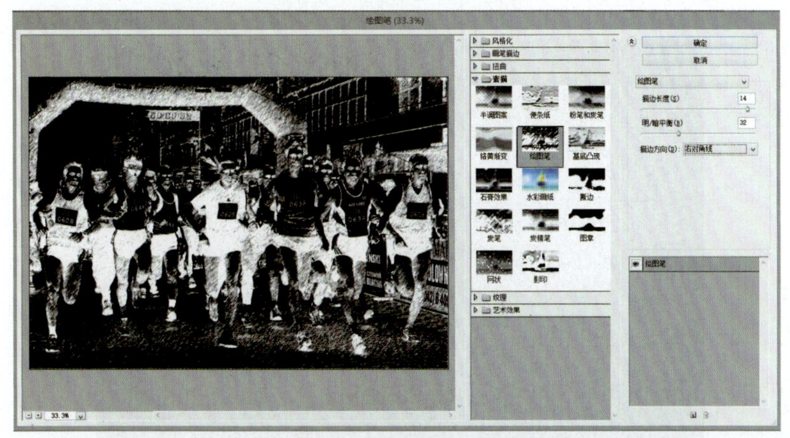

图8-138 "绘图笔"对话框

图8-139 "绘图笔"效果

6. 基底凸现

"基底凸现"滤镜可以变换图像，使之呈现浮雕的雕刻状和突出光照下变化各异的表面。

下面打开素材文件"第8章\素材文件\红光下的女孩们.jpg"，如图8-140所示，执行"滤镜"→"素描"→"基底凸现"命令，调整"基底凸现"对话框的参数值，如图8-141所示，单击"确定"按钮，效果如图8-142所示。

图8-140 原图

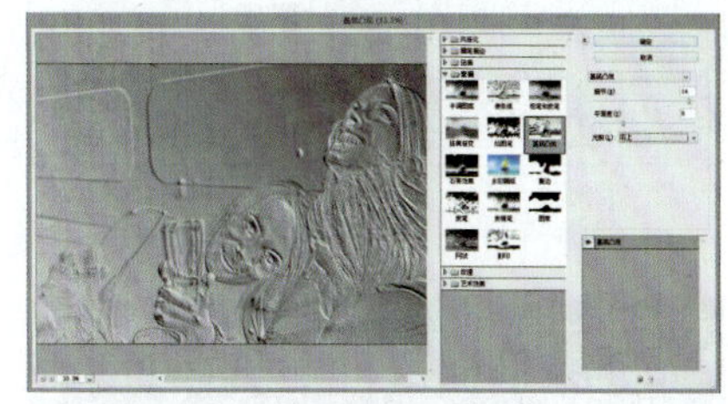

图8-141 "基底凸现"对话框

图8-142 "基底凸现"效果

7. 石膏效果

"石膏效果"滤镜可以按3D效果塑造图像，然后使用前景色与背景色为结果图像着色，图像中的暗区凸起，亮区凹陷。

下面打开素材文件"第8章\素材文件\石墙窗户.jpg"，如图8-143所示，执行"滤镜"→"素描"→"石膏效果"命令，调整"石膏效果"对话框的参数值，如图8-144所示，单击"确定"按钮，效果如图8-145所示。

图8-143 原图

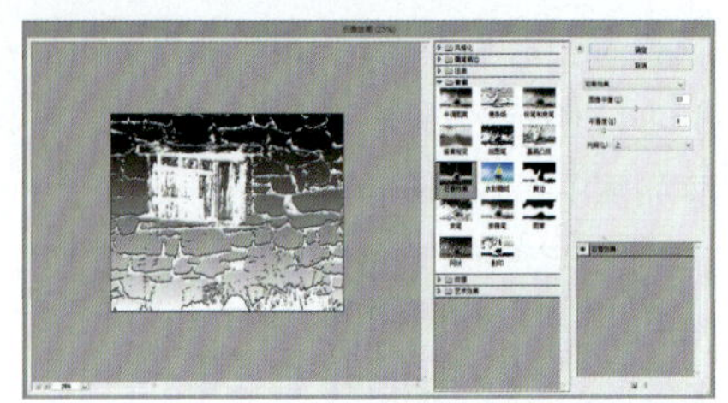

图8-144 “石膏效果”对话框

图8-145 “石膏效果”效果

8. 水彩画纸

“水彩画纸”是素描滤镜组中唯一能够保留原图像颜色的滤镜。

下面打开素材文件“第8章\素材文件\蓝光下的女孩们.jpg”，如图8-146所示，执行“滤镜”→“素描”→“水彩画纸”命令，调整“水彩画纸”对话框的参数值，如图8-147所示，单击“确定”按钮，效果如图8-148所示。

图8-146 原图

图8-147 “水彩画纸”对话框

图8-148 “水彩画纸”效果

9. 撕边

“撕边”滤镜可以重组图像，使图像由粗糙、撕破的纸片组成，然后使用前景色与背景色为图像着色。

下面打开素材文件“第8章\素材文件\花朵上的蝴蝶.jpg”，如图8-149所示，执行“滤镜”→“素描”→“撕边”命令，调整“撕边”对话框的参数值，如图8-150所示，单击“确定”按钮，效果如图8-151所示。

图8-149 原图

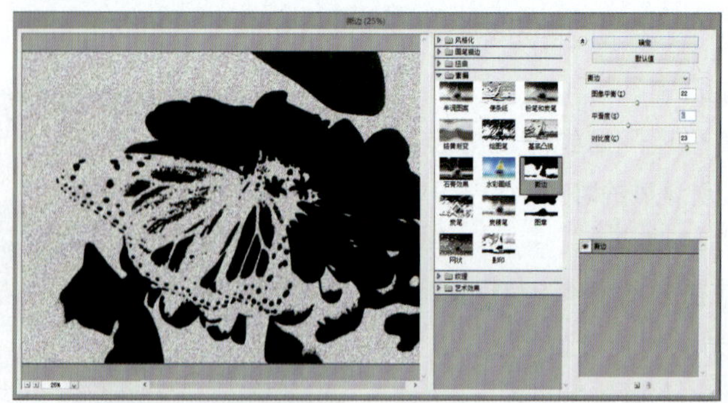

图8-150 “撕边”对话框

图8-151 “撕边”效果

10. 炭笔

“炭笔”滤镜可以产生色调分离的涂抹效果。

下面打开素材文件“第8章\素材文件\彩色铅笔.jpg”，如图8-152所示，执行“滤镜”→“素描”→“炭笔”命令，调整“炭笔”对话框的参数值，如图8-153所示，单击“确定”按钮，效果如图8-154所示。

图8-152 原图

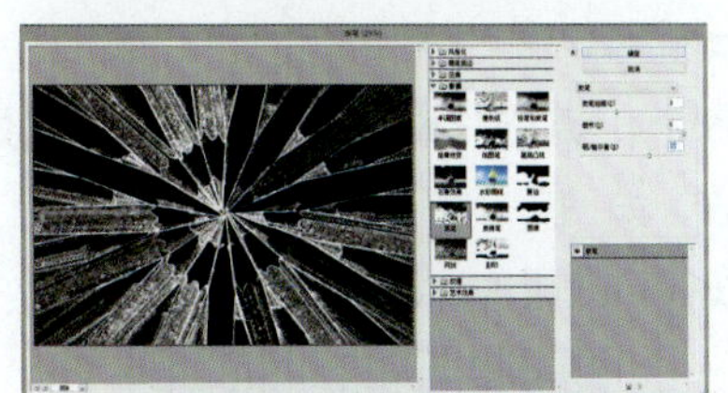

图8-153 “炭笔”对话框

图8-154 “炭笔”效果

11. 炭精笔

“炭精笔”滤镜可以在图像上模拟浓黑和纯白的炭精笔纹理，暗区使用前景色，亮区使用背景色。

下面打开素材文件“第8章\素材文件\草垛.jpg”，如图8-155所示，执行“滤镜”→“素描”→“炭精笔”按钮，调整“炭精笔”对话框的参数值，如图8-156所示，单击“确定”按钮，效果如图8-157所示。

图8-155 原图

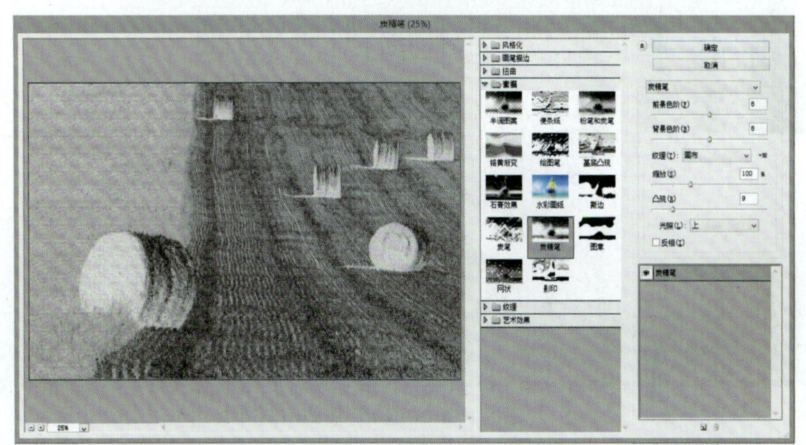

图8-156 “炭精笔”对话框

图8-157 “炭精笔”效果

12. 图章

“图章”滤镜可以在图像进行简化，使图像看起来与图章盖印的效果相似。

下面打开素材文件“第8章\素材文件\旋转的楼梯.jpg”，如图8-158所示，执行“滤镜”→“素描”→“图章”按钮，调整“图章”对话框的参数值，如图8-159所示，单击“确定”按钮，效果如图8-160所示。

图8-158 原图

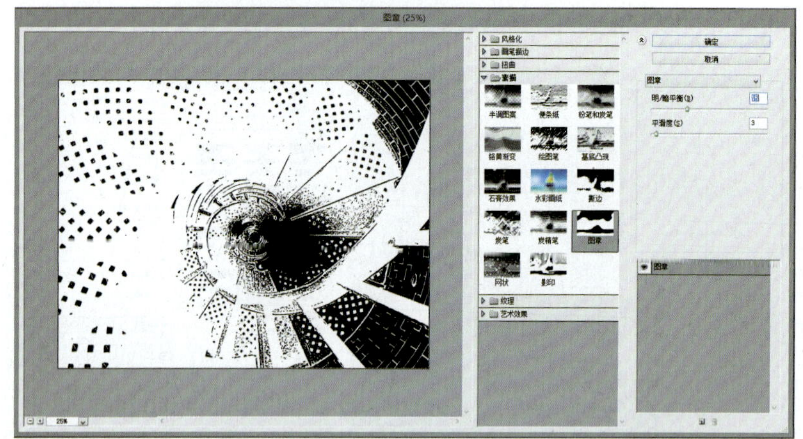

图8-159 “图章”对话框

图8-160 “图章”效果

13. 网状

“网状”滤镜模拟胶片乳胶的可控制收缩和扭曲来创建图像，使之在阴影区呈结块状，在高光区呈轻微颗粒状。

下面打开素材文件“第8章\素材文件\绿叶上的蓝蝴蝶.jpg”，如图8-161所示，执行“滤镜”→“素描”→“网状”命令，调整“网状”对话框的参数值，如图8-162所示，单击“确定”按钮，效果如图8-163所示。

图8-161 原图

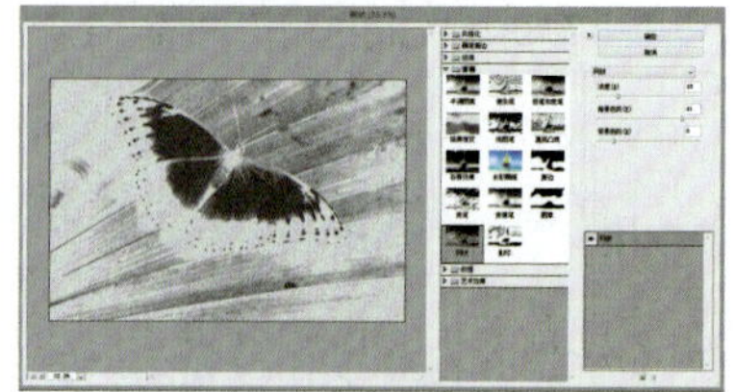

图8-162 “网状”对话框

图8-163 “网状”效果

14. 影印

“影印”滤镜可以模拟影印图像，使画面产生类似印刷的效果。

下面打开素材文件“第8章\素材文件\老鹰.jpg”，如图8-164所示，执行“滤镜”→“素描”→“影印”命令，调整“影印”对话框的参数值，如图8-165所示，单击“确定”按钮，效果如图8-166所示。

图8-164 原图

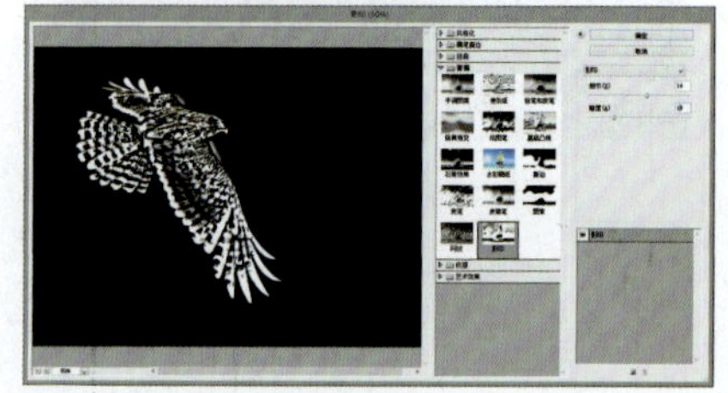

图8-165 “影印”对话框

图8-166 “影印”效果

8.2.7 纹理

“纹理”滤镜的主要功能是使图像产生各种纹理过渡的变形效果，常用来创建图像的凹凸纹理和材质效果，可使图像表面具有深度感或物质感。

1. 龟裂缝

“龟裂缝”滤镜可以将图像绘制在一个高凸现的石膏表面上，以等高线生成精细的网状裂缝。

下面打开素材文件“第8章\素材文件\卡通画.jpg”，如图8-167所示，执行“滤镜”→“纹理”→“龟裂缝”命令，调整“龟裂缝”对话框的参数值，如图8-168所示，单击“确定”按钮，效果如图8-169所示。

图8-167 原图

2. 颗粒

“颗粒”滤镜可以使用常规、软化、喷洒、结块、斑点等不同的颗粒在图像中添加纹理。

下面打开素材文件“第8章\素材文件\受伤的小狗.jpg”，如图8-170所示，执行“滤镜”→“纹理”→“颗粒”命令，调整“颗粒”对话框的参数值，如图8-171所示，单击“确定”按钮，效果如图8-172所示。

图8-168 “龟裂缝”对话框

图8-169 “龟裂缝”效果

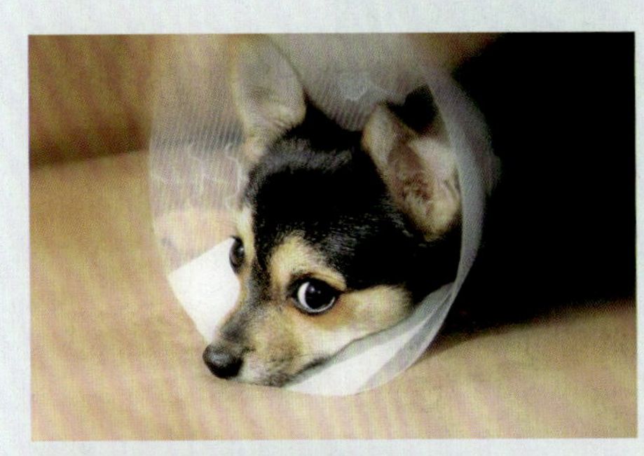

图8-170 原图
图8-171 “颗粒”对话框
图8-172 “颗粒”效果

图8-170	
图8-171	图8-172

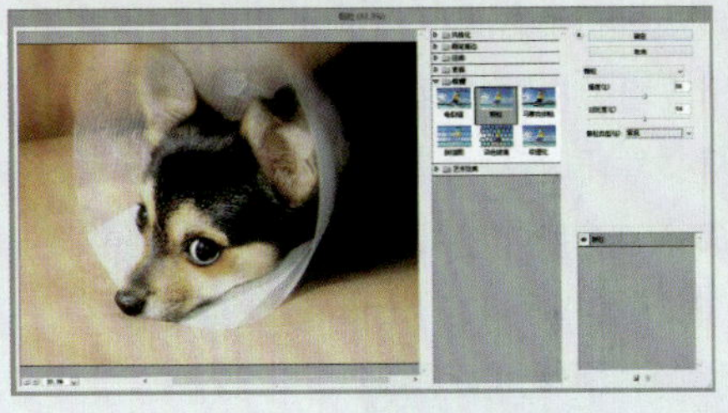

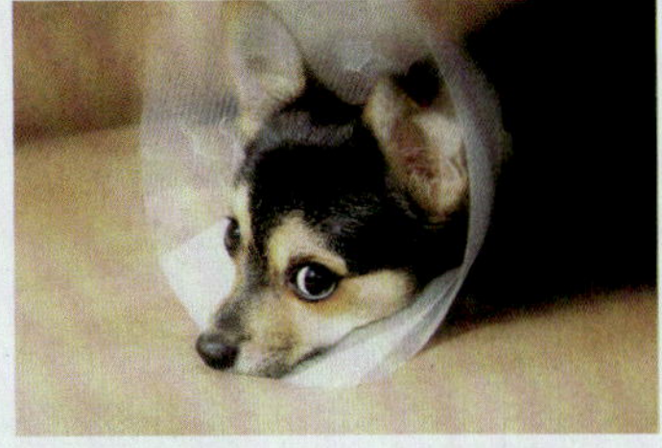

3. 马赛克拼贴

“马赛克拼贴”滤镜可以渲染图像，使图像看起来像是由小的碎片或拼贴组成，然后加深拼贴之间缝隙的颜色。

下面打开素材文件“第8章\素材文件\白孔雀.jpg”，如图8-173所示，执行“滤镜”→“纹理”→“马赛克拼贴”命令，调整“马赛克拼贴”对话框的参数值，如图8-174所示，单击“确定”按钮，效果如图8-175所示。

图8-173　原图

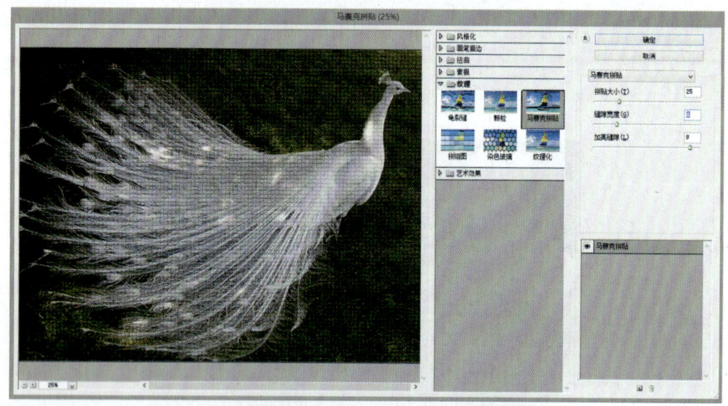

图8-174　“马赛克拼贴”对话框

图8-175　“马赛克拼贴”效果

4. 拼缀图

“拼缀图”滤镜可以将图像分成规则排列的正方形块，每一个方块使用该区域的主色填充，该滤镜可随机减小或增大拼贴的深度，以模拟高光和阴影。

下面打开素材文件“第8章\素材文件\日落.jpg”，如图8-176所示，执行“滤镜”→“纹理”→“拼缀图”命令，调整“拼缀图”对话框的参数值，如图8-177所示，单击“确定”按钮，效果如图8-178所示。

图8-176　原图

图8-177　“拼缀图”对话框

图8-178　“拼缀图”效果

5. 染色玻璃

“染色玻璃”滤镜可以将图像重新绘制成单色的相邻单元格，色块之间的缝隙用前景色填充，使图像看起来像彩色玻璃。

下面打开素材文件“第8章\素材文件\清真寺.jpg”，如图8-179所示，执行“滤镜”→“纹理”→“染色玻璃”命令，效果如图8-180所示。

图8-179　原图

图8-180　“染色玻璃”效果

6. 纹理化

“纹理化”滤镜可以生成各种纹理，在图像中添加可选择纹理的纹理质感。

下面打开素材文件“第8章\素材文件\涂鸦.jpg”，如图8-181所示，执行“滤镜”→“纹理”→“纹理化”命令，调整“纹理化”对话框的参数值，如图8-182所示，单击“确定”按钮，效果如图8-183所示。

图8-181 原图

图8-182 “纹理化”对话框

图8-183 “纹理化”效果

8.2.8 像素化

“像素化”滤镜可以将图像中颜色相近的像素结成块，或将图像平面化。

1. 彩块化

“彩块化”滤镜使相近的像素或纯色的像素结成颜色相近的像素块，使用该滤镜可以使扫描的图像贴近于手绘图像效果。

下面打开素材文件“第8章\素材文件\女模特.jpg”，如图8-184所示，执行“滤镜”→“像素化”→“彩块化”命令，效果如图8-185所示。

图8-184 原图

图8-185 “彩块化”效果

2. 彩色半调

“彩色半调”滤镜用于模拟在图像的每个通道上使用放大的半调网屏的效果，该滤镜会将图像上的颜色通道全部转变为着色网点。

下面打开素材文件“第8章\素材文件\玻璃瓶.jpg”，如图8-186所示，执行“滤镜”→“像素化”→“彩色半调”命令，调整“彩色半调”对话框的参数值，如图8-187所示，单击“确定”按钮，效果如图8-188所示。

图8-186 原图

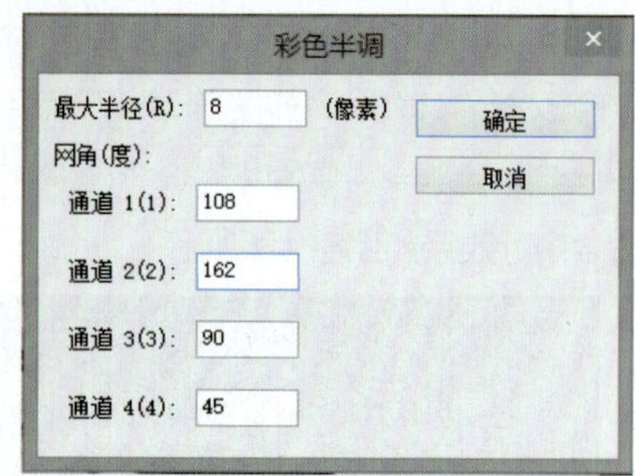

图8-187 “彩色半调”对话框

图8-188 “彩色半调”效果

3. 点状化

“点状化”滤镜的工作原理是将图像中的颜色分解为随机分布网点。

下面打开素材文件“第8章\素材文件\雪山.jpg”，如图8-189所示，执行“滤镜”→“像素化”→“点状化”命令，效果如图8-190所示。

图8-189 原图

图8-190 “点状化”效果

4. 晶格化

“晶格化”滤镜是像素结块形成多边形色块，可以制作出层次感较强的效果。

下面打开素材文件“第8章\素材文件\马头.jpg”，如图8-191所示，执行“滤镜”→“像素化”→“晶格化”命令，效果如图8-192所示。

图8-191 原图

图8-192 “晶格化”效果

5. 马赛克

“马赛克”滤镜可使像素结为方块。

下面打开素材文件“第8章\素材文件\多彩饮品.jpg”，如图8-193所示，执行“滤镜”→“像素化”→“马赛克”命令，效果如图8-194所示。

图8-193 原图

图8-194 “马赛克”效果

6. 碎片

“碎片”滤镜可以将选区的图像的像素创建为4个副本，将它们平均分配，并使其互相偏移，形成一种不聚焦的图像效果。

下面“打开素材文件“第8章\素材文件\睡觉的小狗.jpg”，如图8-195所示，执行“滤镜”→“像素化”→“碎片”命令，效果如图8-196所示。

图8-195 原图

图8-196 “碎片”效果

7. 铜版雕刻

“铜版雕刻”滤镜可以在图像中随机生成各种不规则的直线、曲线和斑点，产生铜版画风格图像。

打开素材文件“第8章\素材文件\照相.jpg”，如图8-197所示，执行“滤镜”→“像素化”→“铜版雕刻”命令，调整“铜版雕刻”对话框的参数值，如图8-198所示，单击“确定”按钮，效果如图8-199所示。

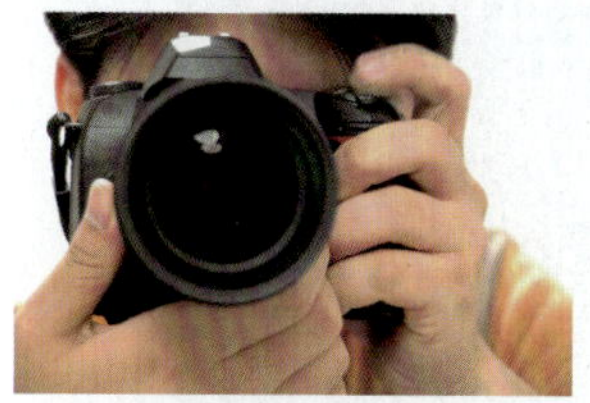

图8-197 原图

图8-198 “铜版雕刻”对话框

图8-199 “铜版雕刻”效果

8.2.9 渲染

“渲染”滤镜可以在图像中创建云彩图案、折射图案和模拟光的放射，也可在3D空间中操作对象，并从灰度文件创建纹理填充以产生类似3D的光照效果。

1. 分层云彩

“分层云彩”滤镜可以使用介于前景色与背景色之间的随机值生成云彩图案。

下面打开素材文件“第8章\素材文件\蓝莲花.jpg”，如图8-200所示，执行“滤镜”→“渲染”→“分层云彩”命令，效果如图8-201所示。

2. 光照效果

“光照效果”滤镜可以改变受光区域的光照效果或通过光照得到特殊材质效果。

下面打开素材文件“第8章\素材文件\夜晚公路.jpg”，如图8-202所示，执行“滤镜”→“渲染”→“光照效果”命令，设置“光照效果”对话框参数值，如图8-203所示，单击“确定”按钮，效果如图8-204所示。

图8-200 原图

图8-201 “分层云彩”效果

图8-202 原图

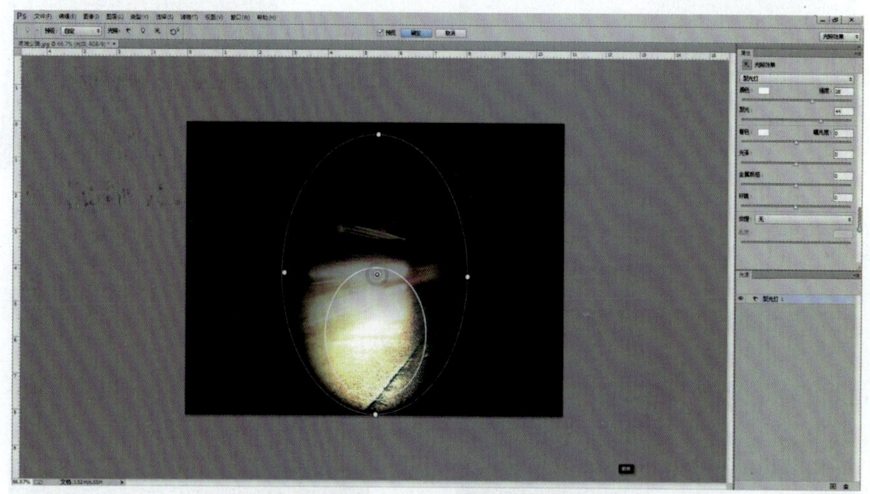

图8-203 “光照效果”对话框

图8-204 “光照效果”效果

3. 镜头光晕

“镜头光晕”滤镜可以模拟光照射到相机镜头所产生的反光效果。

下面打开素材文件“第8章\素材文件\礼花.jpg”，原图8-205所示，执行“滤镜”→“渲染”→“镜头光晕”命令，设置“镜头光晕”对话框参数值，如图8-206所示，单击“确定”按钮，效果如图8-207所示。

图8-205　原图

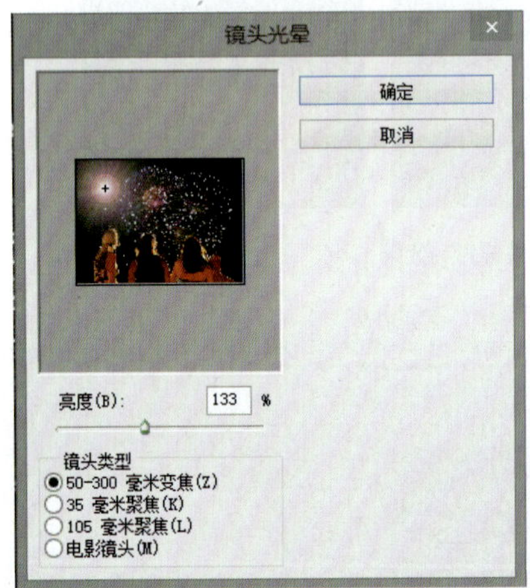

图8-206　“镜头光晕”对话框

图8-207　“镜头光晕”效果

4. 纤维

“纤维”滤镜可以使用前景色和背景色创建出编织纤维的效果。此滤镜多用于创建仿旧、树皮或自然景象的效果。

下面打开素材文件“第8章\素材文件\水果.jpg”，如图8-208所示，执行“滤镜”→“渲染”→“纤维”命令，设置“纤维”对话框参数值，如图8-209所示，单击“确定”按钮，效果如图8-210所示。

图8-208　原图

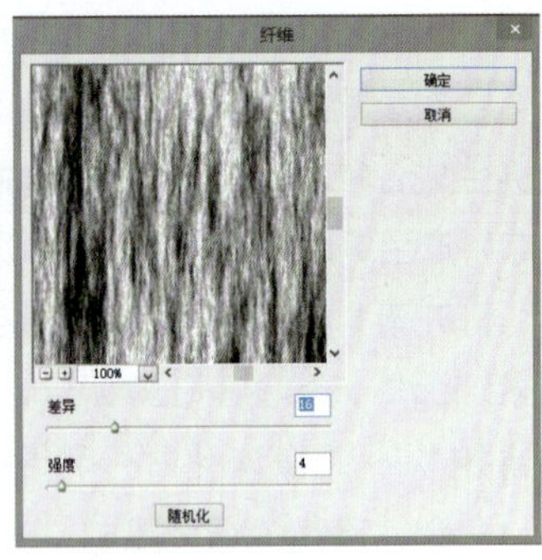

图8-209　“纤维”对话框

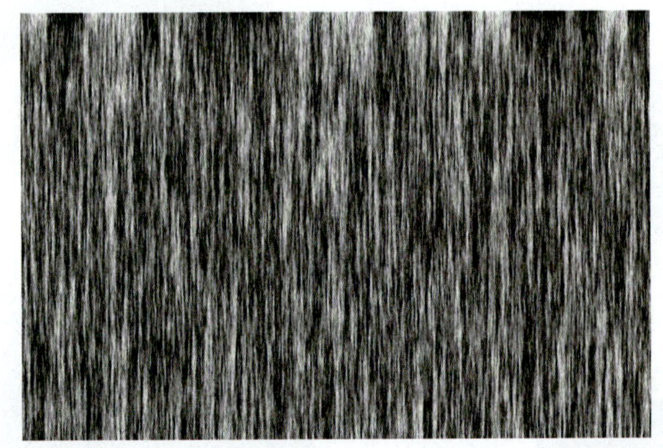

图8-210　“纤维”效果

5. 云彩

“云彩”滤镜可以使用介于前景色与背景色之间的随机值生成柔和的云层图案。

下面打开素材文件“第8章\素材文件\林间海葵.jpg”，如图8-211所示，执行“滤镜”→“渲染”→“云彩”命令，效果如图8-212所示。

图8-211　原图

图8-212　“云彩”效果

8.2.10　艺术效果

“艺术效果”滤镜用于表现一种具有艺术特色的绘画效果，使用“艺术效果”子菜单中的滤镜可以模仿自然或传统介质效果，为美术或商业项目制作出绘画效果或特殊效果。

1. 壁画

“壁画”滤镜应用于粗略涂抹的小块颜料重绘画面，使图像呈现粗糙的绘画风。

下面打开素材文件“第8章\素材文件\燃烧的木柴.jpg”，如图8-213所示，执行“滤镜”→“艺术效果”→“壁画”命令，设置“壁画”对话框参数值，如图8-214所示，单击“确定”按钮，效果如图8-215所示。

图8-213 原图

图8-214 “壁画”对话框

图8-215 “壁画”效果

2. 彩色铅笔

“彩色铅笔”滤镜模拟彩色铅笔的绘画风格。

下面打开素材文件“第8章\素材文件\瓶子.jpg”，如图8-216所示，执行“滤镜”→“艺术效果”→“彩色铅笔”命令，设置“彩色铅笔”对话框参数值，如图8-217所示，单击“确定”按钮，效果如图8-218所示。

图8-216 原图

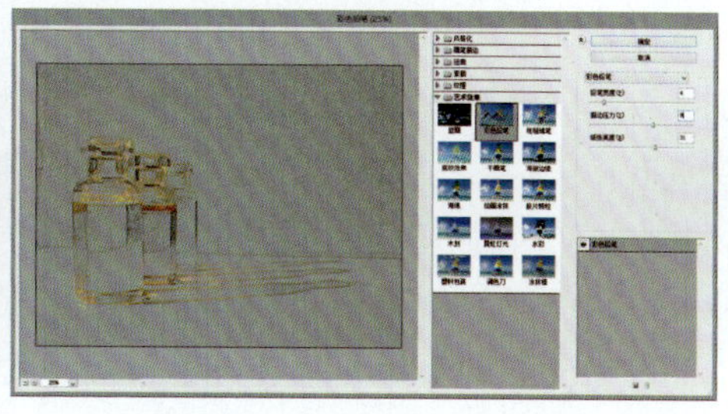

图8-217 “彩色铅笔”对话框

图8-218 “彩色铅笔”效果

3. 粗糙蜡笔

“粗糙蜡笔”滤镜可以模拟在带有纹理的纸张上使用蜡笔绘制的效果。

下面打开素材文件“第8章\素材文件\夜景建筑.jpg”，如图8-219所示，执行“滤镜”→“艺术效果”→“粗糙蜡笔”命令，设置“粗糙蜡笔”对话框参数值，如图8-220所示，单击“确定”按钮，效果如图8-221所示。

图8-219 原图

图8-220 “粗糙蜡笔”对话框

图8-221 “粗糙蜡笔”效果

4．底纹效果

“底纹效果”滤镜通过选择不同的纹理材质，使图像产生一种在带有纹理的纸张上绘制的效果。

下面打开素材文件“第8章\素材文件\油画马.jpg”，如图8-222所示，执行“滤镜”→“艺术效果”→“底纹效果”命令，设置“底纹效果”对话框参数值，如图8-223所示，单击“确定”按钮，效果如图8-224所示。

图8-222　原图

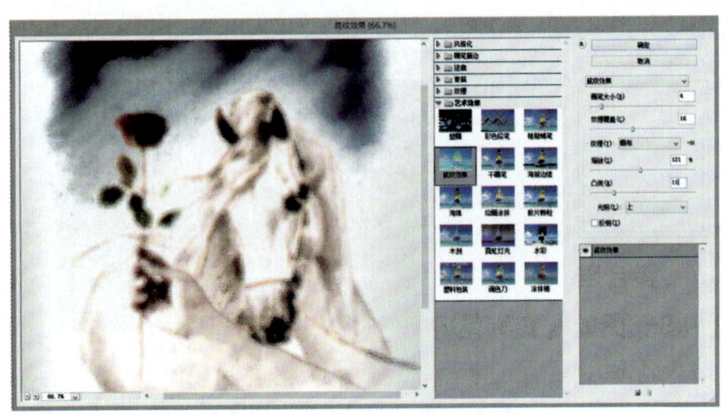

图8-223　“底纹效果”对话框

图8-224　“底纹效果”效果

5．干画笔

“干画笔”滤镜采用干画笔技术绘制图像的效果。

下面打开素材文件“第8章\素材文件\香料.jpg”，如图8-225所示，执行“滤镜”→“艺术效果”→“干画笔”命令，设置“干画笔”对话框参数值，如图8-226所示，单击“确定”按钮，效果如图8-227所示。

图8-225　原图

图8-226　“干画笔”对话框

图8-227　“干画笔”效果

6．海报边缘

“海报边缘”滤镜对图像进行色调分离，使用黑色线条描绘图像边缘产生一种超现实主义风格的图像效果。

下面打开素材文件“第8章\素材文件\钢笔.jpg”，如图8-228所示，执行“滤镜”→“艺术效果”→“海报边缘”命令，设置“海报边缘”对话框参数值，如图8-229所示，单击“确定”按钮，效果如图8-230所示。

图8-228 原图

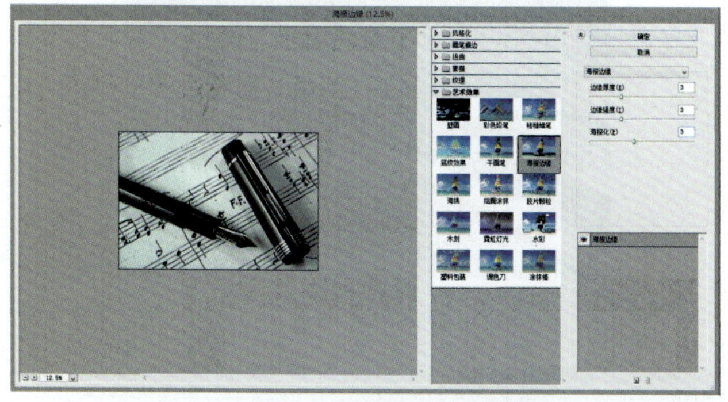

图8-229 “海报边缘”对话框

图8-230 “海报边缘”效果

7. 海绵

“海绵”滤镜用颜色对比强烈、纹理较重的区域创建图像，模拟海绵在纸张上绘制的图像效果。

下面打开素材文件“第8章\素材文件\七星瓢虫.jpg”，如图8-231所示，执行“滤镜”→“艺术效果”→“海绵”按钮，设置“海绵”对话框参数值，如图8-232所示，单击“确定”按钮，效果如图8-233所示。

图8-231 原图

图8-232 “海绵”对话框

图8-233 “海绵”效果

8. 绘画涂抹

“绘画涂抹”滤镜可以使用简单、没有处理光照、暗光、宽锐化、宽模糊和火花等不同类型的画笔创建绘画效果。

下面打开素材文件“第8章\素材文件\玩耍的猫.jpg”，如图8-234所示，执行“滤镜”→“艺术效果”→“绘画涂抹”按钮，设置“绘画涂抹”对话框参数值，如图8-235所示，单击“确定”按钮，效果如图8-826所示。

图8-234 原图

图8-235 “绘画涂抹”对话框

图8-236 效果

9. 胶片颗粒

“胶片颗粒”滤镜将平滑的图像应用于阴影和中间色调，将一种更平滑、饱和度更高的图案添加到亮区。

下面打开素材文件“第8章\素材文件\老照片.jpg”，如图8-237所示，执行“滤镜”→“艺术效果”→“胶片颗粒”命令，设置“胶片颗粒”对话框参数值，如图8-238所示，单击“确定”按钮，效果如图8-239所示。

图8-237 原图

图8-238 “胶片颗粒”对话框

图8-239 “胶片颗粒”效果

10. 木刻

“木刻”滤镜可以使图像看上去像是由从彩纸上剪下的边缘粗糙的剪纸片组成的。

下面打开素材文件“第8章\素材文件\餐具.jpg”，如图8-240所示，执行“滤镜”→“艺术效果”→“木刻”命令，设置“木刻”对话框参数值，如图8-241所示，单击“确定”按钮，效果如图8-242所示。

图8-240 原图

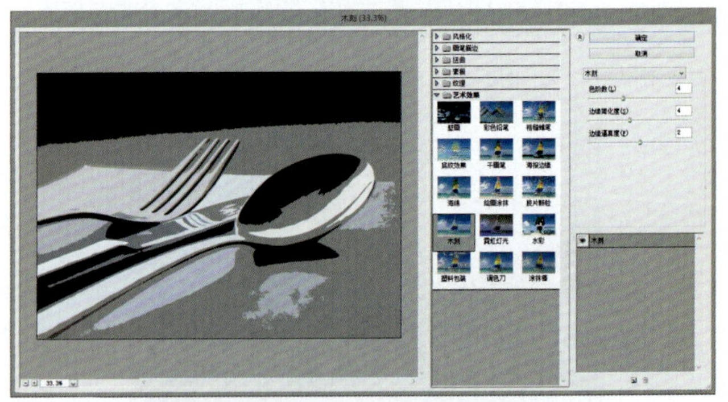

图8-241 “木刻”对话框

图8-242 “木刻”效果

11. 霓虹灯光

“霓虹灯光”滤镜可以在柔化图像外观时给图像着色，在图像中产生彩色氖光灯照射的效果。

下面打开素材文件“第8章\素材文件\斯诺克.jpg”，如图8-243所示，执行“滤镜”→“艺术效果”→“霓虹灯光”命令，设置“霓虹灯光”对话框参数值，如图8-244所示，单击“确定”按钮，效果如图8-245所示。

图8-243 原图

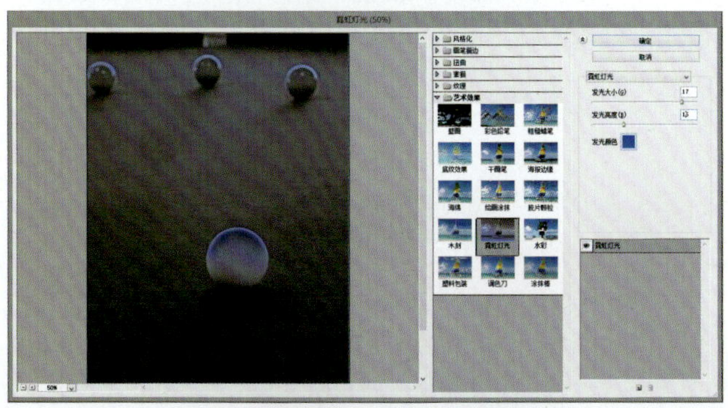

图8-244 “霓虹灯光”对话框

图8-245 “霓虹灯光”效果

12. 水彩

“水彩”滤镜能够让图像绘制出水彩的效果。

下面打开素材文件“第8章\素材文件\山水.jpg”，如图8-246所示，执行“滤镜”→“艺术效果”→“水彩”命令，设置“水彩”对话框参数值，如图8-247所示，单击“确定”按钮，效果如图8-248所示。

图8-246 原图

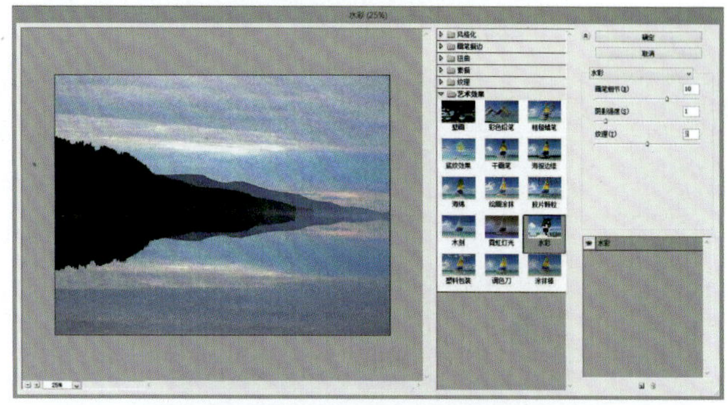

图8-247 “水彩”对话框

图8-248 “水彩”效果

13. 塑料包装

“塑料包装”滤镜可以给图像涂上一层光亮的塑料，以强调表面细节。

下面打开素材文件“第8章\素材文件\青铜女孩.jpg”，如图8-249所示，执行“滤镜”→“艺术效果”→“塑料包装”菜单，设置“塑料包装”对话框参数值，如图8-250所示，单击“确定”按钮，效果如图8-251所示。

图8-249 原图

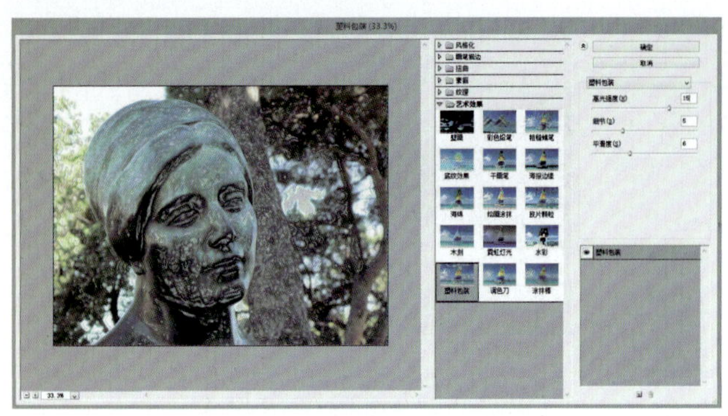

图8-250 “塑料包装”对话框

图8-251 “塑料包装”效果

14. 调色刀

“调色刀”滤镜可以减少图像的细节以生成描绘的很淡的画布效果，并显示出纹理。

下面打开素材文件“第8章\素材文件\鸽子.jpg”，如图8-252所示，执行“滤镜”→“艺术效果”→“调色刀”命令，设置“调色刀”对话框参数值，如图8-253所示，单击“确定”按钮，效果如图8-254所示。

图8-252 原图

图8-253 “调色刀”对话框

图8-254 “调色刀”效果

15. 涂抹棒

“涂抹棒”滤镜可以柔化图像，亮部区域会因变亮而失去细节，使整个图像显示出涂抹扩散的效果。

下面打开素材文件“第8章\素材文件\彩色瓷器.jpg”，如图8-255所示，执行“滤镜”→“艺术效果”→“涂抹棒”命令，设置“涂抹棒”对话框参数值，如图8-256所示，单击“确定”按钮，效果如图8-257所示。

图8-255 原图

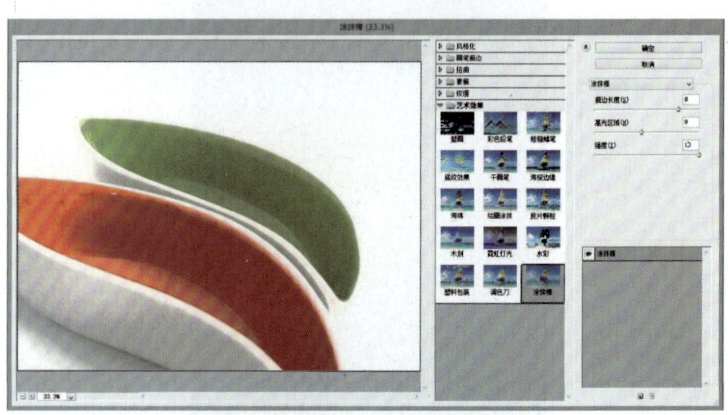

图8-256 “涂抹棒”对话框

图8-257 “涂抹棒”效果

8.2.11 杂色

“杂色”滤镜有5种，分别为“减少杂色”“蒙尘与划痕”“去斑”“添加杂色”“中间值”滤镜，主要用于较正图像处理过程（如扫描）的瑕疵。

1. 减少杂色

“减少杂色”滤镜可影响整个图像或各种通道的设置保留边缘，同时减少杂色。

下面打开素材文件“第8章\素材文件\彩色颗粒.jpg”，如图8-258所示，执行“滤镜”→“杂色”→“减少杂色”命令，设置“减少杂色”对话框参数值，如图8-259所示，单击“确定”按钮，效果如图8-260所示。

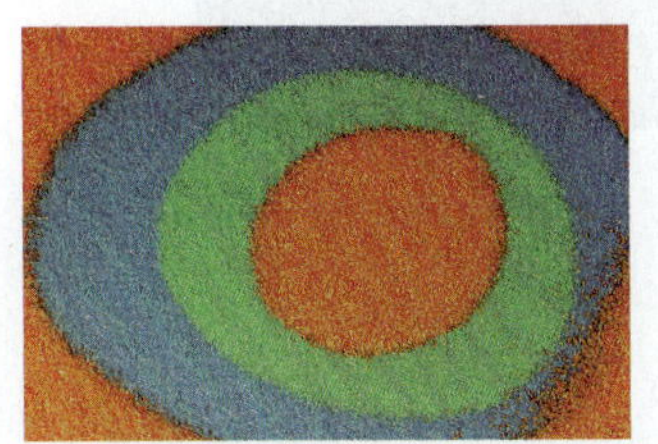

图8-258 原图

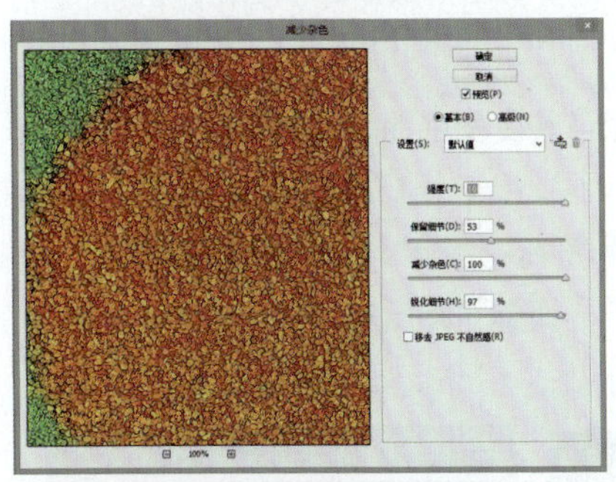

图8-259 “减少杂色”对话框

图8-260 “减少杂色”效果

2. 蒙尘与划痕

“蒙尘与划痕”滤镜可以通过更改不同的像素来减少杂色，该滤镜对于去除扫描图像中的杂点和折痕特别有效。

下面打开素材文件“第8章\素材文件\竞技场.jpg”，如图8-261所示，执行“滤镜”→“杂色”→“蒙尘与划痕”命令，设置“蒙尘与划痕”对话框参数值，如图8-262所示，单击“确定”按钮，效果如图8-263所示。

图8-261 原图

图8-262 “蒙尘与划痕”对话框

图8-263 “蒙尘与划痕”效果

3. 去斑

“去斑”滤镜可以检测图像边缘发生显著颜色变化的区域，并模糊除边缘外的所有选区，消除图像中的斑点，同时保留细节。

下面打开素材文件“第8章\素材文件\雀斑美女.jpg”，如图8-264所示，执行“滤镜”→“杂色”→“去斑”命令，效果如图8-265所示。

图8-264 原图

图8-265 “去斑”效果

4. 添加杂色

“添加杂色”滤镜可以将随机的像素应用于图像，模拟在高速胶片上拍照的效果。

下面打开素材文件“第8章\素材文件\彩绘玻璃.jpg”，如图8-266所示，执行“滤镜”→“杂色”→“添加杂色”命令，设置对话框参数值，如图8-267所示，单击“确定”按钮，效果如图8-268所示。

图8-266 原图

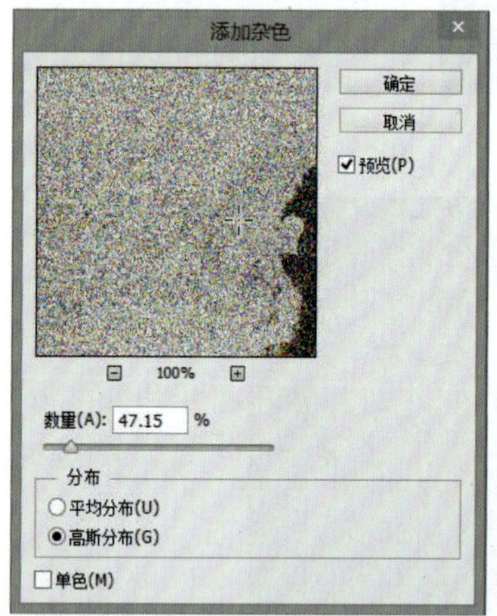

图8-267 “添加杂色”对话框

图8-268 “添加杂色”效果

5. 中间值

“中间值”滤镜通过混合选区中像素的亮度来减少图像的杂色。

下面打开素材文件“第8章\素材文件\海上日落.jpg”，如图8-269所示，执行“滤镜”→“杂色”→“中间值”命令，设置“中间值”对话框参数值，如图8-270所示，单击“确定”按钮，效果如图8-271所示。

图8-269 原图

图8-270 “中间值”对话框

图8-271 “中间值”效果

8.2.12 其他

“其他”滤镜组中的滤镜可以改变构成图像的像素排列，并可以创建自己的滤镜，使用滤镜修改蒙版，在图像中使选区发生位移和快速调整颜色。

1. 高反差保留

“高反差保留”滤镜可以在有强烈颜色转变发生的地方按指定的半径保留边缘细节，并且不显示图像的其余部分。

下面打开素材文件“第8章\素材文件\粉荷花.jpg”，如图8-272所示，执行“滤镜”→“其他”→“高反差保留”，调整“高反差保留”对话框参数，如图8-273所示，最后效果如图8-274所示。

图8-272 原图

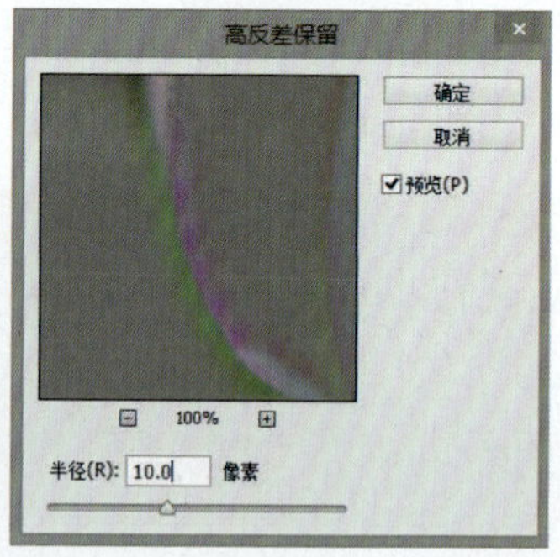

图8-273 “高反差保留”对话框

图8-274 “高反差保留”效果

2. 位移

“位移”滤镜可以水平或垂直偏移图像，对于有偏移生成的空缺区域，还可以用不同的方式来填充。

下面打开素材文件“第8章\素材文件\蓝色墨点.jpg”，如图8-275所示，执行“滤镜”→“其他”→“位移”命令，调整“位移”对话框参数值，如图8-276所示，最后效果如图8-277所示。再调整“位移”对话框参数，如图8-278所示，最后效果如图8-279所示。

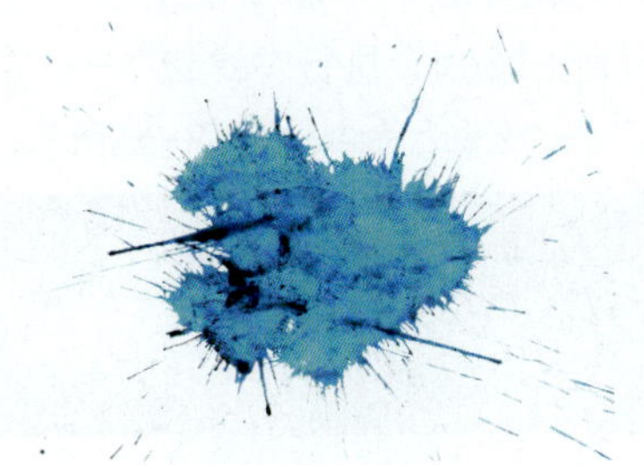
图8-275 原图

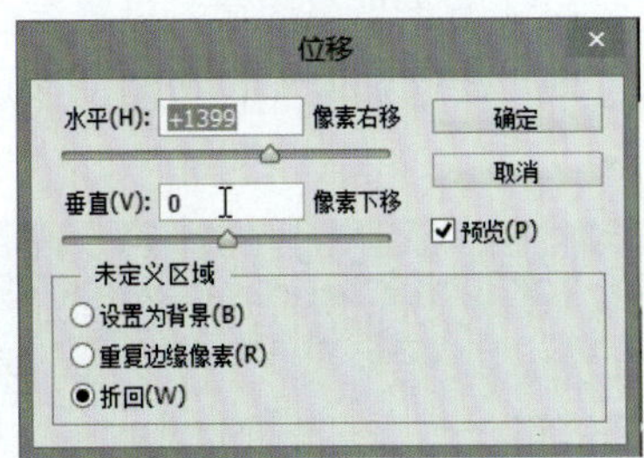

图8-276 “位移”对话框

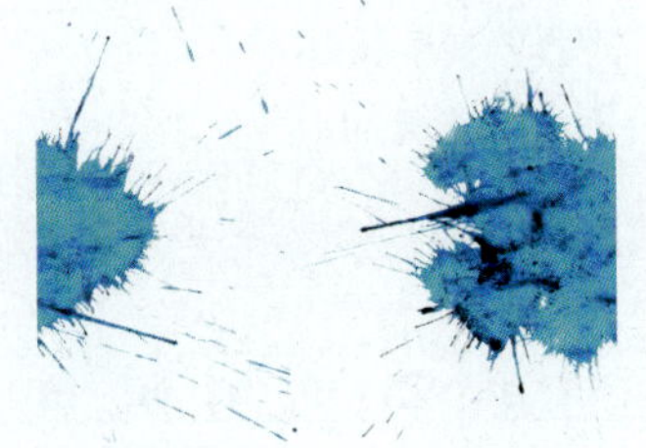
图8-277 右移后效果

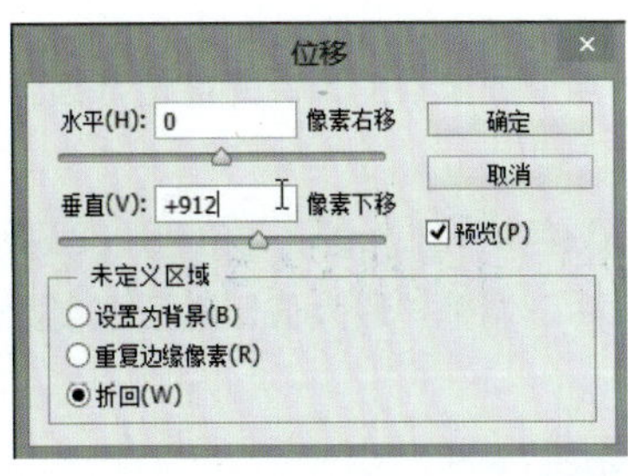

图8-278 “位移”对话框

图8-279 下移后效果

3. 自定

“自定”滤镜可以提供自定义滤镜效果，可以改变图像中的每个像素的亮度值。

下面打开素材文件”第8章\素材文件\江边夜景.jpg”，如图8-280所示，执行“滤镜”→“其他”→“自定”命令，调整“自定”对话框参数值，如图8-281所示，最后效果如图8-282所示。

图8-280 原图

图8-281 “自定”对话框

图8-282 “自定”效果

4. 最大值

“最大值”滤镜可以在指定的半径内用周围像素的最高亮度值替换当前像素的亮度值，可扩展白色区域、阻塞黑色区域。

下面打开素材文件“第8章\素材文件\彩色铅笔2.jpg”，如图8-283所示，执行“滤镜”→“其他”→“最大值”命令，调整“最大值”对话框参数值，如图8-284所示，最后效果如图8-285所示。

图8-283 原图

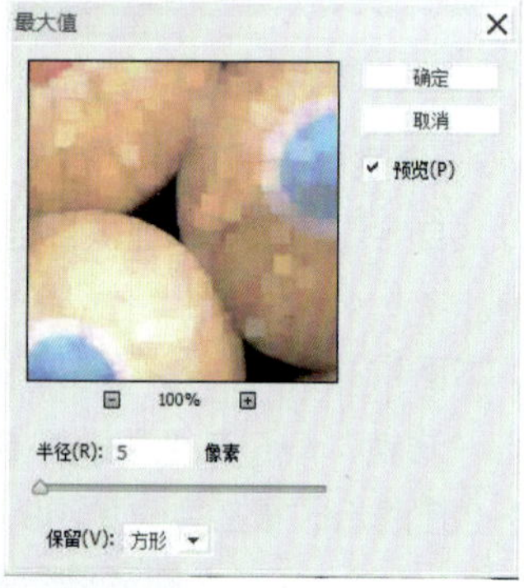

图8-284 “最大值”对话框

图8-285 “最大值”效果

5. 最小值

“最小值”滤镜可以在指定的半径内用周围像素的最低亮度值替换当前像素的亮度值，可扩展黑色区域、阻塞白色区域。

下面打开素材文件“第8章\素材文件\高尔夫.jpg”，如图8-286所示，执行“滤镜”→“其他”→“最小值”命令，调整“最小值”对话框参数值，如图8-287所示，最后效果如图8-288所示。

图8-286 原图

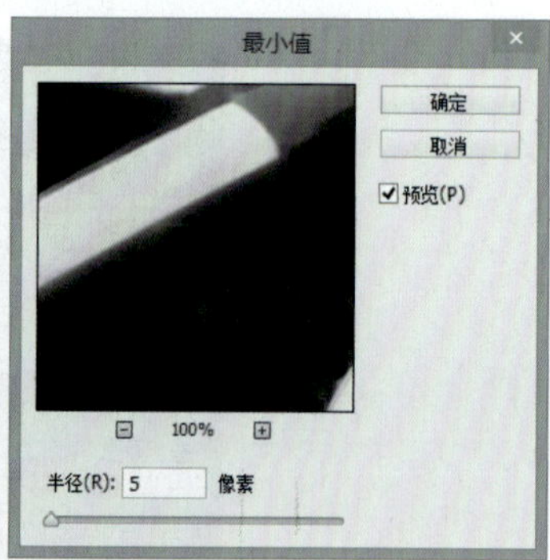

图8-287 “最小值”对话框

图8-288 “最小值”效果

8.2.13 外挂滤镜

“外挂滤镜”可以轻松完成各种特效，并能够创造出内置滤镜无法实现的神奇效果。

8.3 实战演练

运用滤镜制作一张图片，做法如下：

（1）先制作一个天空，按Ctrl+N组合键创建一个新文档，大小为36cm×12cm，执行“滤镜”→“渲染”→“云彩”命令，如图8-289所示。

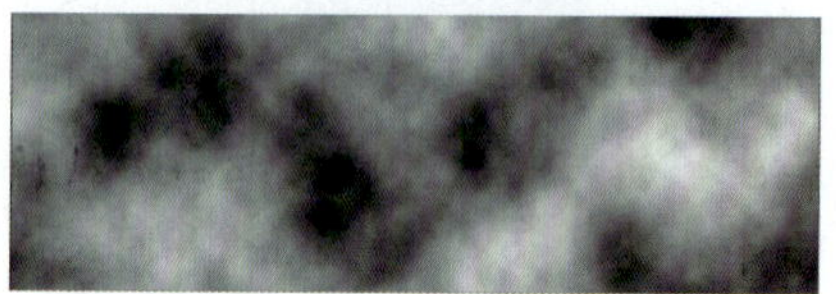

图8-289 “云彩”效果

（2）复制背景图层，设置混合模式为“线性加深”，如图8-290所示。

图8-290 线性加深

（3）执行“选择”→“色彩范围”命令，打开“色彩范围”对话框，将光标放在图像中的白色区域，单击取样，将容差设置为200，如图8-291所示，单击“确定”按钮创建选区，如图8-292所示。

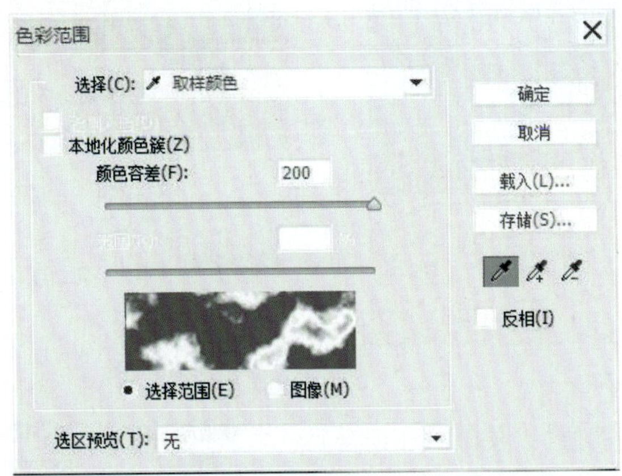

图8-291　“色彩范围”对话框

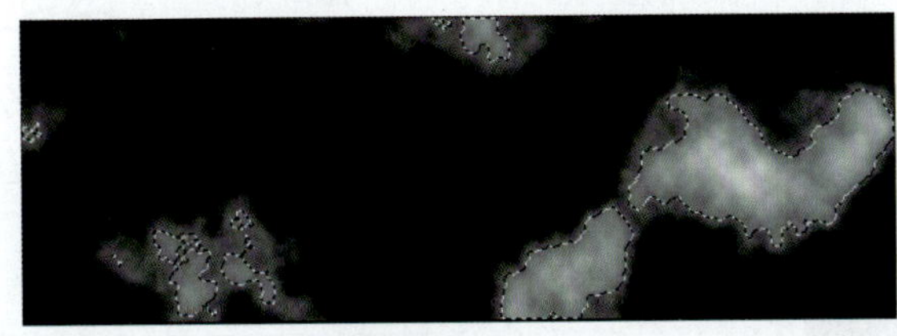

图8-292　创建选区

（4）新建一个图层2，在选区内填充白色，如图8-293所示，按Ctrl+D组合键取消选区，再创建新图层，设置前景色为浅蓝色（R138、G212、B231），背景色（R6、G130、B166）。选择渐变工具，从下往上做一个直线渐变，并设置混合模式为“滤色”，如图8-294所示。

图8-293　填充白色

图8-294　混合模式“滤色”

（5）按Ctrl+E组合键，将图层3向下合并图层，如图8-295所示，效果如图8-296所示。

图8-295　图层合并

图8-296　天空效果

（6）打开素材文件“第8章\素材文件\金字塔.jpg”，如图8-297所示。

图8-297　原图

（7）把天空文档拖拽到拍照的金字塔文档中，按Ctrl+T组合键进行自由变换，并将其调整到合适的大小，设置图层不透明度为60%，效果如图8-298所示。

图8-298　调整天空大小和不透明度

（8）单击图层面板中的“创建蒙版”按钮，为图层1添加蒙版，如图8-299所示，并用画笔工具对天空和沙漠衔接处进行涂抹，效果如图8-300所示。

图8-299 添加蒙版

图8-300 蒙版效果

（9）双击背景图层，转换成普通图层。然后回到图层1，按Ctrl+E组合键，将图层1向下合并图层，复制图层，如图8-301所示。执行“滤镜”→“滤镜库”→“风格化”→“照亮边缘”命令，调整“照亮边缘”对话框参数，如图8-302、图8-303所示。

图8-301 复制图层

图8-302 “照亮边缘”对话框

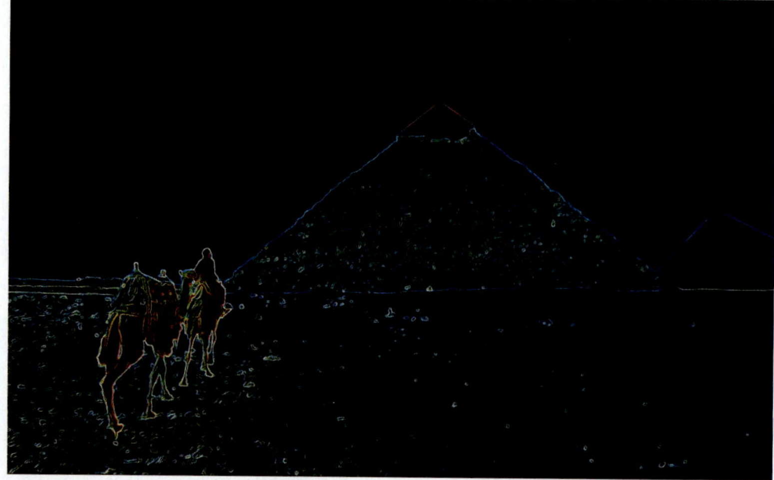
图8-303 “照亮边缘”效果

（10）改变图层混合模式为“滤色”，效果如图8-304所示，执行“滤镜”→“模糊”→“径向模糊”命令，调整“径向模糊”对话框参数，如图8-305所示，效果如图8-306所示。

图8-304 “滤色”效果

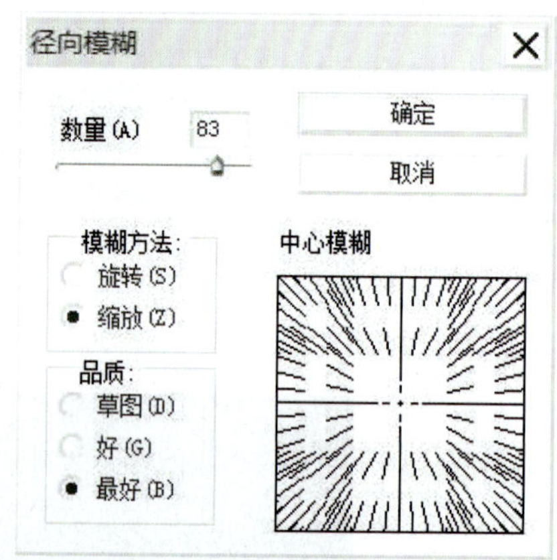

图8-305 “径向模糊”对话框

图8-306 “径向模糊”效果

（11）执行“图像”→“调整”→“亮度\对比度”命令，调整“亮度\对比度”对话框参数，如图8-307所示，效果如图8-308所示。

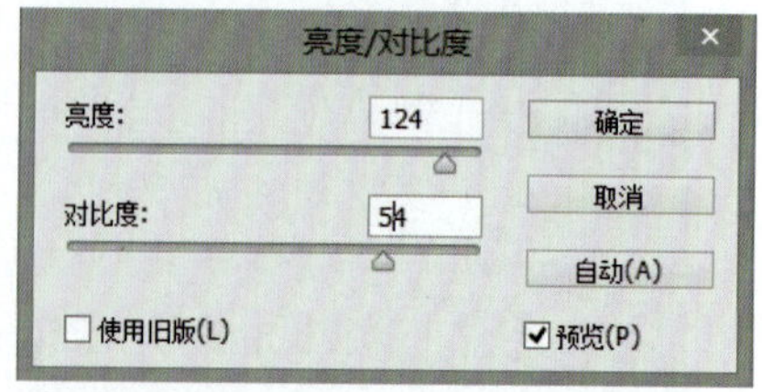

图8-307 “亮度\对比度”对话框

（12）执行“滤镜”→“渲染”→“镜头光晕”命令，调整“镜头光晕”对话框参数，如图8-309所示，效果如图8-310所示。

图8-308 “亮度\对比度”效果

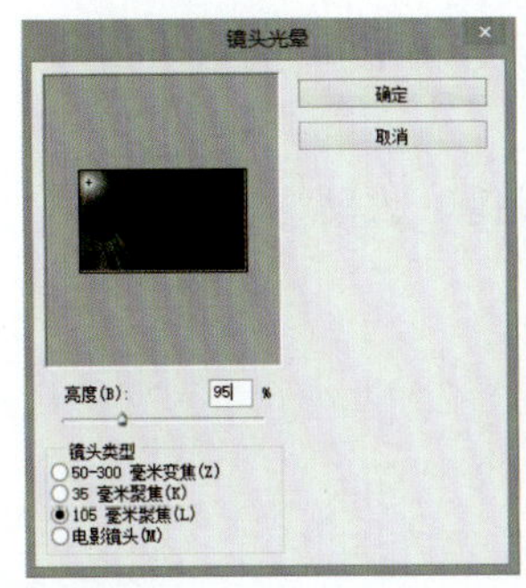

图8-309 “镜头光晕”对话框

图8-310 “镜头光晕”效果

运用滤镜制作照片

本章小结

滤镜是photoshop中最具吸引力的功能之一，它是一个神奇的魔术师，能让普通的图层呈现出令人惊奇的视觉效果。

思考与练习

1. 滤镜的作用是什么？
2. 如何运用滤镜命令抽取图像？
3. 怎样绘制图案纹理？

[1] 李金明，李金荣. Photoshop CS6中文版完全自学教程[M]. 北京：人民邮电出版社，2012.

[2] 钟星翔，魏薇，赵艳东. 从设计到印刷：Photoshop CS5平面设计师必读[M]. 北京：印刷工业出版社，2011.

[3] [美]Adobe公司. Adobe Photoshop CS6中文版经典教程（彩色版）[M]. 张海燕，译. 北京：人民邮电出版社，2014.

[4] 锐艺视觉. WOW！不一样的Photoshop创意设计[M]. 北京：中国青年出版社，2013.